普通高等教育“十三五”规划教材

食品化学

陈海华　孙庆杰　主编

化学工业出版社

·北京·

本书是普通高等教育“十三五”规划教材。全书共分9章，分别为绪论、水分、碳水化合物、蛋白质、脂类、维生素与矿物质、食品中的内源酶、食品色素和食品风味。阐述了食品中的主要成分在食品加工、贮藏和流通过程中的化学变化及这些变化对食品品质和食品安全性的影响及其控制方法。

本书主要作为食品科学与工程、食品质量与安全、粮食工程专业本科生的教材，也可以作为食品相关学科的专业基础课教材，还可供相关专业科研及工程人员参考。

图书在版编目（CIP）数据

食品化学/陈海华，孙庆杰主编．—北京：化学工业出版社，2016.6（2025.5重印）
普通高等教育“十三五”规划教材
ISBN 978-7-122-26861-7

Ⅰ.①食…　Ⅱ.①陈…②孙…　Ⅲ.①食品化学-高等学校-教材　Ⅳ.①TS201.2

中国版本图书馆CIP数据核字（2016）第082332号

责任编辑：赵玉清　　文字编辑：何　芳
责任校对：吴　静　　装帧设计：史利平

出版发行：化学工业出版社（北京市东城区青年湖南街13号　邮政编码100011）
印　　装：北京虎彩文化传播有限公司
787mm×1092mm　1/16　印张11¾　字数285千字　2025年5月北京第1版第9次印刷

购书咨询：010-64518888　　售后服务：010-64518899
网　　址：http://www.cip.com.cn
凡购买本书，如有缺损质量问题，本社销售中心负责调换。

定　　价：29.00元

编 写 人 员

主　　编　陈海华　孙庆杰

副 主 编　李　曼　张平平　徐志祥

编写人员　蔡圣宝（昆明理工大学）

陈海华（青岛农业大学）

李　曼（青岛农业大学）

李　昀（天津农学院）

刘　玲（沈阳农业大学）

孟凡冰（成都大学）

亓正良（天津科技大学）

谌小立（遵义医学院）

孙庆杰（青岛农业大学）

王雨生（青岛农业大学）

徐志祥（山东农业大学）

张平平（天津农学院）

张新华（山东理工大学）

前言

Preface

食品化学是利用化学的理论和方法研究食品本质的一门科学。作为食品科学与工程、食品质量与安全、粮食工程等食品类专业的核心课程之一，食品化学依托、吸收、融汇、应用和发展着化学、生物化学、食品营养学和食品贮藏加工学等学科，从化学角度和分子水平上研究食品的化学组成、功能性质和食用安全性质，探索食品的组织结构和分子结构，认识食品在生产、加工、贮存和运销过程中的各种物理和化学变化，为改善食品品质、开发食品新资源、革新食品加工工艺和贮运技术奠定了理论基础。同时，食品化学在科学调整国民膳食结构和加强食品质量控制等方面发挥主要作用，也对提高食品原料加工和综合利用水平具有重要的理论和现实意义。

食品化学的教学是随着食品科学的教学和发展逐步完善起来的，至20世纪60年代末才形成比较完善的体系。美国学者Owen R. Fennema对食品化学教材体系的形成和发展做出了极大的贡献，四次主持编写了《食品化学》，已被多国学者所接受。在国内，食品化学课程自1986年开设以来，逐渐成为食品类专业的骨干课程，目前已有100多所普通高等院校开设此课程。原无锡轻工业学院率先开设食品化学课程，采用由Fennema主编的《食品化学》（第二版）英文版作为参考教材。1991年，Fennema主编的《食品化学》（第二版）中译本出版，并成为各高校教学的参考书。随后该校王璋教授等根据Fennema的教材和国内外食品化学的最新发展，编写出版了《食品化学》教材。经过多年的实践证实，该教材在我国食品类专业高等教育中发挥着重要的作用。

食品化学课程在食品类学科中具有重要的地位。为培养食品领域生产管理一线的应用型高级工程技术人才，本教材编写过程中广泛参考国内外经典教材，并引入食品化学领域的研究前沿和最新研究成果。党的二十大报告强调，必须坚持科技是第一生产力、人才是第一资源、创新是第一动力。在党的领导下，我们国家一代一代科研工作者，有着强烈的爱国情怀和民族自信心，他们怀着科研报国的梦想，在食品制造领域进行大量的技术攻关，解决了许多关键技术难题！他们的不懈奋斗让我们今天可以自信地说，把中国人的饭碗牢牢端在自己手中。党的二十大报告提出，中国式现代化是人与自然和谐共生的现代化。食品化学的教学过程，要重视树立和践行绿水青山就是金山银山的理念，坚定不移走生产发展、生活富裕、生态良好的文明发展道路，实现中华民族永续发展。本教材力求突出实用、适用、够用和创新的特点，在内容上注重系统性和科学性，避免了与其他学科内容的重复；重点突出食品成分在食品的贮藏、加工、流通等过程中的变化、对食品品质的影响及控制措施。本教材借助一些生活素材来启发学生，学生可以由日常生活所见切入，对食品化学理论知识形成比较理性、全面的认识，从而引导学生热爱我国食品产业，帮助他们从学生时代树立起要为我国食品产业发展做贡献，做一个有职业道德和社会责任感的新时代食品产业人的理念。本书以

“透过现象看本质”的方式提出思考，用链接的形式给予提示，这样的编排形式便于学生的理解和掌握食品化学的主要内容；与生物化学、食品营养学、食品分析、食品工艺学等课程中重复的内容则以扩展阅读的形式给出链接，方便有兴趣的学生自学；而重要的内容提供英文对照以便学生全面掌握。本书编写力求突出以下特点。

1. 强化基础理论，优化、重组教材内容，突出食品化学特色

教材内容上进一步删减，降低难度，克服“难、繁”的弊端。运用准确、简明的阐述突出最基本、最通用的食品化学基本原理和规律。从教材目录、教材内容、思考题等各个环节突出食品化学特色，系统地向学生展现食品化学研究的领域、手段及发展方向，拓宽学生的知识面，培养学生运用基础知识分析问题、解决问题的能力。

2. 立足现实、关注食品化学热点研究领域

加强教材与社会发展和科技新成果的联系，体现专业新理论、新科技、新成果，克服“旧”的弊端。新教材的编写注意将国内外生产、科研中的一些最新成果和最新发展动态及时地充实进去，激发学生的学习热情，拓宽学生的知识面。例如，在教材编写中增加新型酶制剂的生产及应用情况、微胶囊技术、直链淀粉的控释技术、胶体体系等。

3. 联系实际、渗入应用

教材内容上密切联系生活，避免“偏”的弊端。利用实际应用中的实例，形象地说明科学知识、理论、方法在生产和生活中的应用。例如，煲粥的过程是米粒由紧密椭球态最后变为浑浊黏稠悬浮液状，煲好的粥最终口感滑细，这个现象背后的化学本质是随着水体温度的逐渐升高，米粒逐渐吸水胀大，直链淀粉渐渐溶出，汤水愈来愈浑浊黏稠，直链淀粉溶出利于水分子进入淀粉颗粒内部结晶区，进而破坏支链淀粉的结构。整个过程历经原淀粉吸水涨大、破裂、黏度不断升高，即淀粉糊化过程。这种生活的例子不仅有助于学生加深理解、提高学习的兴趣和积极性，而且可培养学生在实践中应用基础理论的能力。

4. 适当增加课外阅读和自学内容，培养学生自学能力

新教材增添一些内容作为课外阅读资料，使学生充分挖掘科学家严肃认真的科学态度，追求科学的顽强毅力和奉献精神。另外，适当补充一些自学内容，如英文原版新理论等，为学有余力的同学留有较大的自由学习空间。

全书共分9章，其中陈海华编写第一章绪论和第五章脂类；张平平编写第二章水分；孙庆杰和李昀编写第三章碳水化合物；李曼编写第四章蛋白质；谌小立和蔡圣宝编写第六章维生素和矿物质；亓正良编写第七章食品中的内源酶；孟凡冰编写第八章食品色素；徐志祥编写第九章食品风味。王雨生、张新华、刘玲等分别参与了淀粉、矿物质、水分等章节的编写。食品化学方向的研究生董蝶、赵阳、秦福敏、李倩倩、尚梦珊、卢赛等帮助资料收集、校对等工作。全书由陈海华和李曼统稿，王雨生协助了部分文字及图表的录入工作，青岛农业大学和化学工业出版社为本书的顺利出版做了大量工作。

本书的编写得到了青岛农业大学应用型人才培养教材建设项目的资助。

由于编者水平有限，编写过程中仍然存在不足之处，敬请诸位同仁和广大读者批评指正。

陈海华

目录

Contents

第一章 绪论

1. 了解食品化学的概念、发展简史和食品化学研究的内容以及食品化学在食品工业科技发展中的重要作用。

2. 熟悉食品化学的一般研究方法。

3. 掌握食品中主要的化学变化以及对食品品质和食品安全性的影响。

透过现象看本质

1-1. 举例说明食品化学与我们的生活息息相关。

1-2. 举例说明我们生活中存在的掺假物都有哪些。

1-3. 食品中只要含有蛋白质、脂质、碳水化合物三种主要的营养素，就可以维持人体的正常生长发育和新陈代谢吗？

一、 食品化学的概念和研究内容

食物（foodstuff）是指含有营养素的可食性物料。人类的食物绝大多数都是经过加工后才食用的，经过加工的食物称为食品（food），但通常也泛指一切食物为食品。

食品的化学组成如下。

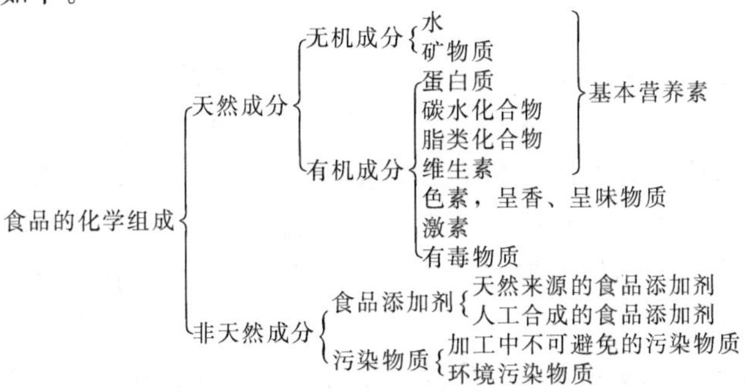

食品中的成分相当复杂，有些成分是动植物体内原有的，有些是加工过程、贮藏过程产生的，有些是人为添加的，也有些是原料生产、加工或贮藏期间所污染的，还有的是包装材料所带来的。

Food chemistry is the application of chemistry principles to the food system. It deals with the compositions and properties of foods as well as the chemical changes which undergoes during handling, processing, and storage.

食品化学（food chemistry）是从化学角度和分子水平上研究食品的化学组成、结构、理化性质、营养和安全性质，以及它们在食物的生产、加工、贮存和运销过程中的变化及其对食品品质和食品安全性影响的科学；是为改善食品品质、开发食品新资源、革新食品加工工艺和贮运技术、科学调整膳食结构、改进食品包装、加强食品质量控制及提高食品原料加工和综合利用水平奠定理论基础的学科。

因此，食品化学研究的内涵和要素较为广泛，涉及化学、生物化学、物理化学、高分子化学、生理学、植物学、动物学和分子生物学等诸多学科与领域，是一门交叉性明显的应用学科。其中食品化学与化学及生物化学尤为紧密，是化学及生物化学在食品方面的应用，但食品化学与化学及生物化学研究的内容又有明显的不同，化学侧重于研究分子的构成、性质及反应，生物化学侧重于研究生物体内各种成分在生命的适宜条件或较适宜条件下的变化，而食品化学侧重于研究动植物及微生物中各种成分在生命的不适宜条件下，如冰藏、加热、干燥等条件下各种成分的变化，复杂的食品体系中不同成分之间的相互作用，各种成分的变化和相互作用与食品的营养、安全、感官享受（色、香、味、形）之间的关系。

二、 食品化学发展简史

食品化学是一门年轻的科学，它的起源虽然可以追溯到远古时期，但与食品化学相关的研究却始于 18 世纪末期。国内的学者根据国内外文献将食品化学的发展归纳为四个阶段。

第一阶段，天然动植物特性成分的分离与分析阶段。该时期是在化学学科发展的基础上，化学家应用有关分离与分析食物的理论与手段，对很多食物特征成分如乳糖、柠檬酸、苹果酸和酒石酸等进行了大量研究，积累了很多的有关食物成分的分析资料。

第二阶段，19 世纪早期（1820～1850 年），英国化学家 Sir Humphrey Davy（1778—1829）在 1813 年出版了《农业化学原理》，其中论述了食品化学的一些相关内容。食品化学在农业化学的发展过程中得到不断充实，开始在欧洲占据重要地位，建立了专门的化学研究实验室，创立了新的化学研究杂志。与此同时，食品中的掺假日益严重，检测食品中杂质的要求成为食品化学发展的一个主要推动力。Justus Von Liebig（1803—1873）优化了定量分析有机物质的方法，并于 1847 年出版了第一本有关食品化学方面的著作《食品化学的研究》。

第三阶段，19 世纪中期英国的 Arthur Hill Hassall 绘制了显示纯净食品材料和掺杂食品材料的微观形象的示意图，将食品的微观分析提高至一个重要地位。1871 年，Jean Baptis 提出仅由蛋白质、碳水化合物和脂肪组成的膳食不足以维持人类的生命。人类对自身营养状况及食品摄入的关注，进一步推动了食品化学的发展。20 世纪前半期，食品中多数成分被逐渐揭示，食品化学的文献也日益增多，到了 20 世纪前半期，食品化学逐渐成为一门独立的学科。

目前，食品化学的发展处于第四阶段。随着世界范围的社会、经济和科学技术的快速发展和各国人民生活水平的明显提高，为更好地满足人民对食品安全、营养、美味、方便食品的越来越高的需求，以及传统的食品加工向规模化、标准化、工程化及现代化方向的快速发展，新工艺、新材料、新装备不断应用，极大地推动了食品化学的快速发展。另外，基础化学、生物化学、仪器分析等的快速发展也为食品化学的发展提供了条件和保证。食品化学已成为食品科学的一个重要方面。随着食品工业的快速发展，食品新加工工艺的不断出现，有关食品化学方面的研究及论文也日渐增多，刊载食品化学方面论文的期刊也日益增多，主要有“Journal of Food Science”、“Journal of Agricultural and Food Chemistry”、“Food Chemistry”、“Journal of Food Science and Agriculture”等刊物，逐渐形成了食品化学的较为完整的体系。

权威性的食品化学教科书应首推美国 Owen R. Fennema 主编的 Food chemistry（已出版第四版）和德国 Belitz H. D. 主编的 Food chemistry（已出版第五版），它们已广泛流传世界。

三、食品化学在食品工业技术发展中的作用

现代食品正向着加强营养、保健、安全和享受性方向发展，食品化学的基础理论和应用研究成果，正在并继续指导人们依靠科技进步，健康而持续地发展食品工业（表 1-1）。现代实践证明，没有食品化学的理论指导就不可能有日益发展的现代食品工业。

表 1-1 食品化学对各食品行业技术进步的影响

食品工业	影响方面
基础食品工业	面粉改良，改性淀粉及新型可食用材料，高果糖浆，食品酶制剂，食品营养的分子基础，开发新型甜味料及其他天然食品添加剂，生产新型低聚糖，改性油脂，分离植物蛋白，生产功能性肽，开发微生物多糖和单细胞蛋白质，野生、海洋和药食两用资源的开发利用等
果蔬加工贮藏	化学去皮、护色，质构控制，维生素保留，脱涩脱苦，打蜡涂膜，化学保鲜，气调贮藏，活性包装，酶法榨汁，过滤和澄清，化学防腐等
肉品加工贮藏	宰后处理，保汁和嫩化，护色和发色，提高肉糜乳化力、凝胶性和黏弹性，超市鲜肉包装，烟熏剂的生产和应用，人造肉的生产，内脏的综合利用（制药）等
饮料工业	速溶，克服上浮下沉，稳定蛋白饮料，水质处理，稳定带肉果汁，果汁护色，控制澄清度，提高风味，白酒降度，啤酒澄清，啤酒泡沫和苦味改善，防止啤酒异味，果汁脱涩，大豆饮料脱腥等
乳品工业	稳定酸乳和果汁乳，开发凝乳酶代用品及再制乳酪，乳清的利用，乳品的营养强化等
焙烤工业	生产高效膨松剂，增加酥脆性，改善面包呈色和质构，防止产品老化和霉变等
食用油脂工业	精炼，冬化，调温，油脂改性，DHA、EPA 及 MCT 的开发利用，食用乳化剂生产，抗氧化剂，减少油炸食品吸油量等
调味品工业	生产肉味汤料、核苷酸鲜味剂、碘盐和有机硒盐等
发酵食品工业	发酵产品的后处理，后发酵期间的风味变化，菌体和残渣的综合利用等
食品安全	食品中外源性有害成分来源及防范，食品中内源性有害成分消除等
食品检验	检验标准的制定，快速分析，生物传感器的研制，不同产品的指纹图谱等

由于食品化学的发展，对美拉德（Maillard）反应、焦糖化反应、自动氧化反应、酶促褐变、淀粉的糊化与老化、多糖的水解与改性、蛋白质水解及变性反应、色素变色与褪色反应、维生素降解反应、金属催化反应、酶的催化反应、脂肪水解与酶交换反应、脂肪热氧化分解与聚合反应、风味物质的变化反应和其他成分转变为风味物的反应等有了更深入的认识，为食品工业的发展注入了巨大活力。

四、 食品化学的研究方法

由于食品是一个非常复杂的体系，因此食品化学的研究方法也与一般化学的研究方法有很大的不同，它将食品的化学组成、理化性质及变化的研究同食品品质和安全性的研究联系起来。这就要求在试验设计开始时，就应以揭示食品品质或安全性的变化为目的。由于食品中各成分之间的相互作用，在食品的加工和贮藏过程中将发生许多复杂的变化，因此食品化学研究时，通常采用一个简化的、模拟的食品物质体系来进行试验，再将所得的试验结果应用于真实的食品体系，进而进一步解释真实的食品体系中的情况。

食品化学的研究方法大致可划分为四个方面：①确定食品的化学组成、营养价值、功能性质、安全性和品质等重要性质；②食品在加工和贮藏过程中可能发生的各种化学和生物化学变化及其反应动力学；③确定上述变化中影响食品品质和安全性的主要因素；④将研究结果应用于食品的加工和贮藏。

食品化学的实验应包括理化实验和感官实验。理化实验主要是对食品进行成分分析和结构分析，即分析试验系统中的营养成分、有害成分、色素和风味物的存在、分解、性质及其化学结构；感官实验是通过人的感官鉴评来分析试验系统的质构、风味和颜色的变化。

食品从原料生产，经过贮藏、运输、加工到产品销售，每一过程均涉及一系列的变化（表 1-2)。如生鲜原料的酶促变化和化学变化；水分活度改变引起的变化；热加工等激烈加工条件引起的分解、聚合及变性；氧气或其他氧化剂引起的氧化反应；光照引起的光化学变化等。这些变化中较重要的是酶促褐变、非酶促褐变、脂类水解与氧化、蛋白质的水解与变性、蛋白质交联、低聚糖和多糖的水解、多糖的合成和糖酵解、天然色素的降解等。这些反应的发生将导致食品品质的改变或损害食品的安全性。对这些变化的研究和控制就构成了食品化学研究的核心内容，其研究成果最终将转化为：合理的原料配比，适当的保护或催化措施的应用，最佳反应时间和温度的设定，光照、氧含量、水分活度和 pH 值等的确定，从而得出最佳的食品加工和贮藏的方法。

表 1-2　食品加工或贮藏中常见的反应及对食品的影响

反应种类	实　例	对食品的主要影响
非酶褐变	焙烤食品表皮成色,贮藏时色泽变深等	产生需宜的色、香、味,营养损失,产生不需宜的色、香、味和有害成分等
氧化反应	脂类的氧化、维生素的氧化、酚类的氧化、蛋白质的氧化,色素变色	变色,产生需宜的风味,营养损失,产生异味和有害成分等
水解	脂类、蛋白质、维生素、碳水化合物、色素的水解	增加可溶物,质地变化,产生需宜的色、香、味,增加营养,某些有害成分的毒性消失等
异构化	顺式-反异构化、非共轭酯-共轭酯	变色,产生或消失某些功能等
聚合	油炸过程中油起泡,水不溶性褐色成分	变色,营养损失,产生异味和有害成分等
蛋白质变性	卵清蛋白凝固、酶失活	增加营养,某些有害成分的毒性消失等

在食品加工和贮藏过程中，食品主要成分之间的相互作用对于食品的品质也有重要的影响（图 1-1)。从图 1-1 可见，活泼的羰基化合物和过氧化物是极重要的反应中间产物，它们来自脂类、碳水化合物和蛋白质的化学变化，自身又引起颜色、维生素和风味物质的变化，结果导致了食品品质的多种变化。

影响上述反应的因素主要有产品自身的因素（如产品的成分、水分活度、pH 值等）和环境的因素（如温度、处理时间、大气的成分、光照等），这些因素也是决定食品在加工和

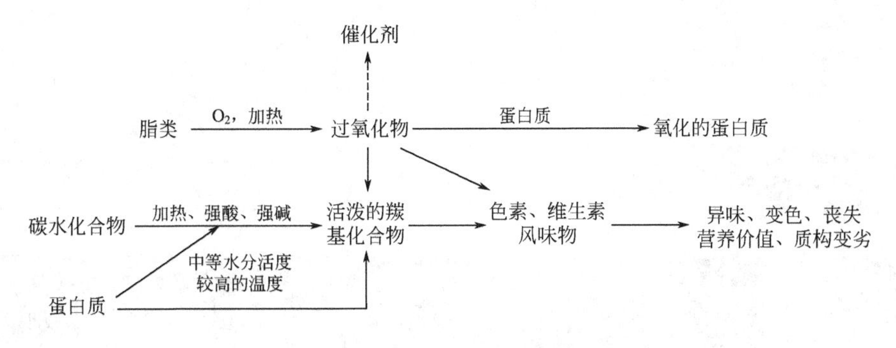

图 1-1 主要食品成分的化学变化和相互关系

贮藏中稳定性的因素。在这些因素中最重要的是温度、处理时间、pH 值、水分活度和产品中的成分。

食品化学是食品科学学科中发展较快的一个领域，食品化学的研究成果和方法已不断被食品工业科技界所吸收和应用。近 20 年来，食品科学与工程领域发展了许多高新技术，并在逐步把它们推向食品工业的应用。如可降解食品包装材料、生物技术、微波食品加工技术、辐照保鲜技术、超临界萃取和分子蒸馏技术、膜分离技术、活性包装技术、微胶囊技术等，这些新技术成功应用的关键是对物质结构、物化性质及变化的掌握，因此它们的发展速度也紧紧依赖于食品化学在这一新领域内的发展速度。

总之，食品工业中的技术进步大都是食品化学发展的结果，因此食品化学的继续发展必将继续推动食品工业以及与之密切相关的农、牧、渔、副等行业的发展。

第二章 »

水 分

本章提要

1. 了解水在食品中的重要作用，含水食品中水与非水成分之间的相互作用及其对水的物理化学性质的影响。

2. 掌握水在食品中的存在状态，水分活度、水分吸附等温线的概念及其意义。

3. 水分活度对食品稳定性的影响，冰对食品稳定性的作用。

透过现象看本质

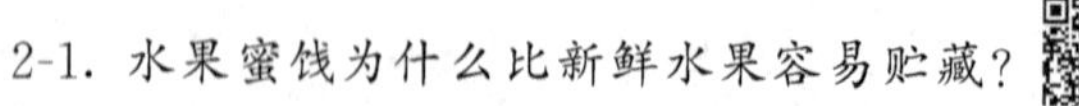
2-1. 水果蜜饯为什么比新鲜水果容易贮藏？

2-2. 为什么新鲜蔬菜不易贮藏？

2-3. 为什么常在－18℃下冷冻贮藏食品？

Water is ubiquitous on the earth and is the medium of live. Water affects properties of food fundamentally in many aspects. It interferes with the texture of food as a lubricant and plasticizer contributing moistness and disturbing solute-solute interactions. It is powerful and chemically inert solvent for flavors, colorants, nutrients, salts, and the substances essential for life such as proteins (enzymes), sugars determining the conformations and facilitating the dynamic behavior of bio-macromolecules. It also directly participates in many processes by supplying protons or hydroxyls. As a consequence, its state of presence greatlyinfluences the growth of microbes, enzyme activity and food properties accordingly.

水（water）是食品的重要成分之一（表 2-1）。食品中水的含量、分布和状态对其结构、外观、质地、风味、新鲜程度、食品体系的化学反应速率、微生物的生长、食品的安全性均会产生影响。如向食品中添加某些盐类、可溶性糖类等都可使食品中的水分除去或被结合，因而可提高食品的货架期，减少食品的腐败变质；水能与蛋白质、碳水化合物、脂类等发生作用，从而影响食品的质地和结构，如硬度、脆度等属性。

表 2-1　部分食品的含水量

食　品	水分含量/%	食　品	水分含量/%
新鲜水果	90	全谷粒物	10～12
果汁	85～93	面粉	10～13
番石榴	81	饼干	5～8
甜瓜	92～94	面包	35～45
黄瓜	96	水产品	50～85
马铃薯	78	新鲜蛋	74
甘薯	69	猪肉、鸡肉、鸭肉等	50～75
		液体乳制品	87～91

食品贮藏加工过程中的诸多技术措施在很大程度上都是针对食品中的水分。如大多数新鲜食品和液态食品，其水分含量都较高，若希望长期贮藏这类食品，只要采取有效的方法限制水分所参与的各类反应或降低其活度就能延长保藏期；新鲜蔬菜的脱水和水果加工成蜜饯等工艺就是降低水分活度以提高贮藏期；采取冷冻技术，将水分转变成冰，也可延长食品的货架寿命。

由此可见，水的存在对食品的加工、贮藏及品质等方面有重要的影响。本章主要介绍水的一些特性、食品中水分的存在状态、水分在食品加工贮藏过程中的变化和对食品品质的影响。

第一节　水的形态转化及对食品的影响

透过现象看本质

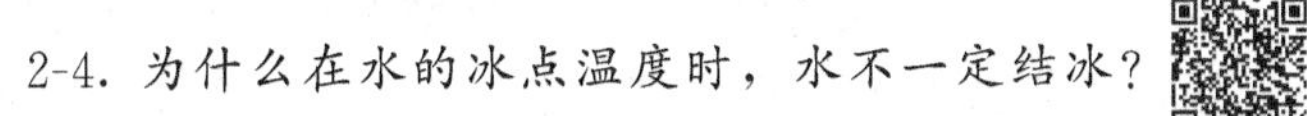
2-4. 为什么在水的冰点温度时，水不一定结冰？

2-5. 新鲜的鱼冷冻保藏会导致什么后果？

2-6. 新鲜蔬菜冷冻保藏会导致什么后果？为什么？

一、水和冰的结构

1. 水分子

从水分子的结构来看，水分子中氧原子外层有 6 个价电子，其构型为 $2s^2 2p^4$，参与杂化，形成 4 个 sp^3 杂化轨道，有近似四面体的结构（图 2-1），其中 2 个杂化轨道与 2 个氢原子结合成 2 个 σ 共价键（具有 40% 离子性质），另 2 个杂化轨道呈未键合的电子对。

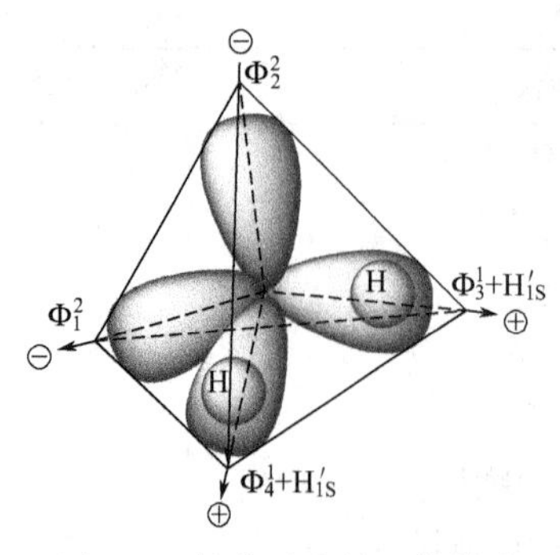

图 2-1　单分子水的立体模式

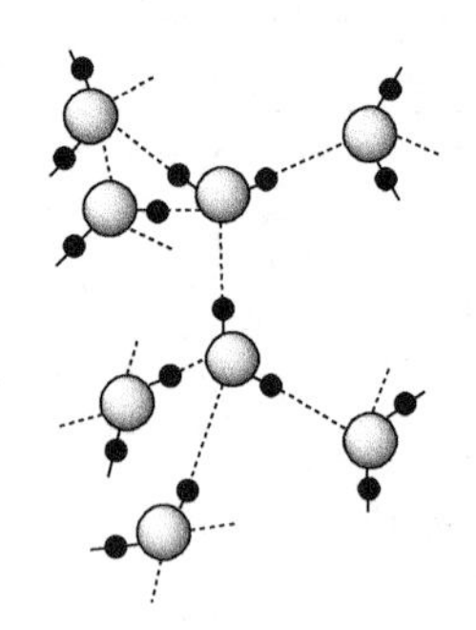

图 2-2　水分子的四面体构型下的氢键模式以虚线表示

透过现象看本质

2-7. NH_3、HF 和水具有相近的分子量和相似的原子组成，为什么它们的性质却相差很大？

2. 水分子的缔合作用

Each water molecule is able to form four hydrogen bonds with a tetrahedral configuration for it has an equal number of hydrogen bonding donor and acceptor sites, which permits formation of three dimensional hydrogen bonded networks. This nature is responsible for water molecules'unusually large intermolecular attractive forces, when compared to other small molecules strongly engaging in hydrogen bonding such as NH_3 and HF. Without equal numbers of donor and receptor sites, they can form only two dimensional hydrogen bonded networks.

水分子通过氢键作用与另外的 4 个水分子配位结合形成正四面体结构。水分子氧原子上 2 个未配对的电子与其他 2 个水分子上的氢形成氢键，水分子上的 2 个氢与另外 2 个水分子上的氧形成氢键（图 2-2）。

在水分子形成的配位结构中，由于同时存在 2 个氢键的给体和受体，可形成 4 个氢键，能够在三维空间形成较稳定的氢键网络结构。这种结构表现出水与其他小分子不同的物理特性，如与水具有相近分子量及相似原子组成的分子 NH_3 和 HF，因为它们没有相同数目的氢给体和受体，因此，只能在二维空间形成氢键网络结构，并且每个分子都比水分子形成更少的氢键。

透过现象看本质

2-8. 为什么液态水的黏度很低？

3. 水的结构

纯水是具有一定结构的液体。在液态水中，水分子并不是以单个分子形式存在，而是由若干个分子以氢键缔合形成水分子簇（$(H_2O)_n$）的形式存在。因此，水分子的取向和运动都将受到周围其他水分子的影响。

液态水的结构是不稳定的。这是因为液态水分子之间形成的氢键网络具有高度动态性，即水分子的排列是动态，它们之间的氢键可迅速断裂，同时通过彼此交换又可形成新的氢键，增大分子的流动性，因而液态水具有低黏度。

此外，水分子中的氢键可被溶于其中的盐及含亲水/疏水基团的分子破坏。在盐溶液里，水分子中氧上未配对电子占据了阳离子的游离空轨道，形成较稳定的“水合物（aqua complexes）”；与此同时，另外一些水分子通过“H-桥（H-bridges）”的配位作用，在阳离子周围形成了水化层（hydration shell），从而破坏了纯水的结构。另外，极性基团也可通过偶极-偶极（dipole-dipole）相互作用或者“H-桥”形成水化层，从而破坏纯水的结构。

4. 冰的结构

冰是由水分子有序排列形成的结晶，是水分子之间靠氢键连接在一起形成的低密度刚性结构（图 2-3）。其中最邻近水分子的 O-O 核间距为 0.276nm，H—O—H 键角约为 109°，非常接近于理想四面体的键角 109°28′，水分子配位数为 4，与最邻近的四个水分子缔合成四面体结构。

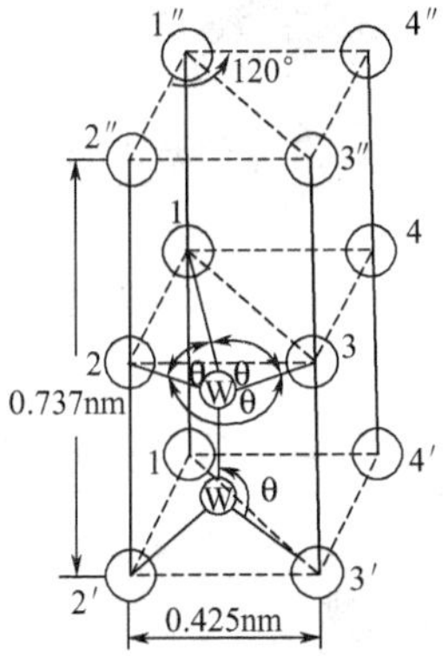

图 2-3　0℃时普通的冰的晶胞示意
圆圈表示水分子中的氧原子，
1Å=0.1nm

冰有 11 种结晶类型，普通冰的结晶属于六方晶系的双六方双锥体。在常压和 0℃时，只有六方形冰结晶是稳定的形式。通常冰结晶并不是完整的晶体，这是由于冰晶中的水分子以及由它形成的氢键都处于不断运动状态中。只有在温度接近−180℃或更低时，所有氢键才相对稳固下来。而后随着温度的上升，由于热运动体系混乱程度大，原来稳定的氢键平均数将会逐渐减少，部分氢键断裂，冰晶体变得不完整。

六方形是大多数冷冻食品中重要的冰结晶形式，它是一种高度有序的普通结构。只有当冻结速度较慢，并且溶质（如蔗糖、甘油、蛋白质等）的性质与浓度对水分子的流动干扰不大时，才有可能形成六方形冰结晶。而随着冷冻速度的加快或亲水胶体（如明胶、琼脂等）浓度的增加，则形成较无序的冰结晶形式。

2-9. 为什么食品解冻时，经常会出现汁液流失的现象？

二、 水和冰的物理性质

随着温度的降低，液态水会转变为固态的冰，同时会伴随着水的很多物理性质的改变，诸如介电常数、密度、热熔和热传导性能。其中对食品加工处理影响较大的参数为密度和热传导性能。

0℃时，纯水的密度（1kg/L）明显高于冰（0.9kg/L），这就意味着纯水在冻结过程中会出现明显的膨胀效应，冰的体积大约比水的体积大9%。冷冻过程中水的体积的变化会对食品的结构和质地产生破坏性的影响，并在解冻时表现出来。如冷冻猪肉和冷冻蔬菜在解冻时，常出现汁液流失、原有质地丧失等现象。

此外，0℃时冰的导热系数约是同温度水的4倍；冰的热扩散系数约为同温度水的9倍，这表明冰的传热效率明显高于水。也就是说，在同样环境温度下，冰的温度变化速率比水高得多。这也是为什么在温差相等的情况下，生物组织的冻结速率比解冻速率更快。

由于水与冰在这些物理特性上的巨大差异及其对食品营养、结构、质地等的重大影响，在设计冻藏食品的工艺时，必须对这些差异进行重点考虑。

三、 食品的冻结与解冻

透过现象看本质

2-10. 鱼肉冻结后为什么质地会变硬？

2-11. 为什么食品冷冻时经常采用速冻的方式？

2-12. 冷冻食品应如何解冻？

1. 食品冻结

食品冻结（freezing）是食品中自由水形成晶体的物理过程，其冻结过程大致与水冻结成冰的过程相似。但由于食品中的水分是类似溶液中溶剂的状态存在的，因此食品中水的冻结过程又与纯水冻结过程有所不同。

一般情况下，纯水只有被冷却到低于冰点（0℃）的某一温度时才开始冻结，这种现象称为过冷（supercooling）。食品的冻结也会出现过冷现象，过冷点温度与0℃的差值通常称为过冷度。各种食品的过冷度并不相同，与食品的种类有关，某些食品过冷度可能会超过10℃，如禽、肉、鱼的过冷温度一般为－5～－4℃，蛋类的过冷温度为－13～－11℃。

对于食品而言，由于结成冰的水分不断从溶液析出，使食品中未冻结溶液浓度不断升高，从而导致残留溶液冰点不断下降。食品中水分的结晶或者说食品的冻结就是在冰点不断降低的情况下进行的。当食品中未冻结液浓度增加到一种溶质的过饱和状态时，溶质的晶体将和冰晶一起析出，这种现象称共晶现象（eutectic phenomenon），此时的温度称为共晶温度，或称低共熔点温度。例如冰淇淋的最低共晶温度为－55℃，肉是－60～－55℃。但商业用冻结温度并不要求达到这样的低温，所以冻结食品中总有小部分未结冰的水存在。如商业冻藏食品一般采用－18℃的温度，在此温度下，食品中约有10%的水分尚未被冻结，因而会引起食品冻藏过程中的冷冻浓缩效应（freeze concentration effect），影响食品的品质，如蛋白质絮凝、鱼肉质地变硬、化学反应速度增加等不良变化，甚至一些酶在冷冻时被激活，从而对食品的品质产生影响，这些需在食品加工中注意。

根据冻结速度的快慢可将冷冻食品分为普通冷冻食品和速冻食品。通常以食品中心温度降低至−5℃所需时间或−5℃冻结面的推进速度来区分普通冷冻和速冻。若食品中心温度从0℃降至−5℃所用时间在30min之内，即可称为速冻，否则定义为普通冷冻；或者，若食品−5℃冻结面推进速度处于5～20cm/h，即可称为速冻，低于此速度则为普通冷冻。

冻结速度的快慢与冷冻食品品质有着密切的关系。冻结速度越快，越容易发生过冷现象，从而很快形成晶核；但由于晶核增长的速度相对较慢，因而形成冰晶细小、多呈针状结晶体，数量巨大，冰晶分布越接近天然食品中液态水的分布状态，解冻后品质就越好；冻结速度越慢，由于细胞外溶液浓度低，首先在这里产生冰晶，水分在开始时多向这些冰晶移动，形成较大的冰晶体，冰晶多呈杆状、柱状或颗粒状，且分布不均匀，解冻后品质就越差。

2. 食品解冻

食品解冻（thawing）是指将处于冻结状态食品中的固态水转变成液态水的过程。由于冻结过程形成冰晶时的体积膨胀效应以及冰晶对细胞膜的机械损伤作用，解冻时往往会出现汁液流失、质地劣化、微生物繁殖以及酶促或非酶褐变等所带来的不利反应，从而影响食品的质量。基于此，食品解冻技术开发的目标是尽可能将食品恢复到解冻前的状态，并防止食品在解冻时的不良变化。

解冻温度是食品解冻的重要工艺参数，它直接决定着解冻的速度。关于解冻速度对解冻后产品品质的影响，目前有两种观点。一种观点认为高解冻温度带来高解冻速度，这可以有效缩短解冻时间，从而降低解冻过程中微生物的繁殖和不利化学反应的进程；另一种观点认为解冻速度太快，融化的水分来不及被重新吸收，会导致汁液流失加重。更为中立的观点是食品的解冻温度与解冻速度要根据食品的属性、含水量、冻结方式、切分尺寸等条件选择，不可一概而论。

目前用于食品解冻的方法很多，各有优缺点，主要包括以空气或水为对流换热介质进行解冻、电解冻、真空解冻、远红外线解冻、超声波解冻、高压解冻以及组合解冻等。

Freezing is regarded as the best method for long-term preservation of most kinds of foods. One fact has to be clarified that benefits of thepreservation technique of freezing derive primarily from low temperature not from ice formation. Furthermore, the formation of ice in cellular foods and food gels actually has two adverse consequences: (a) nonaqueous constituents are concentrated in the unfrozen phase and (b) water to ice transformation causes 9% expansion in volume.

总结起来，冻结对食品的影响包括有利和不利两个方面。有利的方面是食品冻结的低温和分子的低扩散性使微生物的繁殖速度和化学反应的速度减缓，从而为食品安全提供了保障；但同时，食品在冻结时产生的膨胀效应和浓缩效应会造成食品汁液流失和质地损伤，食品出现氧化、水解、褪色或褐变等影响质量的变化。

第二节　食品中水的存在状态

透过现象看本质

2-13. 为什么水分含量高的食品易腐败？

2-14. 为什么多汁的果蔬，在冻结时，其组织易被破坏？

大多数食品中往往同时含有水与非水物质（如蛋白质、多糖、矿物元素等），是二者的有机混合体系。在此体系中，水分子与非水物质分子之间发生着广泛的作用，从而使食品中的水有着多种存在状态。根据食品中水与非水物质之间相互作用强度的大小，可将食品中的水分为自由水（或称游离水、体相水）和结合水（或称束缚水、固定水）。

一、 结合水

Bound water can be described as the water that exists in the vicinity of solutes and other nonaqueous constituents, and that as a result of its location exhibits apparent properties that are significantly altered from those of "bulk water" in the same system. Bound water has its rotational ability restricted by the substance with which it is associated. It does not freeze at some arbitrary low temperature (usually -40℃ or lower). It is unavailable as a solvent for additional solutes.

结合水（bound water）是指存在于溶质及其他非水成分附近的，与溶质分子间通过化学键结合的那部分水。与同一体系的游离水相比，它们呈现出低的流动性和其他显著不同的性质，这些水在−40℃不会结冰，不能作为溶剂。

根据被结合的牢固程度，结合水也可细分如下。

（1）"化合水"（compound water） 也称"组成水"（constitutional water），是指那些结合最牢固的、构成非水物质的组成的水。如存在于蛋白质的空隙区域内的水或者化学水合物中的水。在高水分含量食品中，化合水只占很小比例。

（2）"单层水"（monolayer water） 也称邻近水（vicinal water），是指在非水成分中亲水基团周围结合的第一层水（图 2-4）。这部分水与非水物质之间的结合力主要包括静电相互作用与氢键。其中，与离子或离子基团缔合的水是结合最紧密的邻近水。另外，持留在非常小的毛细管（直径<0.1μm）中的水与邻近水相似。化合水和邻近水的总量占食品中总水分的 0.5%左右。

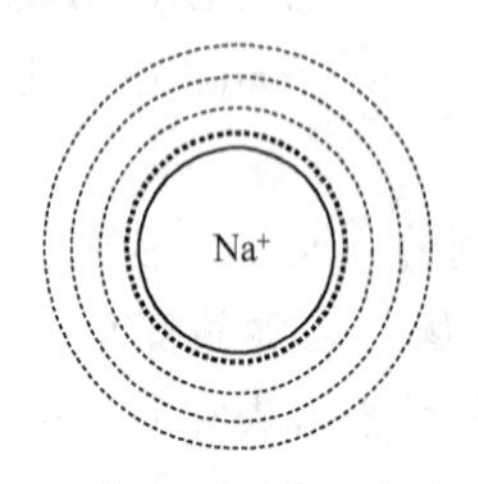

图 2-4 单分子层水（大点）与多分子层水（小点）示意

（3）"多层水"（multilayer water） 是指位于以上所说的第一层的剩余位置的水和邻近水的外层形成的几个水层。

虽然多层水的结合强度不如单层水，但是仍与非水组分靠得足够近，以至于它的性质也大大不同于纯水的性质。该部分水约占食品总质量的5%。

因此，结合水是由化合水和吸附水（单层水+多层水）组成的。应该注意的是，结合水不是完全静止的，它们同邻近水分子之间的位置交换作用会随着水结合程度的增加而降低，但是它们之间的交换速度不会为零。

二、自由水

自由水（free water），也称游离水或体相水（bulk water），是指没有与非水成分结合的水。这种水的性质与纯水的性质类似；它在食品被冻结时能结冰；当它处于液态时可以溶解溶质；可以被微生物所利用；也可以参与化学反应。食品在干燥时这类水先于结合水被除去，而在食品复水过程中被最后吸入。根据自由水在食品中存在的形式，又可分为以下三类。

（1）滞化水（entrapped water） 指被组织中的显微和亚显微结构与膜所阻留住的水。由于这些水不能自由流动，所以称为不可移动水和滞化水。如一块重100g的动物肌肉组织中，总含水量为70～75g，除去近10g结合水外，还有60～65g的水，这部分水中极大部分是滞化水。

（2）毛细管水（capillary water） 指在生物组织的细胞间隙、食品的组织结构中，存在着的一种由毛细管所截留的水，在生物组织中又被称为细胞间水，其物理和化学性质与滞化水相同。

（3）自由流动水（free flow water） 指动物血浆、淋巴、尿液、植物的导管和细胞内液中的水，因为都可以自由流动，所以叫自由流动水。

食品中结合水和自由水的性质区别如下。

① 食品结合水与非水成分缔合强度大，其蒸汽压也比自由水低得多，随着食品中非水成分的不同，结合水的量也不同，要想将结合水从食品中除去，需要的能量比除去自由水要多得多，且如果强行将结合水从食品中除去，食品的风味、质构等性质也将发生不可逆的改变。

② 结合水的冰点比自由水低得多，因而对于多汁的果蔬，由于自由水较多，冰点相对较高，易结冰破坏其组织。

③ 自由水能被微生物所利用，结合水则不能，所以自由水较多的食品易腐败。

上述对食品中水分的划分只是相对的。食品中常说的水分含量，一般是指常压、100～105℃条件下恒重后受试食品的减少量。

三、持水力

Water holding capacity is frequently used to describe the ability of a matrix of molecules, including gels of pectin and starch, and cells of tissues, to physically entrap large quantities of water in a way that inhibits exudation.

持水力（water holding capacity），是描述由分子（通常以低浓度构成的大分子）构成的机体通过物理方式截留大量的水而阻止水渗出的能力。如果胶、淀粉凝胶、动物细胞截留水。物理截留的水甚至当组织化食品被切割或剁碎时仍不会流出。在食品加工时表现出来的性质几乎与纯水相同：如在干燥时易于被除去，在冻结时易于转变成冰，可以作为溶剂。物理截留的水整体流动被严格限制，但个别分子的运动基本上与稀盐溶液中水分子的运动相同。食品持水力的损害会严重影响食品质量，如凝胶食品脱水收缩，冷冻食品解冻时渗水，动物宰后生理变化使肌肉 pH 下降导致香肠质量变差等。

四、水与溶质的相互作用

在加工过程中，常向水中添加各种不同的物质，这些物质有些是亲水性的，有些是疏水性的。亲水性物质靠离子-偶极或偶极-偶极相互作用同水发生强烈的作用，因而改变了水的结构和流动性，以及亲水性物质的结构和反应性。如果被添加的物质是疏水性的，其疏水基团与邻近的水分子仅产生微弱的相互作用，邻近疏水基团的水比纯水的结构更为有序，疏水基团产生聚集，发生疏水相互作用。由此可见，水在溶液中的存在状态与溶质的性质、溶质同水分子的相互作用有关，下面分别介绍不同种类溶质与水之间的相互作用。

1. 水与离子或离子基团的相互作用

Individual ions and the ionic groups of organic molecules appear to hinder or influencethe mobility of water molecules to a greater degree than do any other types of solutes. The strength of electrostatic water-ion bonds is greater than that of water-water hydrogen bonds, but still much less than that of covalent bonds.

食品中的可电离物质在一定条件下是以离子或离子基团（Na^+、Cl^-、R—COO^-、R—NH_3^+ 等）的形式存在。对既不具有氢键受体又没有给体的简单无机离子，它们与水相互作用时仅仅是离子-偶极的极性结合，这种作用通常被称为离子水合作用。NaCl 与邻近的水分子可能出现的相互作用方式如图 2-5 所示。离子与水分子之间的静电引力大约是水分子间氢键键能的 4 倍。因此，离子或离子基团与水分子之间的作用力是水分子与非水物质之间最强的作用力，通过这种方式水分子被牢固地束缚于非水物质。

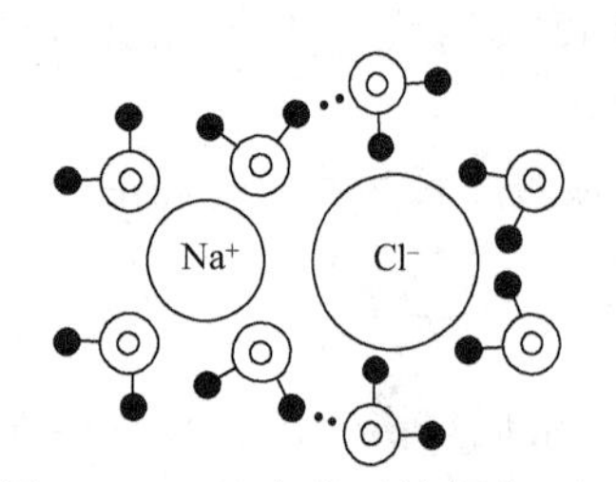

图 2-5 NaCl 与邻近的水分子间可能出现的相互作用方式

图中仅表示出纸平面上的水分子

在水中添加可离解的溶质时，会使纯水靠氢键键合形成的四面体排列的正常结构受到破坏。典型的特征就是在水中加入盐类后，水的冰点下降。

在不同的稀盐溶液（dilute aqueous solutions）中，离子对水结构的影响是不同的。一些离子（例如 K^+、Rb^+、Cs^+、NH_4^+、Cl^-、Br^-、I^-、NO_3^-、BrO_3^-、IO_3^- 和 ClO_4^- 等）由于离子半径大，电场强度弱，能破坏水的网状结构（net structure breaking effect），因此这类离子的水溶液比纯水的流动性大。而对于电场强度较强、离子半径小的离子或多价离子（如 Li^+、Na^+、H_3O^+、Ca^{2+}、Ba^{2+}、Mg^{2+}、Al^{3+}、F^- 和 OH^-），它们有助于水形成网状结构（net structure forming effect），因此这类离子的水溶液比纯水的流动性小。

2. 水与具有氢键键合能力的中性基团的相互作用

Interactions between water and nonionic, hydrophilic solutes are weaker than water-ion interactions and about the same strength as those of water-water hydrogen bonds. Depending on the strength of the water-solute hydrogen bonds, first-layer water (i. e., water immediately adjacent to the hydrophilic species), may or may not exhibit reduced mobility and other altered properties as compared to bulk-phase water.

食品中蛋白质、淀粉、果胶等有机成分含有大量的具有氢键形成能力的基团（如羟基、氨基等），它们可与水分子通过氢键键合。水分子与非水物质形成的氢键，强度与水分子之间形成的氢键相当，但远低于水分子与离子或离子基团之间的静电相互作用。

各种有机分子的不同极性基团与水形成氢键的牢固程度有所不同。蛋白质多肽链中赖氨酸和精氨酸侧链上的氨基、天冬氨酸和谷氨酸侧链上的羧基、肽链两端的羧基和氨基以及果胶物质中未酯化的羧基，与水形成的氢键，键能大，结合得牢固；而蛋白质结构中的酰胺基，淀粉、果胶质、纤维素等分子中的羟基与水也能形成氢键，但键能小，强度差。

Hydrogen bonding of water can occur with various potentially eligible groups (e. g. , hydroxyl, amino, carbonyl, amide, imino groups, etc.). This sometimes results in water bridges, where one water molecule interacts with two eligible hydrogen-bonding sites on one or more solutes.

水分子与食品中具有氢键形成能力的大分子之间的相互作用，一方面对水的性质产生了显著的影响，另一方面对维持这些高分子在水中的空间构象也至关重要，如生物大分子之间可形成由几个水分子所构成的“水桥（water bridge）”。如图 2-6 所示，3 个水分子形成的水桥是维持木瓜蛋白酶活性中心的重要结构，这也说明为何很多酶在低水分情况下活性会大幅度降低。

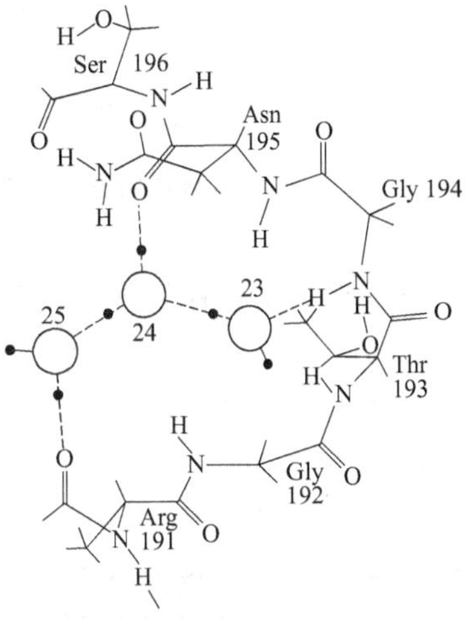

图 2-6 木瓜蛋白酶中的三分子水桥

图中圆圈表示水分子

3. 水与非极性基团的相互作用

The mixing of water and hydrophobic substances such as hydrocarbons, rare gases, and the apolar groups of fatty acids, amino acids, and proteins is a thermodynamically unfavorable event. This reduction in entropy, considered an indicator of increased “order”, is thought to occur because of special structures in water that form in the vicinity of these incompatible apolar entities. This process has been termed “hydrophobic hydration”.

将疏水性物质（如含有非极性基团的烃类、脂肪酸、氨基酸、蛋白质）加入水中，由于它们与水分子产生斥力，从而使疏水基团附近的水分子之间的氢键键合增强。处于这种状态的水与纯水的结构相似，甚至比纯水的结构更为有序，使得熵下降，此过程被称为疏水水合作用（hydrophobic hydration），见图 2-7(a)。从宏观上，疏水相互作用可通过分散在水中的微小油滴不断积聚的现象描述。从微观上，可用蛋白质的疏水相互作用来描述。

Because hydrophobic hydration is thermodynamically unfavorable, it follows that the system adjusts in an attempt to minimize the association of water with the apolar entities that are present. Thus, if two separated apolar groups are present, their incompatibility with the aqueous environment serves to encourage their association, thereby lessening the water-apolar interfacial area, a process that is thermodynamically favorable. This process, a partial reversal of hydrophobic hydration, is referred to as ‘hydrophobic interaction’, and, in its simplest form, can be represented as

R(hydrated)+ R(hydrated)⟶R_2(hydrated)+ H_2O

where R is an apolar group.

由于疏水水合作用是热力学上不利的过程，因此，水倾向于尽可能少地与疏水性基团缔合。如果水体系中存在多个分离的疏水性基团，那么疏水基团之间相互聚集，从而使它们与水的接触面积减小，此过程被称为疏水相互作用（hydrophobic interaction），见图 2-7(b)。疏水性物质在水中的作用情况见图 2-8。

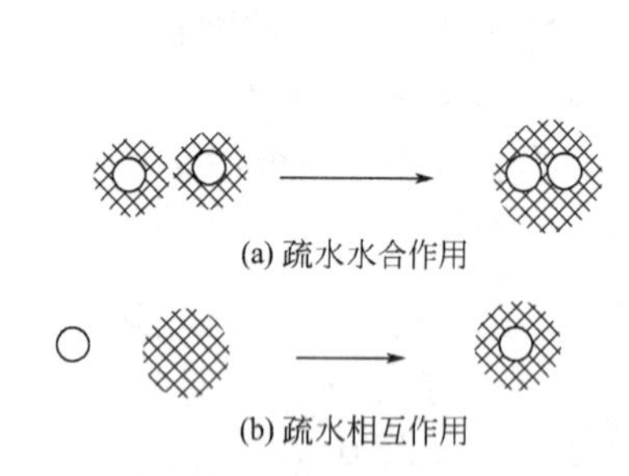

图 2-7　疏水水合作用与疏水相互作用

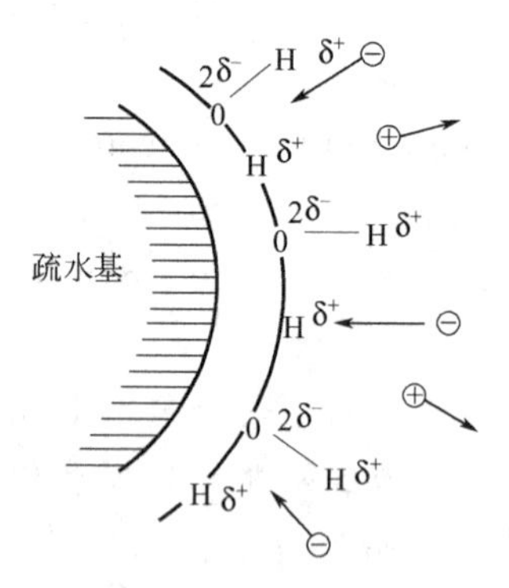

图 2-8　疏水性物质在水中的作用

非极性物质具有两种特殊的性质，一种是与蛋白质分子产生的疏水相互作用，另一种是与水形成笼形水合物。

Because the exposure of protein apolar groups to water is thermodynamically unfavorable, the association of hydrophobic groups or hydrophobic interaction is facilitated. This is the process depicted schematically in Figure 2-9. The hydrophobic interaction is believed to be a major driving force for protein folding, causing many hydrophobic residues to assume locations buried in the protein interior. Nevertheless, despite such hydrophobic interactions, it is estimated that nonpolar groups in globular proteins still typically occupy about 40% ～50% of the surface area. As a consequence of these surface-located hydrophobic groups, hydrophobic interactions are also regarded as being of primary importance in maintaining the tertiary structure (subunit associations, etc.) of most proteins. It is therefore of considerable importance to the structural complexities of proteins that a reduction in temperature causes hydrophobic interactions to become weaker, and hydrogen bonds to become stronger.

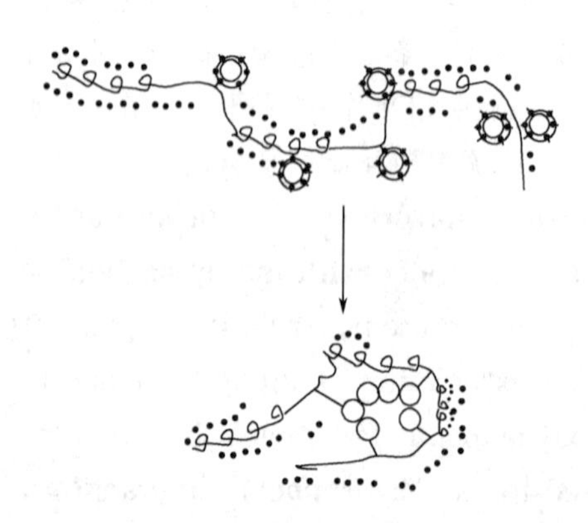

图 2-9　球蛋白的疏水相互作用

（1）蛋白质的疏水相互作用　疏水相互作用是推动蛋白质分子折叠进一步形成高级结构的重要作用力，同时也是维持蛋白质分子在水中特定构象的主要力量（图 2-9）。在此推动力的作用下，天然蛋白质的疏水性基团一般分布于蛋白质分子内部，而亲水性基团往往分布于蛋白质分子的表面，这也赋予了大多数天然蛋白质良好的水溶性。需要指出的是疏水相互作用随体系温度的上升而不断减弱。

A clathrate hydrate is an ice-like inclusion compound wherein water, the host substance, forms a hydrogen-bonded cage-like structure that physically entraps a small apolar molecule known as the guest molecule. There is evidence that clathrate hydrates would be likely to influence the conformation, reactivity, and stability of molecules such as proteins.

(2) 笼形水合物（clathrate hydrates）　水靠氢键键合形成像笼一样的结构，通过物理作用方式（一般是弱的范德华力，某些情况下，也存在静电相互作用）将非极性物质截留在笼中。这种笼形水合物对蛋白质等生物大分子的构象、反应及稳定性等都有重要作用。

4. 水与双亲分子的相互作用

水能作为双亲分子（如脂肪酸盐、蛋白脂质、糖脂、极性脂类、核酸等）的分散介质。双亲分子的特征是在同一分子中同时存在亲水和疏水基团（图 2-10）。水与双亲分子亲水部位的羧基、羟基、磷酸基、羰基或一些含氮基团的缔合导致双亲分子的表观"增溶"。双亲分子可在水中形成大分子聚合体，即胶团（图 2-10 中 5）。从胶团结构示意图可知，双亲分子的非极性部分指向胶团的内部，而极性部分定向到水环境。

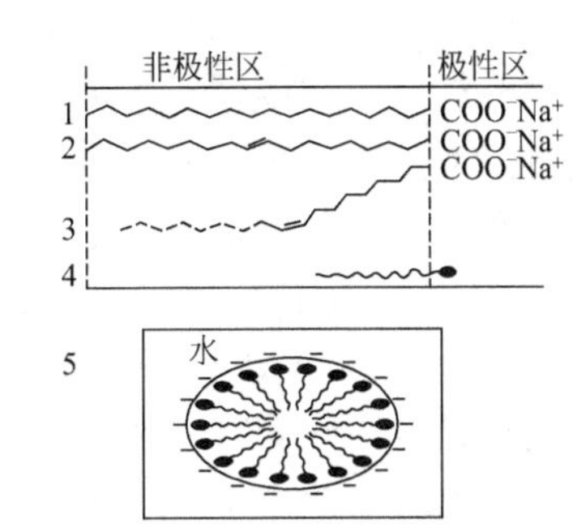

图 2-10　水与双亲分子相互作用示意

1～3—双亲脂肪酸盐的结构；4—双亲分子的一般结构；5—双亲分子在水中形成的胶团结构

第三节　水分活度

透过现象看本质

2-15. 为什么有些食品含水量很高，但具有极高的贮藏稳定性？

食物的腐败变质与其水分之间存在着密切的联系。食品通过干燥、浓缩或脱水等操作可大幅度降低食品的含水量，提高溶质的浓度和降低食品腐败的敏感性。但食品的水分含量与食品的化学、物理、微生物稳定性之间不存在必然联系。某些高水分含量食品（如浓缩果汁）很稳定，而另一些低水分含量食品（如大米）却是不稳定的。也就是说不同种类的食品即使水分含量相同，其腐败变质的难易程度也存在着明显的差异，这说明以含水量作为判断食品稳定性的指标是不完全可靠的。根据对食品中水分的划分，结合水的多少不会对食品质量产生明显影响，而食品的腐败变质更多与自由水相关。为表达食品中水分状态与食品安全性的关系，引入了水分活度（water activity，α_W）这一概念。

一、水分活度的定义

The term "water activity" (α_W) was developed to reflect the intensity with which water associates with various nonaqueous constituents.

水分活度（α_W）是指食品中的水分被微生物利用的程度，表示水与食品成分之间的结合程度。

水分活度可用食品中水的蒸汽压与相同温度下纯水的饱和蒸汽压的比值表示，具体如下式所示。

$$\alpha_W=\frac{f}{f_0}\approx\frac{p}{p_0}=\frac{ERH}{100}$$

式中，f、f_0分别为食品中水的逸度、相同条件下纯水的逸度；p、p_0分别为食品中水的分压、相同温度下纯水的蒸汽压；ERH 为食品的平衡相对湿度（equilibrium relative humidity）。通过测定 p 和 p_0项，就可以定量描述食品的水分活度。一般说来，由于食品中水与非水物质的相互作用，食品中水的蒸汽压通常低于纯水的蒸汽压，所以食品的α_W值总在 0～1 之间。

我国于 2009 年 4 月发布的国家标准《食品水分活度的测定》（GB/T 23490—2009）规定，康威皿扩散法（适用于水分活度范围 0.00～0.98）和水分活度仪扩散法（适用于水分活度范围 0.60～0.90）测定食品中的水分活度，其中康威皿扩散法为仲裁法。

康威皿扩散法的测定步骤：在密闭、恒温的康威皿（图 2-11）中，试样中的自由水与水分活度较高和较低的标准饱和溶液相互扩散，达到平衡后，根据试样质量的变化量，求得样品的水分活度。把 5 种不同水分活度值的饮和盐溶液分别置于 5 个康威皿的外室，样品则置于内室中，密闭使容器内样品的环境空气的相对湿度恒定，待平衡后测定样品的质量增减值。通常，温度恒定在 25℃，扩散时间为 24h。样品量为 1.5g，且这 5 种盐溶液的水分活度值分布在受试样品水分活度值的正、负两端。以所选饱和盐溶液（25℃）的水分活度值为横坐标，对应标准饮和盐溶液试样的质量增减数值为纵坐标，绘制二维直线图。取横坐标截距值，即为该样品的水分活度值。

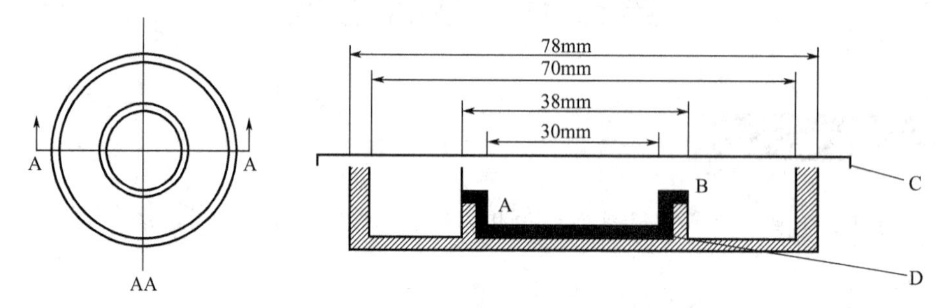

图 2-11 康威皿示意图

A—内室；B—外室；C—玻璃盖；D—铝器或玻璃器

二、 水分活度与温度的关系

固定组成的食品体系的 α_W 值与温度有关，克劳修斯-克拉贝龙（Clausius-Clapeyron）方程表达了α_W与温度之间的关系。

$$\frac{\mathrm{d}\ln\alpha_W}{\mathrm{d}(1/T)}=\frac{-\Delta H}{R}$$

式中，T 为绝对温度；R 是气体常数；ΔH 是样品中水分的等量净吸附热（此处的 ΔH 可用纯水的汽化热表示，其值为 40537.2J/mol）。上式经过整理，可得到线性方程。

$$\ln\alpha_W=-\frac{\Delta H}{R}\left(\frac{1}{T}\right)$$

根据上述方程，对于一个特定的食品（即有固定的水分含量），以 $\ln\alpha_W$ 对 $1/T$ 作图为一条直线。也就是说水分含量一定时，在一定的温度范围内，α_W 随着温度升高而增加（图 2-12）。一般说来，食品的温度每变化 10℃，其 α_W 变化值为 0.03～0.2。

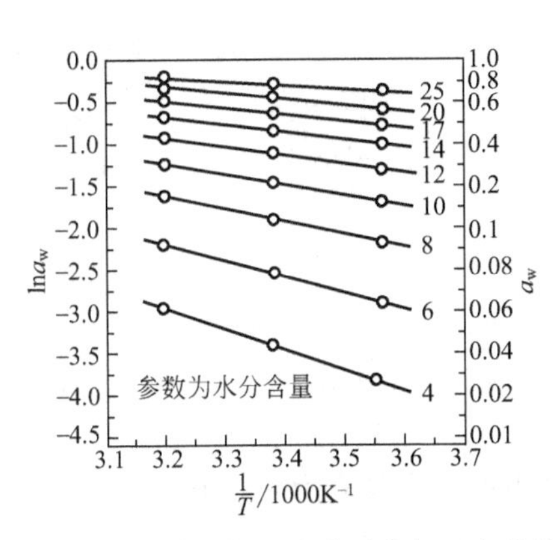

图 2-12 马铃薯淀粉的水分活度与温度的关系
线段旁边的数字表示水分含量

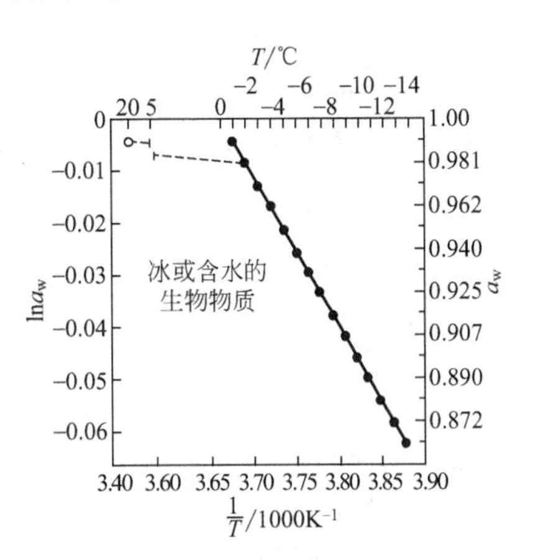

图 2-13 高于或低于冻结温度时样品的水分活度和温度的关系

需要指出的是，$\ln\alpha_W$ 对 $1/T$ 作图并非始终是一条直线，在冰点温度出现断点（图 2-13）。低于冰点温度的 α_W 应按下式计算：

$$\alpha_W=\frac{p_{ff}}{p_{0(scw)}}=\frac{p_{ice}}{p_{0(scw)}}$$

p_{ff} 是部分冷冻食品中水的分压，$p_{0(scw)}$ 是纯的过冷水的蒸汽压，p_{ice} 是纯水的蒸汽压。

图 2-13 说明，①在低于冰点温度时，$\ln\alpha_W$ 对 $1/T$ 的关系也是线性关系；②温度对 α_W 的影响在低于冰点温度时远比在高于冰点温度以上时要大得多。

在比较冰点以上和冰点以下温度的 α_W 时，应注意以下三点。

① 在冰点温度以上，α_W 是样品成分和温度的函数，成分是影响 α_W 的主要因素。但在冰点温度以下时，α_W 与样品中的成分无关，只取决于温度，也就是说在有冰存在时，α_W 不受体系中所含溶质种类和比例的影响。因此，不能根据 α_W 值来准确的预测在食品冰点以下温度时的体系中溶质的种类及其含量对体系变化所产生的影响。反之亦然。通常，α_W 作为食品体系中可能发生的物理化学和生理变化的指标，在高于冰点温度时使用更有应用价值。

② 食品冰点温度以上和冰点温度以下的 α_W 值的大小对食品稳定性的影响是不同的。例如，一种食品在−15℃和 α_W 为 0.86 时，微生物不生长，化学反应进行缓慢，但在 20℃、α_W 同样为 0.86，则出现相反的情况，有些化学反应将迅速地进行，某些微生物也能生长。

第四节 水分的吸附等温线

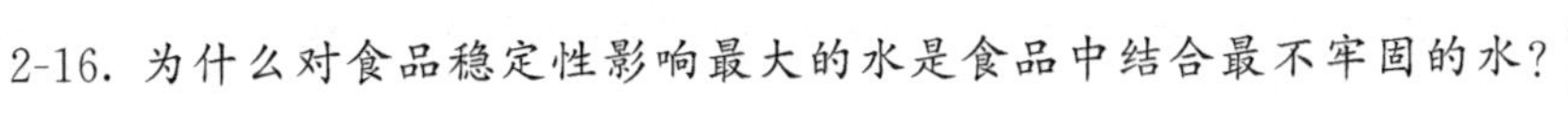

2-16. 为什么对食品稳定性影响最大的水是食品中结合最不牢固的水？

2-17. 为什么食品干燥后不容易复水？

2-18. 对一种鸡肉或猪肉制品，分别采用回吸或解吸的方法加工，使其水分活度达到0.75～0.84，哪种方法加工的产品的脂肪氧化速度快？为什么？

虽然食品的水分活度比水分含量更能表征食品的稳定性，但食品的水分含量比水分活度更容易被测量和被感官直接估计。因此认识食品水分含量与水分活度的关系对实际生产应用有重要意义。

一、 定义和区间

A plot of water content (expressed as a mass of water per unit mass of dry material) of a food vs. $(p/p_0)_T$ is known as a moisture sorption isotherm (MSI).

在恒温条件下，食品的含水量（用每单位干物质中的含水量表示）与其水分活度的关系曲线，称为水分吸附等温线（moisture sorption isotherms，MSI）。

图2-14是食品水分吸附等温线的示意图，显示食品在极低水分含量到极高水分含量区间内水分含量与水分活度的关系。从图中可以明显看出，当食品水分含量从0%变化到5%，水分活度相应地从0变化到了约0.9，而此后约95%的水分含量变化只引起了水分活度10%的变化。因此，在水分吸附等温线中，对实际生产更具有指导价值的是低水分含量范围内的吸附等温线。图2-15是食品低水分含量区间吸附等温线的放大图。

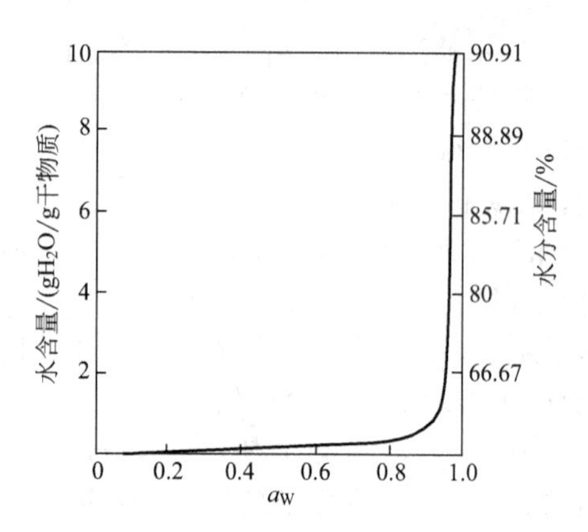

图2-14 广泛水分含量范围食品的水分吸附等温线

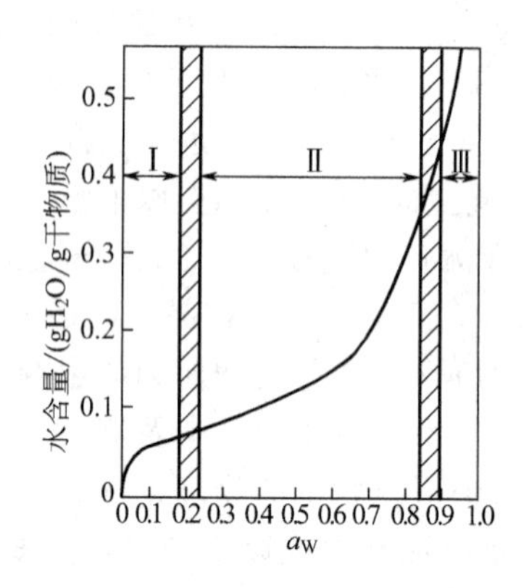

图2-15 低水分含量范围食品的水分吸附等温线（20℃）

为了深入理解水分吸附等温线的含义和实际应用，将曲线分成3个区间（图2-15），因回吸作用而被重新结合的水从区间Ⅰ（干燥的）向区间Ⅲ（高水分）移动时，水的物理性质发生变化。下面分别叙述每个区间水的主要特性。

Water present in amounts up to the zone Ⅰ boundary limit of the isotherm can be considered most strongly sorbed and least mobile. This water is probably associated with accessible polar sites by water-ion or water-dipole interactions. The high-moisture end of zone Ⅰ (boundary of zones Ⅰ and Ⅱ) corresponds to the "BET monolayer" moisture content of the food.

Ⅰ区：为化合水和邻近水。该区间的水是食品中吸附的最牢固、最不易移动的水。这部分水靠水-离子或水-偶极相互作用吸附在离子基团或极性基团表面，在-40℃时不结冰，没有溶解溶质的能力，对食品的固形物不产生增塑效应，相当于固形物的组成部分。在此区间，a_W较低，一般在0～0.25之间，食品的含水量一般为0～0.07g H_2O/g干物质。在区间Ⅰ高水分含量末端（区间Ⅰ和区间Ⅱ的分界线）所对应的水分含量可以近似看做是食品的“单分子层”水含量，即食品中非水物质可接近的强极性基团表面刚好被水分子完全占据所需要的水含量。在高水分食品中，属于区间Ⅰ的水只占高水分食品中总水量的很小一部分。

Additional water added in an amount not exceeding the limit set by the zone Ⅱ boundary can be considered to populate those first-layer sites that are still available. This second water population probably associates with neighboring water molecules in this first layer and solute molecules primarily by hydrogen bonding.

Ⅱ区：为多层水区。这部分水占据固形物表面第一层剩余位置和亲水基团周围的另外几层位置，通过水-水、水-溶质的氢键键合作用与邻近的分子缔合，同时还包括直径<1μm的毛细管中的水。区Ⅱ的a_W在0.25～0.8，这部分水的流动性比体相水稍差，大部分在-40℃不能结冰。区Ⅱ高水分端的水开始有溶解作用，并且具有增塑剂和促进基质溶胀的作用。由于这部分水在一定程度上能提升食品体系中的物质扩散速率，因此食品中的化学反应有加强的趋势。在以亲水性物质为主要非水物质的高含水量食品体系中，水分吸附等温线区间Ⅰ和区间Ⅱ水的总量一般不超过食品体系总水量的5%。

At water contents in excess of the lower zone Ⅲ boundary, the additional water behaves as bulk-phase water.

Ⅲ区：为自由水区。该区间对应的水是食品中与非水物质结合最不牢固、分子运动动能最大的水，也称为体相水，a_W在0.8～0.99。其蒸发焓基本上与纯水相同，既可以结冰，也可以作为溶剂，并且还有利于化学反应的进行和微生物的生长。区间Ⅲ的水，在高水分含量的食品中一般占总含水量的95%以上。

At this point, suffice it to say that the most mobile water fraction existing in any food sample frequently governs stability.

虽然水分吸附等温线划分为3个区间，但还不能准确地确定区间的分界线，除化合水外，等温线的每一个区间内和区间之间的水都能够相互进行交换。另外向干燥的食品中添加水时，虽然能够稍微改变原来所含水的性质，如产生溶胀和溶解过程，但在区间Ⅱ中添加水时，区间Ⅰ的水的性质保持不变，在区间Ⅲ内添加水时区间Ⅱ的水的性质也几乎保持不变。以上可以说明，对食品稳定性产生影响的水是体系中受束缚最小的那部分水，即游离水（体相水）。

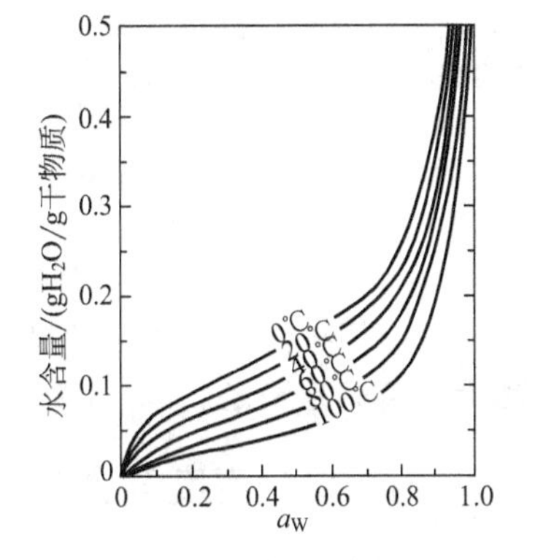

图2-16　不同温度下马铃薯的水分解吸等温线

二、 水分吸附等温线与温度的关系

如前所述，水分活度与温度有关，所以水分吸附等温线也与温度有关（图2-16）。在一定的水分含量时，水分活度随温度的上升而增大。而当食品的温度保持不变时，水分活度随水含量的升高而增大。就水分对食品稳定性的影响而言，对特定食品来说（水分含量一定），贮藏温度越低越稳定；而贮藏温度的提升会明显加速特定食品的败坏速度。为使一个食品在高温贮藏时能保持与低温一样的稳定性，就必须降低其水分含量。

三、 滞后现象

MSIs may be obtained using either adsorption or desorption protocols. A MSI prepared by the addition of water (resorption) to a dry sample will not necessarily be superimposable on an isotherm prepared by desorption. This lack of superimposability is referred to as "hysteresis".

MSI的制作有两种方法，即采用回吸（resorption）的方法绘制的MSI和按解吸（desorption）的方法绘制的MSI。同一种食品按这两种方法制作的MSI图形并不一致，不互相重叠，这种现象就称为滞后现象（hysteresis）。

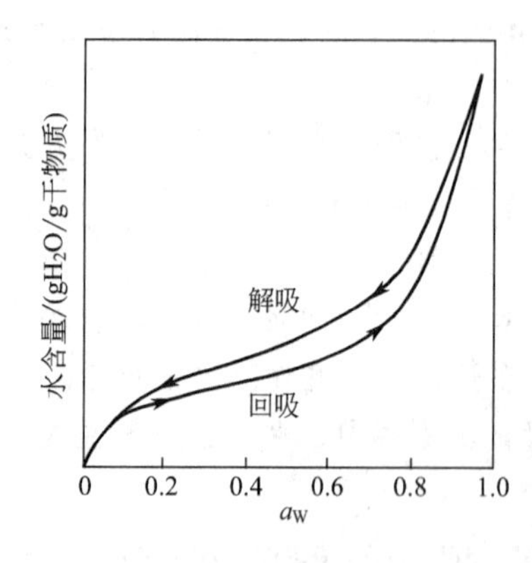

图 2-17 一种食品的MSI滞后现象示意

图2-17表明，在滞后区域，为保持相同的α_W，复水食品的含水量要明显低于新鲜食品。换句话说，相同含水量的新鲜食品与复水食品相比，复水食品中水分的自由程度更高、α_W更大、稳定性更差。通常在生产中，回吸等温线用于干制食品复水研究，而解吸等温线用于新鲜食品干制研究。由复水获得的产品（如涨发产品）必须保持更低的水分含量才能与同类新鲜食品具有近似的稳定性。滞后现象越严重，干燥食品复水后与新鲜食品的外观和质地差距越大。

良好干燥技术的核心目标是尽可能降低食品的滞后现象，使干制后的产品具有很好的复原性。滞后现象的程度是衡量食品干制技术优劣的重要指标。

第五节 水分活度与食品稳定性

透过现象看本质

2-19. 为什么含脂的食品，水分含量过低时，反而容易氧化？

食品的稳定性与水分活度之间有着密切的联系。总体趋势是，水分活度越小，反应速度越低，食品越稳定。

一、 水分活度与食品保存性

同一类食品，由于其组成、新鲜度和其他因素的不同而使α_W有差异，实际上食品中的脂类自动氧化、非酶褐变、微生物生长、酶促反应等都与α_W有很大的关系，即食品和稳定性与水分活度有着密切的联系。图 2-17 给出几个典型的变化与水分活度之间的关系。

图 2-18 中所示的化学反应的最小反应速度一般首先出现在等温线的区间Ⅰ与区间Ⅱ之间的边界（α_w为 0.2～0.3）；当 α_w进一步降低时，除了氧化反应外，全部保持在最小值；在中等和较高 α_w值（α_w＝0.7～0.9）时，美拉德反应、脂类氧化、维生素 B_1降解、叶绿素损失、微生物的生长和酶促反应等均显示出最大的速率。

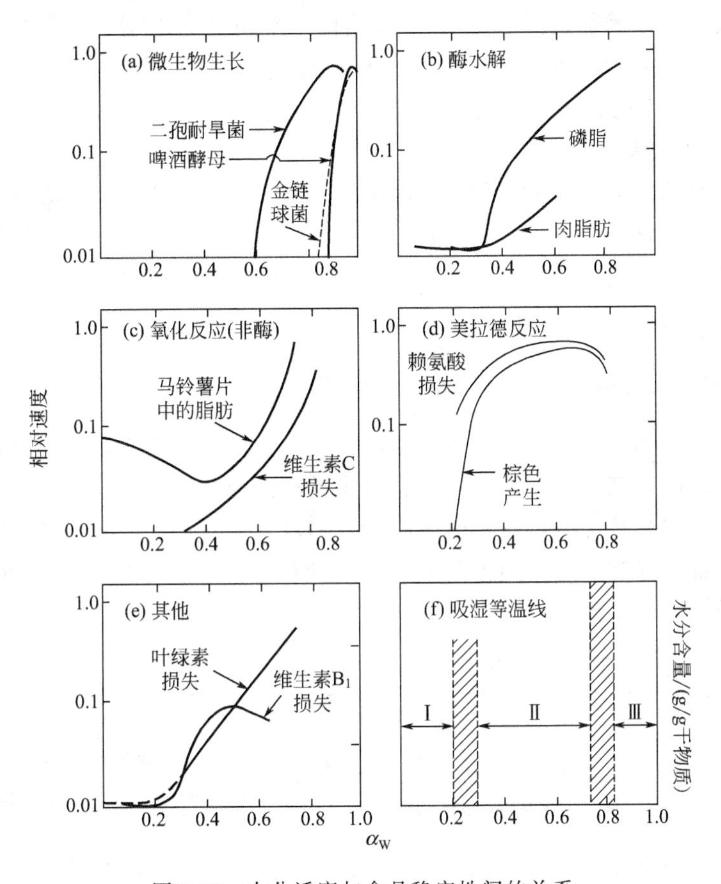

图 2-18　水分活度与食品稳定性间的关系

但在有些情况下，对高水分食品，随着水分活度的增加，反应速度反而降低，如蔗糖水解后的褐变反应，原因有以下两个。

第一，在水为生成物的反应中，根据反应动力学原理，由于水分含量的增加，阻止反应的进行，使反应速度降低。

第二，当反应中水的含量达到某一值时，反应物的溶解度、大分子表面与另一个反应物相互接近的程度以及通过提高水分活度来增加反应速度的作用已不再是一个显著的因素，此时如果再增加水分含量，则对促进反应进行的各组分产生稀释效应，最终使得体系的反应速度降低。

因此，中等水分含量范围（α_w＝0.7～0.9）的食品，其化学反应速率最大，不利于食品耐藏性能的提高（这也是为什么现代食品加工技术非常关注中等水分含量的原因）。由于食品体系在 α_w为 0.2～0.3 的稳定性较高，而这部分水相当于单分子层水，所以知道食品中单分子层水的水分含量十分有意义，我们可以通过前面所介绍的数学方程预测食品稳定性最大时的含水量。

脂类氧化速率随 α_w 值增加而降低，表明最初添加到干燥样品中的那一部分水能明显干扰氧化作用，因为这类水可以与来自游离基反应生成的氢过氧化物结合，并阻止其分解，从而使脂类自动氧化的初速度减小（α_w 为 0.2～0.3）。此外，在反应的初始阶段，这些水还能与催化油脂氧化的金属离子发生水合作用，明显降低金属离子的催化活性。当向食品中添加的水超过Ⅰ区间和Ⅱ区间的边界时，随着 α_w 值的增加氧化速率增大，因为在等温线这个区间内增加水，能增加氧的溶解度和水分子溶胀，使大分子暴露出更多的反应位点，使氧化速率加快。α_w 大于 0.85 时，所添加的水则减缓氧化速率，这是由于水对催化剂的稀释作用或对底物的稀释作用而降低催化速率所造成的。

综上所述，降低食品的 α_w 可以延缓酶促褐变和非酶褐变的进行，减少食品营养成分的破坏，防止水溶性色素的分解。但 α_w 过低，则会加速脂肪的氧化酸败，还能引起非酶褐变。要使食品具有最高的稳定性，最好将 α_w 保持在结合水范围内。这样，既使化学变化难以发生，同时又不会使食品丧失吸水性和复原性。

二、 水分活度与微生物生命活动的关系

微生物和其他生物一样，正常的生理活动需要一定的水分。食品中涉及的微生物主要有细菌、酵母菌和霉菌，其中一些微生物在食品中的应用有其有益的一面，这主要体现在发酵食品的生产中，但很多情况下，这些微生物的生命活动会直接引起食品的腐败变质。不同微生物的生长繁殖都要求有一定的最低限度的水分活度。如果食品的水分活度低于这一数值，微生物的生长繁殖就会受到抑制（表 2-2）。

表 2-2 食品中水分活度与微生物生长之间的关系

α_w	此范围内的最低 α_w 一般能抑制的微生物	食品
1.0～0.95	假单胞菌，大肠杆菌变形菌，志贺菌，克雷伯菌属，芽孢杆菌，产气荚膜梭状芽孢杆菌，一些酵母	极易腐败的食品、蔬菜、肉、鱼、牛乳、罐头水果，香肠和面包，含有约 40%蔗糖或 70%食盐的食品
0.95～0.91	沙门杆菌属，肉毒梭状芽孢杆菌，副溶血性弧菌，乳酸杆菌属，一些霉菌，红酵母，毕赤酵母	一些干酪、腌制肉、水果浓缩汁、含有 50%蔗糖或 12%食盐的食品
0.91～0.87	许多酵母(假丝酵母、球拟酵母、汉逊酵母)，小球菌	发酵香肠、干的奶酪、人造奶油、含有 65%蔗糖或 15%食盐的食品
0.87～0.80	大多数霉菌(产毒素的青霉菌)，金黄色葡萄球菌，大多数酵母菌，德巴利酵母菌	大多数浓缩水果汁、甜炼乳、糖浆、面粉、米、含有 15%～17%水分的豆类食品、家庭自制的火腿
0.80～0.75	大多数嗜盐细菌，产真菌毒素的曲霉	果酱、糖渍水果、杏仁酥糖
0.75～0.65	嗜旱霉菌，二孢酵母	含 10%水分的燕麦片、果干、坚果、粗蔗糖、棉花糖、牛轧糖块
0.65～0.60	耐渗透压酵母(鲁酵母)，少数霉菌(刺孢曲霉、二孢红曲霉)	含有 15%～20%水分的果干、太妃糖、焦糖、蜂蜜
0.50	微生物不繁殖	含有 12%水分的酱、含 10%水分的调料
0.40	微生物不繁殖	含有 5%水分的全蛋粉
0.30	微生物不繁殖	饼干、曲奇饼、面包硬皮
0.20	微生物不繁殖	含 2%～3%水分的全脂奶粉、含 5%水分的脱水蔬菜或玉米片、家庭自制饼干

水分活度在0.9以上时，食品的微生物变质以细菌为主。水分活度降至0.9以下时，就可以抑制一般细菌的生长。当在食品原料中加入食盐、糖后，水分活度下降，一般细菌不能生长，嗜盐细菌却能生长。水分活度在0.9以下时，食品的腐败主要是由酵母菌和霉菌所引起的，其中水分活度在0.8以下的糖浆、蜂蜜和浓缩果汁的败坏主要是由酵母菌引起的。研究表明，食品中有害微生物生长的最低水分活度在0.86～0.97，所以，真空包装的水产品和畜产品，流通标准规定其水分活度要在0.94以下。

微生物对水分的需要受食品pH、营养成分、氧气等共存因素的影响。因此，在选定食品的水分活度时应根据具体情况进行适当地调整。

三、低水分活度提高食品稳定性的作用机理

低水分活度能抑制食品化学变化，稳定食品质量，是因为食品中发生的化学反应和酶促反应是引起食品品质变化的重要原因之一，故降低水分活度可以提高食品的稳定性，其机理如下。

第一，大多数化学反应都必须在水溶液中才能进行，如果降低食品的水分活度，食品中水的存在状态发生了变化，结合水的比例增加，自由水的比例减少，而结合水是不能作为反应物的溶剂的，所以降低水分活度能使食品中许多可能发生的化学反应、酶促反应受到抑制。

第二，很多化学反应属于离子反应，该反应发生的条件是反应物首先进行离子化或水化作用，而发生离子化或水化作用的条件必须有足够的自由水才能进行。

第三，很多化学反应和生物化学反应都必须有水分子参加才能进行（如水解反应）。若降低水分活度，就减少了参加反应的自由水的数量，反应物（水）的浓度下降，化学反应的速度也就变慢。

第四，许多以酶为催化剂的酶促反应，水除了起着一种反应物的作用外，还能作为底物向酶扩散的输送介质，并且通过水化促使酶和底物活化。当αw值低于0.8时，大多数酶的活力就受到抑制；若αw值降到0.25～0.30，则食品中的淀粉酶、多酚氧化酶和过氧化物酶就会受到强烈的抑制甚至丧失其活力。但脂肪酶，水分活度在0.5～0.1时仍能保持其活性。

由此可见，食品化学反应的最大反应速度一般发生在具有中等水分含量的食品中（αw为0.7～0.9），这是人们不期望的。而最小反应速度一般首先出现在等温线的区域Ⅰ与Ⅱ之间的边界（αw为0.2～0.3）附近，当进一步降低αw时，除了氧化反应外，其他反应的反应速度全都保持在最小值。

水分活度除影响化学反应和微生物的生长以外，还可以影响干燥和半干燥食品的质地，所以欲保持饼干、油炸土豆片等食品的脆性，防止砂糖、奶粉、速溶咖啡等结块，以及防止糖果、蜜饯等的黏结，均需要保持适当的水分活度。

第六节　食品水分的延伸阅读

一、分子流动性与食品稳定性

食品水分子流动性（molecular mobility，Mm）是指食品中水分子转动与平动的总动

量。食品水分子流动性与食品贮藏稳定性和加工性能密切相关。物质处于完全而完整的结晶状态时，其 Mm 为零；物质处于完全的玻璃态（无定形态）时，其 Mm 值也几乎为零；在其他情况下，Mm 值大于零。一般来说，分子流动性主要受水合作用大小及温度高低的影响。水分含量的多少、水与非水组分之间的作用，决定了所有的处在液相状态的成分的流动特性；温度越高分子流动越快；另外，相态的转变也可提高分子流动性（如玻璃态转变成液态、结晶成分的熔化等）。

此外，食品的各种成分对于其体系的玻璃化转变温度会产生重要的影响，了解食品体系的玻璃化转变温度与食品中各成分的关系，对食品加工和贮藏都有极好的指导意义。但食品体系的玻璃化转变温度仅为预测食品贮藏稳定性提供了一个基本的准则，如何将玻璃化转变温度、水分含量、水分活度等重要临界参数和现有的技术手段综合考虑，并应用于各类食品的加工和贮藏过程的优化，是今后研究的重点。

二、 核磁共振技术检测食品中水分状态变化

低场核磁技术作为近年来兴起的研究方法，具有稳定性高、重复性好、无损、快速的优点，可实时监测食品不同加工工艺过程中的水分变化，在直接测量食品中水分含量，间接测量冻结水比例、水分活度、玻璃化转变等很多重要物理指标和不同成分分布成像研究中显示出独特的优越性，如研究大米复水过程水分状态的变化，揭示水分进入大米中心所需复水时间及不同品种大米复水过程中水分状态差异；应用低场核磁技术了解绿豆吸水动态过程；阐述冷藏山羊肉水分含量及分布迁移情况，快速评价山羊肉品质、预测山羊肉冷藏期等。

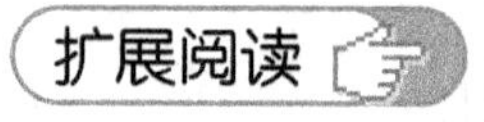

思考题

1. 水与食品中不同化学基团的作用情况如何？疏水相互作用产生的意义何在？

2. 从微观及理化性质上，解释结合水与游离水的根本区别。

3. 画出一种食品的吸湿等温线示意图，指出各区间水的存在形式，以及它们在影响食品保藏性时所产生的作用。

4. 什么是水分活度？简述水分活度与食品稳定性的关系。

5. 为什么相同温度下组织材料冻结的速度比解冻的速度快？

6. 解释水分影响脂类氧化速度的原因。

第三章 碳水化合物

本章提要

1. 熟悉碳水化合物的结构与功能的关系。

2. 掌握食品在贮藏加工条件下碳水化合物的美拉德反应及其对食品营养、感官性质和安全性的影响。

3. 掌握淀粉的糊化和老化及其在食品加工中的应用。

4. 掌握果胶凝胶的机理及其应用。

第一节 概 述

透过现象看本质

3-1. 从食品化学的角度分析，为什么果粒橙具有较好的悬浮稳定性？

3-2. 为什么果脯、蜜饯具有较好的保存性？

一、碳水化合物的定义与来源

Carbohydrates from "hydrate of carbon" are the most abundant biomolecules of organism, and sometimes referred to as saccharides. Chemically, carbohydrates are organic compounds which are more accurate to be defined as aldehydes or ketones of many hydroxyl groups.

碳水化合物（carbohydrates）也叫糖类，是自然界分布广泛、数量最多的有机化合物，例如葡萄糖、淀粉、纤维素等都属于碳水化合物。从化学结构上来看，碳水化合物是多羟基的醛、酮化合物或其聚合物以及这些物质的衍生物的总称。虽然动物和微生物也能利用一些其他物质合成少量的碳水化合物，如来自动物体内的肝糖原、肌糖原、乳糖等，但自然界的碳水化合物主要来自于绿色植物的光合作用。

碳水化合物大量存在于各类植物性食品中，如粮食、薯类中的淀粉；水果、蔬菜中的纤维素和半纤维素等。通常，植物性食物中，碳水化合物约占其干重的80%以上。来自于植物性食物的淀粉也是人类赖以生存的主要能源物质，由其提供的能量约占人体总能量的60%～65%。

二、碳水化合物的分类

Generally, carbohydrates are classified as three groups: monosaccharides, oligosaccharides and polysaccharides. Monosaccharides are the simplest carbohydrates because they cannot be hydrolyzed to smaller carbohydrates. An oligosaccharide typically contains 2 to 10 monosaccharide units joined by glycosidic bonds. According to the number of constituent monosaccarides, oligosaccharide can be subdivided into disaccharide, trisaccharide, tetrasaccharide and so on, in which the disaccharide is the most important, i. e. , sucrose, maltose. The polysaccharide contains greater than ten monosaccharide units, it is a heteroglycan. Conversely, when it contains same monosaccharide units, it is called homopolysaccharide.

自然界的碳水化合物种类繁多。通常根据碳水化合物可被水解的程度，可将碳水化合物分为单糖、寡糖和多糖。单糖是不能被水解的碳水化合物，是构成复杂碳水化合物（寡糖和多糖）的基本结构单元，如葡萄糖、木糖等。寡糖又称为低聚糖，一般是由2～10个单糖分子缩合而成。如蔗糖（sucrose）、乳糖（lactose）、麦芽糖（maltose）、环糊精（cyclodextrin）等。多糖是由若干个单糖分子缩合而成，如淀粉、纤维素、果胶等。也可以根据构成多糖的单糖组成的情况，可将多糖分为均多糖（homopolysaccharides）和杂多糖（heteropolysaccharides）。均多糖是指仅有一种单糖缩合而成的多糖，如淀粉、纤维素；而杂多糖是指由两种或两种以上单糖混合缩合而成的多糖，如半纤维素、果胶等。此外，还可根据多糖在生物体内的功能，将多糖分为结构多糖（structural polysaccharides）与功能多糖（functional polysaccharides）。

三、碳水化合物在食品中的功能

碳水化合物是食品中常见的成分，对食品的营养、质地、风味等具有重要的影响，其功能主要体现在以下一些方面。

（1）为人体提供能量　一般每克可代谢碳水化合物能为人体提供16.7kJ（4.0kcal）的热量。

（2）赋予食品的甜味　主要由食品中的单糖或寡糖实现的，食品中的多糖一般没有甜味。

（3）赋予食品黏稠性　如淀粉、果胶、羧甲基纤维素钠、黄原胶等，可用于果汁或果粒多等产品，防止果肉沉淀或分层。

（4）稳定食品的质地　纤维素、半纤维素和果胶在维持植物性食物，尤其是水果或蔬菜的质地中起重要作用。如水果或蔬菜加热时，部分不溶性果胶物质会水解形成水溶性果胶，导致软化。而金属离子（特别是Ca^{2+}）能与水溶性果胶形成不溶性果胶盐，稳定植物细胞的有序排列结构，起到硬化质地、保持产品脆性的目的。这在果蔬加工业中得到广泛应用。

（5）防止食品腐败变质　高浓度糖溶液由于其较高的渗透压对微生物有抑制作用，可防止食品腐败变质。蜜饯、果酱、糖果和浓缩果汁等产品就是充分利用高浓度糖保存的食品。

（6）影响食品的香气与颜色　通过美拉德反应（Maillard reaction）与焦糖化反应，碳水化合物对食品的颜色和香气产生各种各样的影响。

第二节　单糖与寡糖在食品体系中的特性

透过现象看本质

3-3. 试从结构上分析，为什么β-环糊精可用于苦味食品的脱苦处理？

3-4. 生产硬糖时，为什么常添加淀粉糖浆？

一、食品中常见的单糖与寡糖

（一）食品中常见的单糖

根据单糖分子中碳原子数目的多少，可将单糖分为丙糖（trioses，三碳糖）、丁糖（tetroses，四碳糖）、戊糖（pentoses，五碳糖）、己糖（hexoses，六碳糖）等，其中以戊糖、己糖最为重要，如木糖、葡萄糖、果糖等。

单糖是食品中重要的甜味物质，其中葡萄糖和果糖主要存在于水果和蔬菜中，它们的含量一般在10%以内。对一些特殊品种的葡萄和蜂蜜，其单糖含量可达到70%，甚至更高。

1. 葡萄糖（glucose）

葡萄糖（$C_6H_{12}O_6$）是最常见的己醛糖（图3-1）。葡萄糖加热后逐渐变为褐色，温度在170℃以上则生成焦糖。工业上是用淀粉为原料，经酸法或酶法水解来生产葡萄糖。天然的葡萄糖均属D构型。

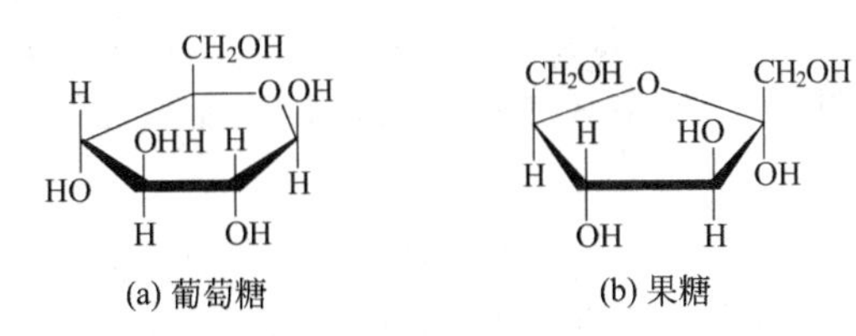

图3-1　葡萄糖和果糖的结构

2. 果糖（fructose）

果糖（$C_6H_{12}O_6$）是最常见的己酮糖（图3-1），是葡萄糖的同分异构体。果糖通常与葡萄糖共存于果实及蜂蜜中。果糖易于消化，适于幼儿和糖尿病患者食用。通过异构化酶可使葡萄糖转化为果糖。果糖的熔点为103～105℃。

3. 果葡糖浆（high fructose corn syrup，HFCS）

果葡糖浆又称高果糖浆或异构糖浆，是由酶法糖化淀粉所得的糖化液经葡萄糖异构酶作用，将其中一部分葡萄糖转化成果糖，即由果糖和葡萄糖为主要成分组成的一种混合糖浆。根据果糖的含量，常见的果葡糖浆分为果糖含量为42%、55%、90%的三种产品，其甜度分别为蔗糖的1倍、1.4倍、1.7倍。果葡糖浆具有冷甜爽口性、吸湿性、保湿性、抗结晶性等特点，目前作为蔗糖的替代品在食品加工领域中应用日趋广泛。

（二）食品中常见的寡糖

寡糖存在于多种天然食物中，如果蔬、谷物、豆类、牛奶、蜂蜜等。在食品中最常见也最重要的寡糖是二糖，如蔗糖、麦芽糖、乳糖等。除此之外的大多数寡糖因具有显著的生理功能，属于功能性低聚糖，如低聚果糖、低聚木糖、低聚异麦芽糖等。近年来寡糖在食品界备受重视，以其为功能因子开发的保健食品众多。

1. 食品中常见的寡糖

（1）蔗糖（sucrose） 蔗糖是由 1 分子 α-D-吡喃葡萄糖与 1 分子 β-D-呋喃果糖失去 1 分子水，通过（1→2）糖苷键连接而成的非还原性二糖（图 3-2）。蔗糖普遍存在于具有光合作用的植物中，在甘蔗和甜菜中含量较高。蔗糖是食品工业中最重要的能量型甜味剂。纯净蔗糖为无色透明结晶，加热到 200℃以上形成棕褐色的焦糖。

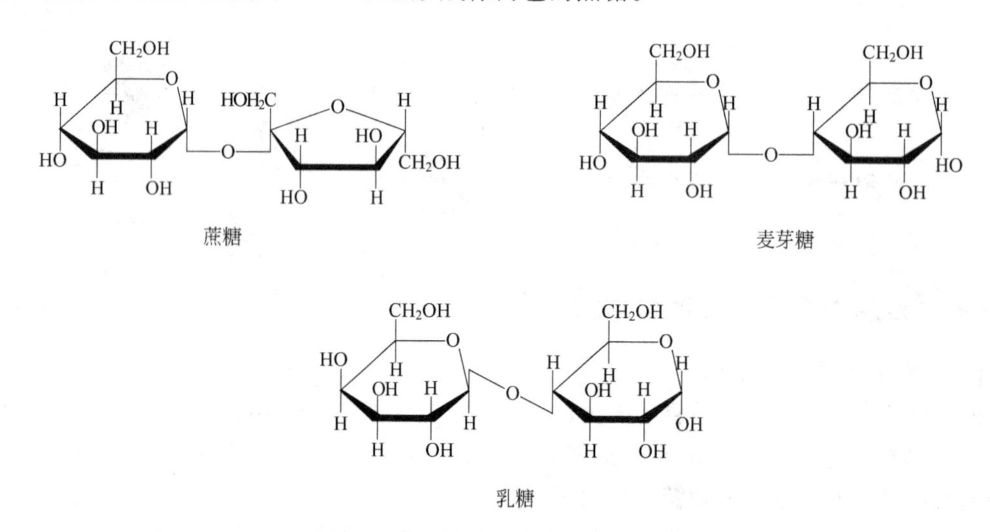

图 3-2 食品中常见寡糖的分子结构

（2）麦芽糖（maltose） 麦芽糖又称饴糖，是由 2 分子的葡萄糖通过 α-(1→4) 糖苷键结合而成的还原性双糖（图 3-2），是淀粉、糖原、糊精等物质在 β-淀粉酶催化下的主要水解产物。谷物种子发芽、面团发酵、甘薯蒸烤时就有麦芽糖的生成，生产啤酒所用的麦芽汁中所含糖的主要成分就是麦芽糖。麦芽糖是食品中的一种温和的甜味剂，其甜度为蔗糖的 1/3，甜味柔和，有特殊风味。

（3）乳糖（lactose） 乳糖是由 2 分子半乳糖以 β-(1→4) 糖苷键结合而成的还原性二糖（图 3-2），其甜度仅为蔗糖的 1/6。乳糖是哺乳动物乳汁中的主要糖成分。乳糖可被乳糖酶水解后生成葡萄糖和半乳糖。对体内缺乏乳糖酶的人群，它可导致乳糖不耐症。目前，主要有两种方法防治乳糖不耐症，一种是通过乳酸发酵除去奶制品中的乳糖（如酸乳）；另一种是直接在奶制品中加入乳糖酶将乳糖进行降解（如低乳糖牛乳）。

2. 功能性低聚糖

（1）环糊精（cyclodextrin） 环糊精是由 α-D-葡萄糖以 α-(1→4) 糖苷键连接而成的环状低聚糖。聚合度分别为 6 个、7 个、8 个葡萄糖单位的环状糊精称为 α-环糊精、β-环糊精和 γ-环糊精（图 3-3）。在食品工业中，β-环糊精的应用最广泛。环糊精的结构具有高度对称性，呈中空圆柱体结构；分子上的亲水基葡萄糖残基 C-6 上的伯醇羟基均排列在环的外侧，

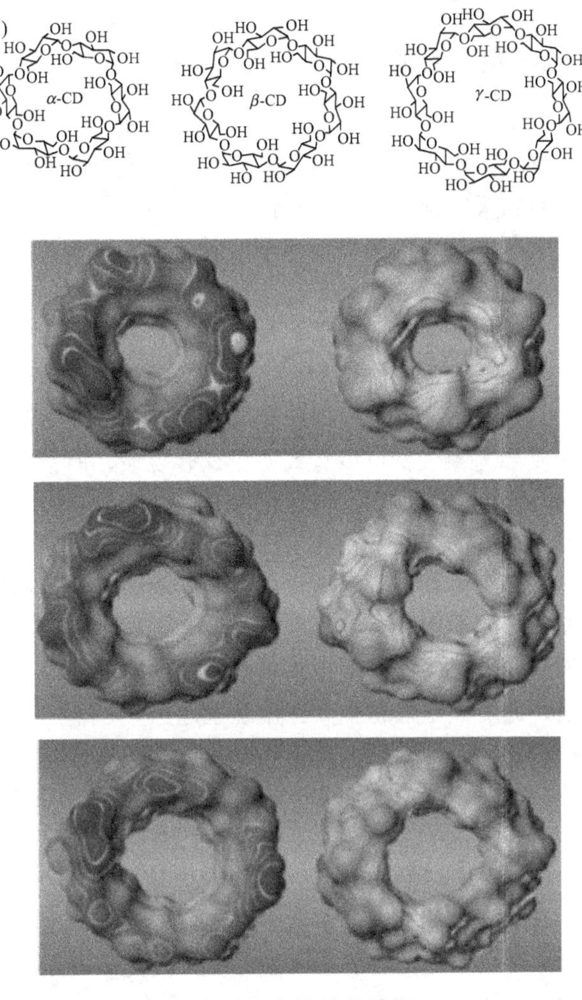

图 3-3 环状糊精的结构

而疏水基 C—H 键则排列在圆筒内壁，使中间的空穴呈疏水性。因此，环糊精可作为微胶囊的壁材，能稳定地将疏水性客体化合物如维生素、风味物质等截留在环内，从而起到保护食品营养和稳定食品香气的作用。另外，环糊精也能将一些疏水性异味物质，如柑橘汁的苦味物质、羊肉的膻味物质等包埋在环内，从而消除或降低食品的异味。

（2）低聚壳聚糖 低聚壳聚糖是指由 2～10 个以 β-(1→4) 糖苷键连接的 *N*-乙酰葡萄糖胺基（GlcNAc）构成的甲壳寡糖（chitin oligosaccharide）或由 2～10 个氨基葡萄糖（GlcN）和/(或) *N*-乙酰葡萄糖胺基以 β-(1→4) 糖苷键连接构成的壳寡糖（chitosan oligosaccharide），见图 3-4。低聚壳聚糖具有良好的水溶性、吸湿性和保湿性，还具有增强免疫、抗肿瘤、抗菌抑菌等多种生理活性，其中以聚合度 6～8 的低聚壳聚糖生理活性最高。低聚壳聚糖在食品、医药、化妆品中都有广泛用途。

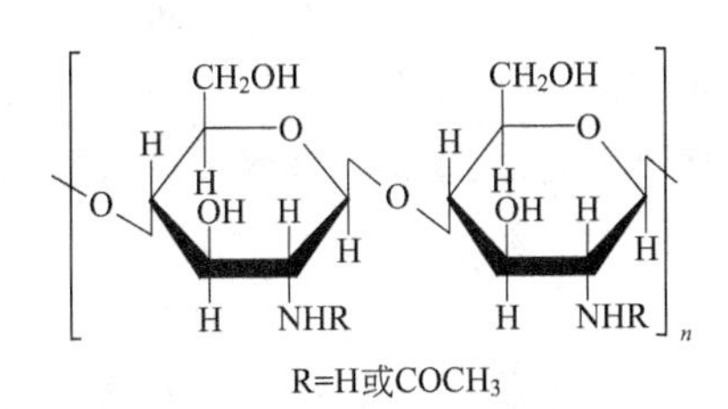

图 3-4 低聚壳聚糖的结构

除上述几种功能性低聚糖外，如低聚木糖、低聚果糖、大豆低聚糖、低聚乳果糖等都已有所研究或已经实现工业化应用。

二、单糖和寡糖与食品品质相关的物理特性

1. 结晶性

单糖能形成晶体。常见的糖中，蔗糖最容易结晶，其次是葡萄糖，果糖或转化糖较难结晶。通常蔗糖形成的晶粒粗大，而葡萄糖形成的晶粒细小。

糖的结晶性影响糖果生产原料的选择，如生产硬糖要选择结晶性高的糖为主要原料，而生产软糖要选择结晶性低的糖为主要原料。但生产硬糖时还需要加入适量吸湿性较弱的淀粉糖浆，原因主要是：①纯粹的蔗糖形成的结晶易碎，不利于糖块的切割加工，适量的淀粉糖浆能提升糖块的韧性，并赋予其良好的切割加工性；②适量的淀粉糖浆能使硬糖具有更为温和的甜度和口感。另外，单独用蔗糖生产的蜜饯容易因蔗糖的高结晶性而出现返砂现象。在糖渍液中添加适量果糖或果葡糖浆就可以有效防止返砂现象，而且产品的口感更佳。

2. 吸湿性和保湿性

吸湿性是指糖在湿度较高的情况下从周围环境吸收水分的能力；保湿性是指糖在空气湿度较低的条件下，保持自身水分不被蒸发到周围环境的能力。这两种性质反映了单糖和水之间的相互作用，对于保持食品的柔软性、弹性、脆性等都有重要意义。

各种糖的吸湿性不同，以果糖、果葡糖浆（或转化糖）的吸湿性最强，葡萄糖、麦芽糖次之，蔗糖吸湿性最小。糖的吸湿性越强其保湿性也越强。在生产中，要根据产品的具体性质选择使用不同吸湿性/保湿性的甜味剂，如生产面包、糕点、软糖等食品时，宜选用吸湿性强、保湿性强的果糖、果葡糖浆等，而生产硬糖、酥糖、酥性饼干时，宜选用吸湿性弱、保湿性弱的蔗糖。

3. 渗透压

糖溶液的渗透压与其浓度和分子质量有关，糖的浓度越高，则渗透压越大，对食品的保存越有利。在同一质量浓度下，糖的分子质量越小，溶液的渗透压越大。与多糖相比，果糖或果葡糖浆具有高渗透压，故其防腐效果较好。低聚糖由于其相对分子质量较大，且其水溶性较小，所以其渗透压也较小。

4. 冰点下降

冰点下降是指糖溶液的冰点比纯水的冰点要低，即糖的融入会导致水的冰点下降。在相同质量浓度下，常见甜味剂中对冰点降低程度最强的是葡萄糖，其次是蔗糖，淀粉糖浆最弱。

糖溶液冰点降低在食品生产中的作用主要体现在以下两个方面：①冷冻食品甜味剂的选择使用。如生产雪糕、冰淇淋等冰冻食品时，混合使用淀粉糖浆和蔗糖比单独使用蔗糖效果好，因为淀粉糖浆和蔗糖的混合物的冰点降低的程度较单独使用蔗糖小；另外淀粉糖浆具有抗结晶性，有利于形成冰晶细腻、黏稠度高、甜味适中的产品。②新鲜食物冻害的防止。冻害植物组织在低温下水分冻结而对其造成的伤害，导致其解冻后出现质地软化、组织结构破坏、色素降解、快速腐烂等现象。不同果蔬对冻害的敏感性不一样，通常，果蔬中可溶性固形物含量越高（其甜味也越高），其冰点就越低，越不容易发生冻害。

5. 黏度

糖的溶解一般会引起水的黏度升高。糖溶液的黏度受到糖的浓度、分子质量和温度等因素的影响。通常浓度越高的糖溶液黏度越高；糖溶液的黏度一般随着温度的升高而下降。但

葡萄糖溶液的黏度则随着葡萄糖含量的增加及温度的升高而增大。在相同质量浓度时，单糖溶液的黏度一般比低聚糖溶液低；淀粉糖浆的黏度随转化程度增大而降低。

糖溶液的黏度特性在食品加工中有多种用途：如棉花糖的制作；可调节食品的温觉效应。一般黏度高的食物给人暖和的感觉，而黏度低、清薄的液态食品往往给人清凉的感觉。因此清凉型产品宜选择低黏度甜味剂，如蔗糖；而暖和型的产品宜选择高黏度甜味剂，如淀粉糖浆。

三、 单糖和寡糖与食品品质相关的化学特性——褐变反应

透过现象看本质

3-5. 从食品化学的角度分析，为什么面包焙烤后具有诱人的香味和金黄的色泽？

3-6. 食品加工中常用的焦糖色素是如何生产的？

单糖和寡糖是由多羟基醛或多羟基酮组成的，因此具有醇羟基及羰基的性质，如具有醇羟基的成酯、成醚、成缩醛等的反应，羰基的加成、氧化、还原反应等；也具有一些特殊的反应，如以美拉德反应和焦糖化反应为主的非酶褐变，是食品中常见的一类重要反应。

（一）美拉德反应

1. 美拉德反应的概念

Maillard reaction, known as hydroxylamine reaction, has played an important role in browning of food under some conditions. This reaction is named after the French scientist Louis Camille Maillard, who studied the reactions of amino acids and carbohydrates in 1912. The Maillard reaction is a form of nonenzymatic browning similar to caramelization. Almost all food contain carbonyl (from aldehyde or ketone) and amidogen (from protein), so the Maillard reaction may occur in all kinds of food processing. As the Maillard reaction is related to aroma, taste, and color of foods, it has been a major challenge in food industry.

美拉德反应（Maillard reaction）又称羰氨反应，即含有羰基的化合物与含有氨基的化合物经缩合、聚合生成类黑色素的反应。美拉德反应的产物是结构复杂的有色物质，使反应体系的颜色加深，故又被称为褐变反应。这种褐变反应不是由酶引起的，所以属于非酶褐变。几乎所有的食品或食品原料均含有羰基化合物（来源于糖或油脂氧化酸败产生的醛和酮）和氨基化合物（来源于蛋白质），因此都可能发生羰氨反应，故在食品加工中由羰氨反应引起食品颜色加深的现象比较普遍。如焙烤面包产生的金黄色、烤肉所产生的棕红色、啤酒的黄褐色、酱油和陈醋的黑褐色等均与其有关。

2. 美拉德反应机理

美拉德反应是一个非常复杂的过程，需经历亲核加成、分子内重排、脱水、环化等复杂步骤。美拉德反应过程可分为初期、中期、末期三个阶段，每一个阶段又包括若干个反应。

（1）初期阶段　初期阶段包括羰氨缩合和分子重排两步反应。首先是氨基化合物中

的游离氨基与羰基化合物的游离羧基之间的缩合反应（图 3-5），生成的加合物失水后形成席夫碱（Schiff's base），此产物不稳定，随即转化成稳定的环状结构——*N*-葡萄糖基胺，在酸的催化下经过阿姆德瑞（Amadori）分子重排作用，生成 1-氨基-1-脱氧-2-酮糖即单果糖胺（图 3-6）。

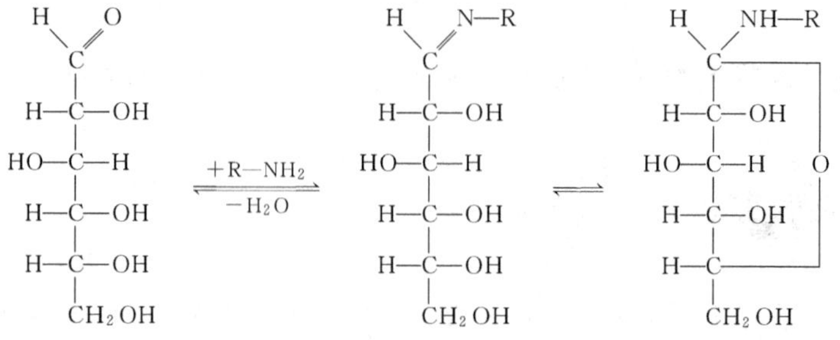

$\xrightleftharpoons[-H_2O]{+R-NH_2}$

席夫碱　*N*-葡萄糖基胺

图 3-5　羰氨缩合反应式

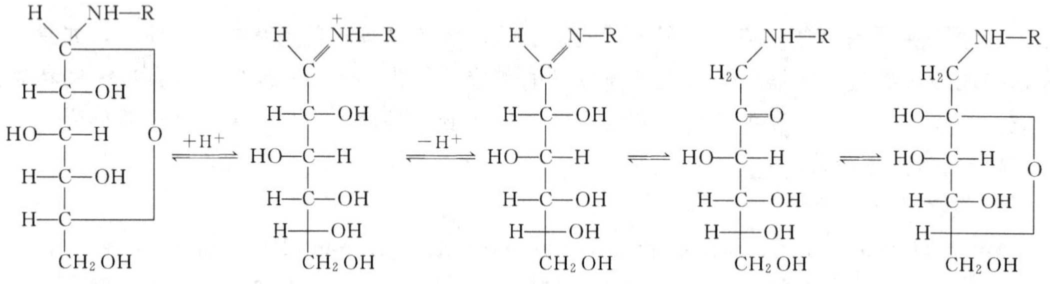

$\xrightleftharpoons{+H^+}$　$\xrightleftharpoons{-H^+}$

N-葡萄糖基胺　单果糖胺　1-氨基-1-脱氧-2-酮糖　环式果糖胺

图 3-6　*N*-葡萄糖基胺的分子重排反应

（2）中期阶段　果糖基胺通过多条途径进一步降解。①果糖基胺脱水生成羟甲基糠醛（hydroxymethylfurfural，HMF），见图 3-7，该反应一般在中性或偏酸性条件下发生。②果糖基胺脱去胺残基重排生成还原酮（reductones），见图 3-8，一般发生在碱性条件下。不稳定的还原酮可异构化成脱氢还原酮，即二羰基化合物。③氨基酸与二羰基化合物的作用。即在二羰基化合物存在时，氨基酸可发生脱羧、脱氨作用，自身转化为少一个碳的醛类化合物和二氧化碳，氨基则转移到二羰基化合物上并进一步发生反应生成各种化合物（褐色素和风味成分，如醛、吡嗪等），该反应称为斯特勒克（Strecker）降解反应，见图 3-9。

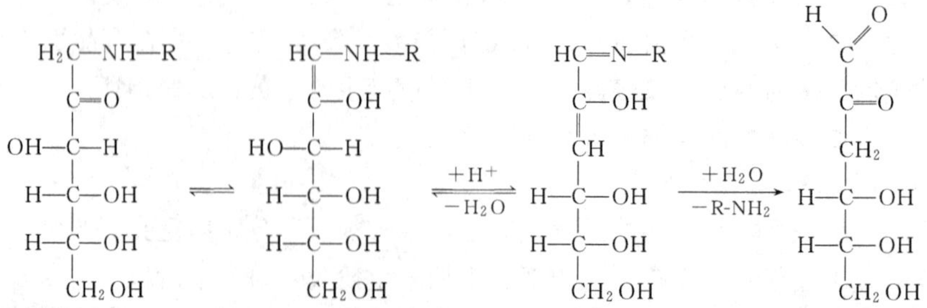

$\xrightleftharpoons[-H_2O]{+H^+}$　$\xrightarrow[-R\text{-}NH_2]{+H_2O}$

果糖基胺　烯醇式果糖基胺　Schiff 碱　3-脱氧奥苏糖

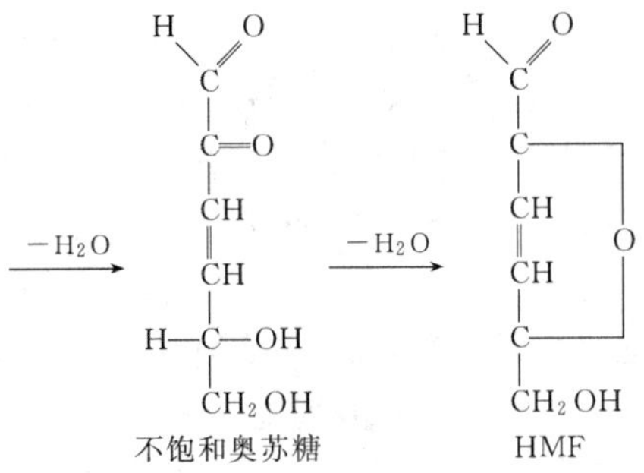

不饱和奥苏糖　　HMF

图 3-7 果糖基胺脱水生成羟甲基糖醛的反应

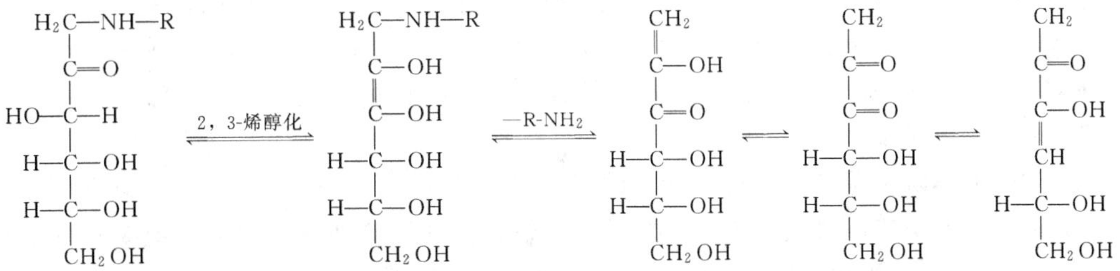

图 3-8 果糖基胺重排反应式

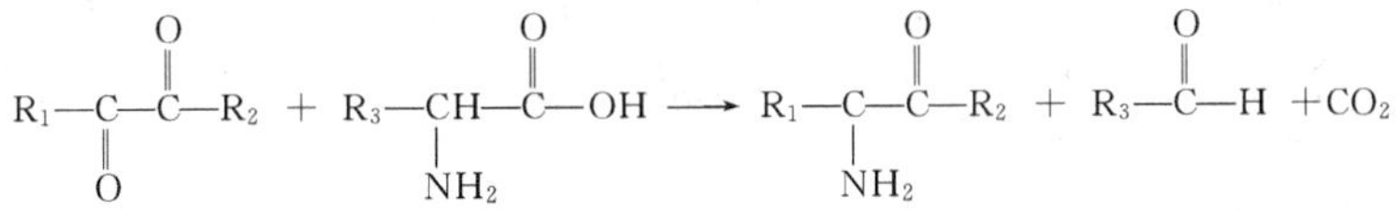

$$R_1-CO-CO-R_2 + R_3-CH(NH_2)-COOH \longrightarrow R_1-CH(NH_2)-CO-R_2 + R_3-CHO + CO_2$$

图 3-9 斯特勒克降解反应

（3）末期阶段　①醇醛缩合：反应过程中形成的醛类、酮类不稳定，可发生缩合作用产生醛醇类及脱氮聚合物类（图 3-10）。②生成类黑素的聚合反应：中期反应生成的糠醛及其衍生物、还原酮、Strecher 降解产物等能进一步缩合、聚合，产生褐黑色的类黑精物质（melanoidin），从而完成整个美拉德反应。

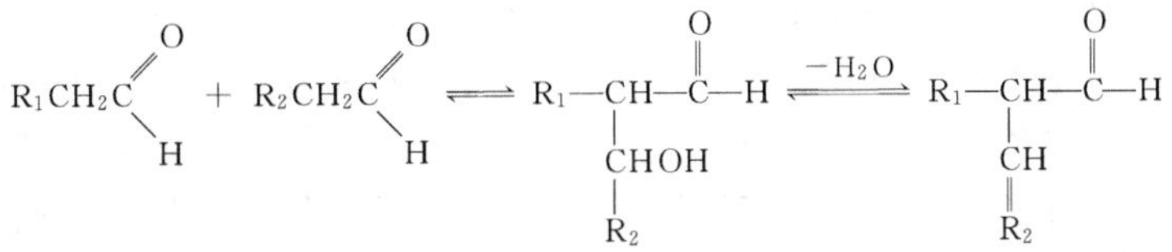

$$R_1CH_2CHO + R_2CH_2CHO \rightleftharpoons R_1-CH(CHOH-R_2)-CHO \xrightarrow{-H_2O} R_1-C(=CH-R_2)-CHO$$

图 3-10 醇醛缩合反应

3．影响美拉德反应的因素

美拉德反应的机制十分复杂，不仅与参与的糖类等羰基化合物及氨基酸等氨基化合物的种类有关，同时还受到温度、氧气、水分及金属离子等环境因素的影响。

（1）羰基化合物的影响　不仅糖类物质能发生美拉德反应，存在于食品中的其他羰基类化合物也可导致该反应的发生。

在羰基类化合物中，最容易发生美拉德反应的是α-和β-不饱和醛类，如2-己烯醛［$CH_3(CH_2)_2CH=CHCHO$］，其次是α-双羰基化合物，酮的褐变速度最慢。

抗坏血酸因具有烯二醇结构，具有较强的还原能力，且在空气中也易被氧化成为α-双羰基化合物，故抗坏血酸易褐变。

不同还原糖的美拉德反应速度是不同的。五碳糖中，核糖＞阿拉伯糖＞木糖；六碳糖中，半乳糖＞甘露糖＞葡萄糖，并且五碳糖的褐变速度大约是六碳糖的10倍，醛糖＞酮糖，单糖＞二糖。二糖或含单糖更多的聚合糖由于分子质量增大，其反应活性迅速降低。蔗糖属于非还原性二糖，美拉德反应的速度非常缓慢。

（2）氨基化合物　一般地，氨基酸、肽类、蛋白质、胺类均与褐变有关。胺类比氨基酸的褐变速度快。而就氨基酸来说，碱性氨基酸的反应活性要大于中性或酸性氨基酸；氨基在ε-位或碳链末端的氨基酸的反应活性大于氨基处于α-位的氨基酸，因此可以预测在美拉德反应中赖氨酸的损失较大。对于α-氨基酸，碳链长度越短的α-氨基酸，反应活性越强。蛋白质的褐变速度则十分缓慢。

（3）pH的影响　美拉德反应在酸、碱环境中均可发生，但在pH＞3时，其反应速度随pH的升高而加快，所以降低pH是控制褐变的较好方法。例如高酸食品（泡菜）就不易褐变。蛋粉在干燥前，加酸降低pH值；蛋粉复溶时，再加碳酸钠恢复pH值，这样可以有效地抑制蛋粉的褐变。

（4）水分含量、反应物浓度及脂肪含量　美拉德反应速度与反应物浓度成正比，但在完全干燥条件下，难以进行。水分含量在10%～15%时，褐变易进行。

美拉德反应速度与脂肪有关，脂肪含量尤其是不饱和脂肪含量高的脂类化合物含量增加时，美拉德反应容易发生。此外，当水分含量超过5%时，脂肪氧化速度加快，美拉德反应速度也加快。

（5）温度　美拉德反应受温度的影响很大，温度相差10℃，褐变速度相差3～5倍。一般在30℃以上褐变较快，而20℃以下则进行较慢，例如酿造酱油时，提高发酵温度，酱油颜色也加深，温度每提高5℃，着色度提高约35%，这是由于发酵中氨基酸与糖发生的美拉德反应随温度的升高而加快。对不需要褐变的食品在加工处理时应尽量避免高温长时间处理，且贮存时以低温为宜，例如将食品放置于10℃以下冷藏，则可较好地防止褐变。

（6）金属离子　许多金属离子，特别是过渡金属离子（如铁离子和铜离子）能催化还原酮类的氧化，所以可以促进美拉德反应的发生。Fe^{3+}比Fe^{2+}更为有效，故在食品加工处理过程中避免这些金属离子的混入。钙离子可与氨基酸结合生成不溶性化合物，可抑制美拉德反应；Mn^{2+}、Sn^{2+}等也可以抑制美拉德反应。Na^{+}对美拉德反应没有影响。

（7）空气　空气的存在影响美拉德反应，真空或充入惰性气体，降低了脂肪等的氧化和羰基化合物的生成，也减少了它们与氨基酸的反应。此外，氧气被排除虽然不影响美拉德反应早期的羰氨反应，但是可影响反应后期的色素物质的形成。

美拉德反应在食品加工中的应用极为广泛，如可改善食品色泽或香味。但对于某些食品，美拉德反应可能会降低食品品质，如乳制品、植物蛋白饮料的高温杀菌等可能引起其色泽变劣。另外，美拉德反应也会导致部分氨基酸的损失。对不希望发生美拉德反应的食品体系，可采用如下的方法：降低水分含量；如果是流体食品，可稀释、降低pH、降低温度或除去一种作用物（一般除去糖）。

（二）焦糖化反应

As one type of nonenzymic browning, caramelization is referred as a complex group of reactions during heating of carbohydrates, including reducing and nonreducing sugars, without nitrogen-containing compounds. Usually much higher temperature (above 140～170℃) and low water content are required to ensure caramelization to occur. Dehydration of the sugar molecule caused by thermolysis introduces double bonds or carbon-oxygen bonds. Further evolution of double bonds leads to unsaturated rings such as furans which often condense to polymers affording useful colors.

焦糖化反应又称卡拉密尔作用（Caramelization），是糖类尤其是单糖在没有氨基化合物存在的情况下，加热到熔点以上的高温（一般是140～170℃以上）时，因发生脱水、降解等过程而发生的褐变反应。焦糖化反应在酸、碱条件下均可进行，但碱性条件下反应更快。焦糖化反应能生成两类物质：一类是糖的脱水产物，即焦糖或酱色（caramel）；另一类是裂解产物，如一些挥发性的醛类、酮类物质，它们再进一步缩合、聚合，最终形成深色物质。作为食品着色剂的焦糖色素，就是利用焦糖化反应制备的。

（1）焦糖的形成　高温条件下，热的作用导致糖苷键断裂，脱水会向糖环中引入双键，产生不饱和的环状中间体，如呋喃环。不饱和环体系可发生缩合反应，产生不饱和的大分子聚合物，使食品产生色泽和风味。由蔗糖形成焦糖（酱色）的过程可分为以下三个阶段。

① 开始阶段：蔗糖熔融，当温度达到约200℃时，第一次起泡（foaming），经约35min，蔗糖脱去一分子水，生成无甜味而具有温和苦味的异蔗糖酐（isomaltulose anhydride），见图3-11。异蔗糖酐形成后，起泡暂时停止。

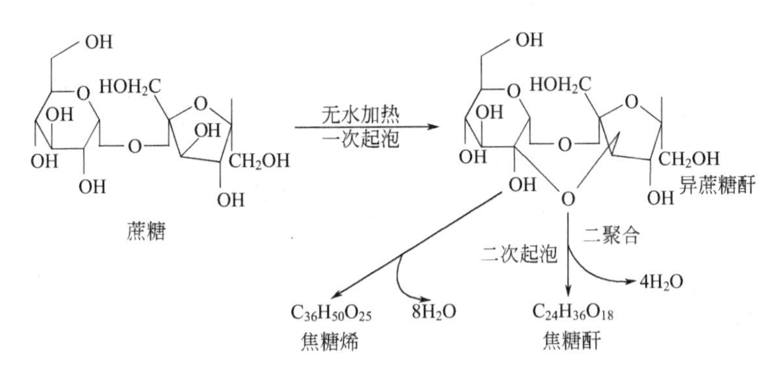

图3-11　蔗糖的焦糖化反应

② 第二阶段：发生二次起泡现象，起泡持续时间较长，约55min，分子进一步脱水生产焦糖酐（caramelan），是浅褐色的色素。焦糖酐的熔点为138℃，可溶于水及乙醇，味苦。

③ 第三阶段：焦糖酐进一步脱水，形成焦糖烯（caramelen）。焦糖烯的熔点为154℃，可溶于水，味苦。

焦糖烯继续加热失水，则生成难溶于水的高分子量的深色物质焦糖素（caramelin），分子式为$C_{125}H_{188}O_{80}$。

焦糖是一种胶态物质，溶于水呈棕红色，是一种传统的半天然着色剂，等电点在pH 3.0～6.9。焦糖在使用时应注意溶液的pH，如在一种pH为4～5的饮料中，若使用了等电点 pH 为 4.6 的焦糖，就会发生絮凝、浑浊乃至出现沉淀。磷酸盐、柠檬酸、酒石酸、苹果酸等对焦糖形成有催化作用。

（2）糠醛和其他醛的形成　糖在强热下发生裂解、脱水等反应，生成性质活泼的醛类化合物。单糖在酸性条件下加热，脱水形成糠醛或糠醛衍生物，再进一步反应可生成黑色素。单糖在碱性条件下加热，首先发生互变异构作用，生成烯醇糖，然后断裂生成甲醛、乙醇醛、甘油醛、丙酮醛等。这些醛类经过缩合、聚合反应或羰氨反应生成黑褐色的物质。

Reddish brown caramel color can be achieved by heating sugar without an ammonium salt, but the afforded syrup has a solution pH of 3～4 and consists of colloidal particles with slightly negative charges, which is used in beer and other alcoholic beverages. Brown caramel color which is widely used in cola, soft drinks, other acidic beverages, baked goods, syrups, candies, and drying seasonings is produced by heating a sucrose solution with ammonium bisulfate. It can form a solution with pH 2～4.5 and consist of colloidal particles with negative charges. Another reddish brown caramel color that is made by heating sugar with ammonium salts, is used in baked goods, syrups, and puddings. This processing imparts pH values of 4.2～4.8 to water and colloidal particles with positive charge.

焦糖通常被用于制造焦糖色素和风味物质，使用不同的催化剂可生产不同类型的焦糖色素。目前有三种商品化焦糖色素。①蔗糖直接加热，热解产生红棕色，并含有略带负电荷的胶体粒子的焦糖色素，其水溶液的 pH 值为 3～4，常应用于啤酒和其他含醇饮料。②蔗糖在亚硫酸氢铵催化下加热形成的耐酸焦糖色素，其水溶液的 pH 值为 2～4.5，含有带负电荷的胶体粒子。常用于可乐饮料、其他酸性饮料、烘焙食品、糖浆、糖果以及调味料中。③糖与铵盐加热，产生的红棕色、并含有带正电荷的胶体粒子的焦糖色素，其水溶液的 pH 值为 4.2～4.8，主要用于烘焙食品、糖浆及布丁等。

第三节　食品中的糖苷

透过现象看本质

3-7. 生食苦杏仁时，容易引起中毒，试用食品化学的知识，解释其原因。

3-8. 芥子或辣根在切开后，会释放出刺激性的气味，请从食品化学的角度，分析其原因。

糖苷是糖在自然界中存在的一种重要形式，几乎各类生物都含有，但以植物界分布最为广泛。许多糖苷是天然的色、香、味物质，在生物体内具有重要的生理功能，如类黄酮糖苷能使食品具有苦味；毛地黄苷是一种强心剂；皂角苷（甾类糖苷）是起泡剂和稳定剂；甜菊苷是一种甜味剂。

一、 糖苷的定义与分类

糖苷是糖的半缩醛羟基与另一分子醇或羟基作用时，脱去1分子水而生成的缩醛（*O*-糖苷），见图3-12，其中糖部分称为糖基（glycone），非糖部分称为苷元或配基（aglycone），其连接的键则称为苷键。如糖与硫醇RSH作用生成硫葡萄糖苷（*S*-糖苷）；与胺RNH_2作用生成氨基葡萄糖苷（*N*-糖苷），如核苷类化合物。

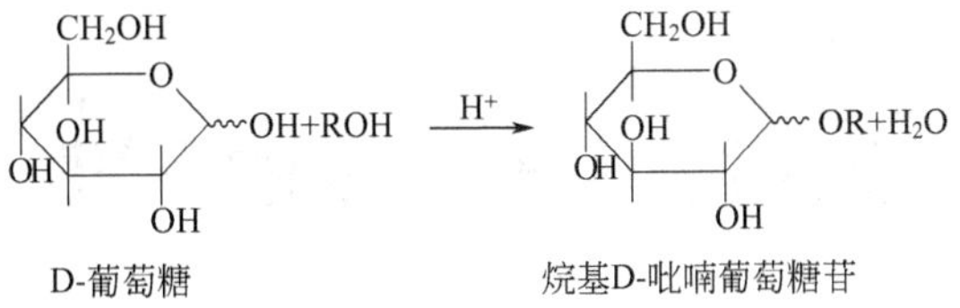

图3-12 *O*-糖苷的生成过程

二、 食品中重要的糖苷

1. *O*-糖苷

根据苷元成苷官能团的不同，可将氧苷分为醇苷、酚苷和氰苷等。氰苷，也称为生氰糖苷，主要是指含有α-羟基腈的苷，在酸和酶的催化下易水解生成氢氰酸。如杏、木薯、高粱、竹、利马豆中存在生氰糖苷。人体如果一次摄取大量生氰糖苷，将会引起氰化物中毒。为防止氰化物中毒，最好不食用或少食用这类食品；或加工这类食品时，要彻底蒸煮，并充分洗涤，以尽可能去除氰化物。

2. *N*-糖苷

氮糖苷键连接的*N*-糖苷不如*O*-糖苷稳定，在水中易水解。然而，某些*N*-糖苷却十分稳定，例如*N*-葡糖基胺、*N*-葡糖基嘌呤和嘧啶，特别是次黄嘌呤核苷、黄嘌呤核苷和鸟嘌呤核苷的5′-磷酸衍生物，是风味增强剂（图3-13）。一些不稳定的*N*-糖苷（葡基胺）在水中通过一系列复杂的反应而分解，同时使溶液的颜色变深，从起始的黄色逐渐转变为暗棕色，主要由于发生了美拉德褐变反应。

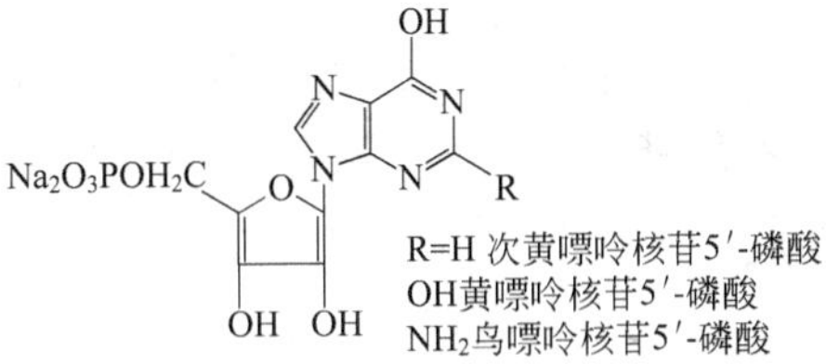

图3-13 几种*N*-糖苷的结构

3. *S*-糖苷

S-糖苷的糖基和配基之间存在一个硫原子，这类化合物是芥子和辣根中天然存在的成分，称为硫葡萄糖苷。天然硫葡萄糖苷酶可使糖苷配基裂解和分子重排（图3-14）。芥子油的主要成分是异硫氰酸酯RN═C═S，其中R为烯丙基、3-丁烯基等基团。烯丙基硫葡糖苷是研究得最多的*S*-糖苷，通常叫做黑芥子硫苷酸钾（sinigrin），某些食品的特殊风味是由这

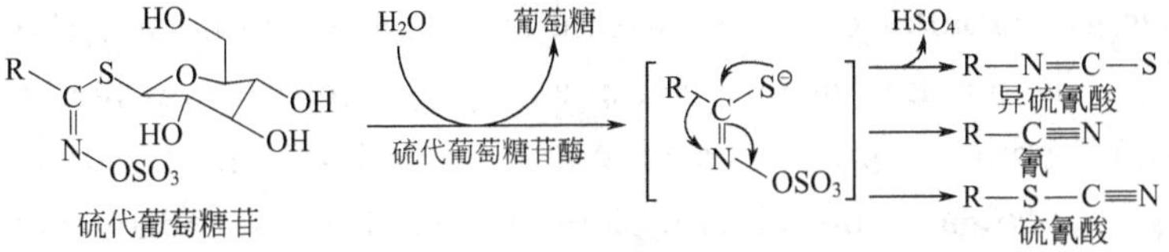

图3-14 硫葡糖苷酸钾的酶分解

些化合物产生的。

4. 分子内糖苷

在形成 O-糖苷时，如果 O-供体基团是同一分子中的羟基，则形成的就是分子内糖苷，如 D-葡萄糖通过热解生成 1,6-脱水-β-D-吡喃葡萄糖。在焙烤、加热糖或糖浆至高温时，就会形成少量的 1,6-脱水-β-D-吡喃葡萄糖。因其具有苦味，因此应尽量控制 1,6-脱水-β-D-吡喃葡萄糖的产生。

第四节　食品中的多糖

透过现象看本质

3-9. 为什么多糖能够改善冷冻食品的品质？

3-10. 试从流变学的原理分析，为什么有些食品口感黏稠，而有些食品则口感清爽？

一、多糖的一般性质

Polysaccharides are composed of glycosyl units in linear or branched arrangements. Most polysaccharides have DPs (degree of polymerization, which is used to described the number of monosaccharide unit in a polysaccharide) in the range from 20 to 3000. Typically, cellulose has a DP of 7000～15000.

多糖（polysaccharide）是由多个单糖或其衍生物通过糖苷键连接而成的高聚物，如淀粉、纤维素、果胶等。自然界中多糖的聚合度（DP）多在 100 以上，通常为 200～3000，纤维素的聚合度最大可达到 15000。多糖通常没有还原性，也没有甜味，而且大多数不溶于水，部分能与水形成含有多糖分子聚集体的胶体溶液。

有些多糖具有某种特殊生理活性。如来源于香菇、银耳、灵芝等的真菌多糖，来源于海洋生物的多糖，以及一些植物来源的非淀粉多糖，具有提高人体免疫、抗肿瘤、抗衰老、降血脂等生理活性。

（一）多糖的溶解性

Glycosyl unit of polysaccharides contains hydroxyl groups and oxygen atom, which is possible of hydrogen bonding to one or more water molecules. With the affinity for water, polysaccharides possess great capacity to hold water molecules and readily hydrate, swell, and usually undergo partial or complete dissolution in aqueous systems. The mobility of water in food systems is modified by interaction with polysaccharides which in turn influences the physical and functional properties of polysaccharides. Many functional properties of food, including texture, are controlled by joint action of polysaccharides and water.

多糖分子含有大量极性基团——羟基及氧原子，因而具有较强的亲水性而易于水合和溶解。但由于多糖分子间也有很强的作用力，在水溶液中很难形成单分子“溶解”状态，更多以胶体的形式存在，因此也常将这类多糖称为亲水性胶体。

分子质量和分子结构是影响多糖溶解度的两个最重要的结构参数。一般来说，中性多糖的溶解度不及荷电多糖。分子结构越有规律的多糖越容易形成结晶或部分结晶结构，而使其溶解度变差，因而具有高度分支结构的多糖往往具有良好的水溶性。自然界中的高度有序结晶状态的多糖，如纤维素、生淀粉等是很难溶于水的。

Rather than cryoprotectants, polysaccharides function as cryostabilizers since their high-molecular-weight prohibits significant contribution to colligative properties such as increasing osmolality and depressing the freezing point of water. Occasionally, polysaccharides provide cryostabilization by limiting ice crystal growth via adsorption to nuclei or active crystal growth sites.

多糖由于分子质量大，因而不会显著降低水的冰点，它是一种冷冻稳定剂（不是冷冻保护剂）。在冷冻过程中，多糖能抑制食品中水分的移动，从而使食品形成更为细腻的冰晶，能有效保护产品的结构与质地稳定，从而改善冷冻食品的品质。

（二）多糖溶液的黏度

Polysaccharides have remarkable ability to produce viscosity. They effectively adjust the flow properties and textures of beverage products and liquid food as well as the deformation properties of semisolid foods. They are generally used at concentratons of 0. 25% ～0. 5% .

与单糖与寡糖相比，在相同质量浓度下，多糖溶液的黏度更高。有些多糖在较低浓度下就能形成黏度很高的溶液。多糖水溶液的高黏度一方面是多糖分子与水分子强烈作用的结果，另一方面也是水溶液中多糖分子之间强烈相互作用的结果。

A variety of factors including the size and shape of molecules and their conformations in the solvent determine the viscosity of a polysaccharide solution. Linear polymer molecules in solution sweep out a larger space than the branched ones of the same molecular weight. They frequently collide with each other, generate friction and thereby produce viscosity. Even at low concentrations, linear polysaccharides yield highly viscous solutions.

多糖溶液的黏度受到多糖分子质量、分支情况、荷电状况及环境温度等因素的影响。大多数多糖分子在溶液中呈无序的无规线团状态（图 3-15）。一般来说，分子质量越高的多糖形成的溶液的黏度也越高。

图 3-15　多糖分子在水溶液中的无规线团状态

For highly branched molecules, much lesscollision occurs and produces a much lower viscosity accordingly. This also implies that to produce the same viscosity at the same concentration significantly, larger molecules have to be applied in the case of highly branched polysaccharide.

多糖分子的分支度也严重地影响着多糖溶液的黏度。高度支链的多糖分子往往比具有相同分子质量的直链多糖分子占有更小的体积，在溶液中运动阻力小，分子之间的碰撞频率低，分子间摩擦力小，因而溶液的黏度也比较低。

Linear polysaccharide chains carrying only uniform ionic charge increase the end-to-end chain length because of repulsion of the like charges. Thus the polymer assuming an extended conformation sweeps out greater volume and produces solutions of high viscosity.

带电荷多糖分子，由于分子链上相同电荷的静电斥力引起分子链伸展、链长增加，使多糖分子占有更大的体积，导致溶液的黏度提高。

大多数多糖溶液的黏度随温度的升高而降低，这是因为温度升高导致水的流动性增加。但是黄原胶溶液除外，它在 0～100℃的黏度基本保持不变。

利用多糖溶液的黏度特性，可对食品体系进行增稠，控制食品体系的口感和稳定性，如提升汤料的黏稠性、稳定悬浮果肉颗粒等；也可通过多糖的添加量控制液态食品的流动性，多糖添加量越大，液态食品越黏稠，其流动性越差。当多糖添加量达到某一水平时，液态食品甚至会失去其流动性而处于凝胶状态。处于凝胶状态的半固体食品具有一定的可塑性，如常见的软糖。

（三）多糖溶液的流变特性

多糖的流变学特性直接决定着液态含多糖食品的流动特性、稳定性、口感。通常，在恒定剪切应力作用下，多糖溶液的剪切速率会不断提升，表现为溶液黏度不断下降，这被称为剪切变稀效应（shear-thinning）。剪切变稀效应越大的多糖溶液的流动性也越好；但剪切变稀效应过大会导致由多糖稳定的食品体系在运输振动等过程中发生质地改变，如分层、絮凝等现象。此外，剪切变稀效应大的多糖溶液通常口感黏稠。

（四）多糖的胶凝作用

A gel is a continuous, three-dimensional network of connected molecules or particles (such as crystals, emulsion droplets, or molecular aggregates/fibrils) entrapping a large volume of a continuous liquid phase, much as does a sponge. In many food products, the gel network consists of polymer (polysaccharide and/or protein) molecules or fibrils formed from polymer molecules joined in junction zones by hydrogen bonding, hydrophobic associations (i. e. , van der Waals attractions), ionic cross bridges, entanglements, or covalent bonds, and the liquid phase is an aqueous solution of low-molecular-weight solutes and portions of the polymer chains. Gels have some characteristics of solids and some characteristics of liquids. When polymer molecules or fibrils formed from polymer molecules interact over portions of their lengths to form junction zones and a three-dimensional network, a fluid solution is changed into a material that can retain its shape (partially or entirely).

许多食品中，一些高聚物分子（例如多糖或蛋白质）能形成海绵状的三维网状凝胶结构（图 3-16）。凝胶（gel）是一种特殊质地的食品，它直接影响人们对口腔中的食物的感觉。食品凝胶是由高分子通过氢键、疏水相互作用、范德华力、离子桥联、缠结或共价键形成连接区，网孔中充满了液相，液相是由低相对分子质量的溶质和部分高聚物组成的水溶液。凝胶与胶凝过程是多糖最重要的食品性质之一。

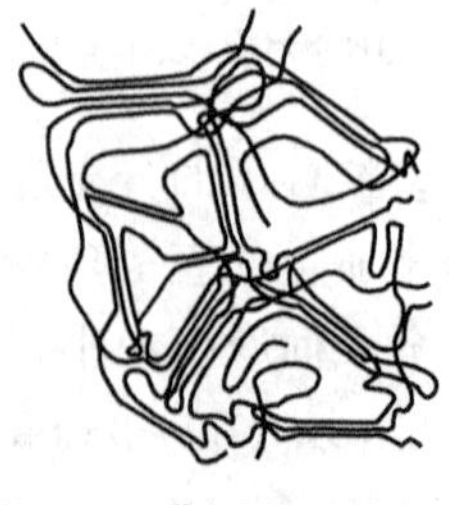

根据多糖凝胶的温度依赖性可将其划分为 4 种：①冷致凝胶（cold-set gels），包括琼脂、角叉菜胶、结冷胶、β-葡聚糖等在冷却时形成凝胶；②热致凝胶（heat-set gels），包括甲基纤维素、羟丙基甲基纤维素、凝结多糖、魔芋葡甘露聚糖等在加热时形成凝胶；③凸型凝胶（inverse re-entrant gels），如甲基纤维素与明胶形成的凝胶在高温或低温下都能形成凝胶，而在中等温度下呈溶液状；④凹形凝胶（re-entrant gels），如部分脱除半乳糖基的

图 3-16 典型的三维网状凝胶结构示意

木葡聚糖在中等温度下能形成凝胶，而在高温或低温下都呈溶液状。

根据溶液与凝胶是否可以互变分为热可逆凝胶和热不可逆凝胶。一般说来，冷致凝胶为热可逆凝胶；甲基纤维素和羟丙基甲基纤维素热致凝胶，凝结多糖低热致凝胶（<60℃），均是热可逆的；魔芋葡甘露聚糖只有在有碱存在的条件下才能形成热致凝胶，且为热不可逆的；凝结多糖高热致凝胶（>60℃）也是热不可逆的。如果多糖溶液的胶凝温度在37℃左右，此类多糖凝胶食品进入口腔即呈溶液状，能使食品风味物质最大限度地释放，从而提高食品的感官质量。

利用多糖的凝胶特性可生产诸如甜食凝胶、果冻、仿水果块等食品。具有凝胶特性的多糖体系可作为增稠剂、澄清剂、成膜剂、絮凝剂、缓释剂等。

（五）多糖的降解

多糖在酸、碱或酶的催化下会发生降解反应，水解是多糖最常见的降解方式。多糖的水解过程主要是多糖的糖苷键断裂、多糖被降解为低聚糖甚至单糖。通常，处于有序结构（如结晶）状态的多糖比处于无序结构状态的多糖难于被降解。

多糖降解导致多糖分子原有结构被破坏，分子质量降低。多糖给食品带来的直接影响包括以下几个方面：①多糖溶液的黏度下降。因而可通过适度水解，控制多糖溶液的黏度，从而改变或控制食品的质地与流动性；②一些新鲜水果中多糖（如原果胶）的降解，会导致果蔬质地变软，从而影响果蔬的贮藏寿命。因此在果蔬加工中，常用热烫的方式使原料组织中的果胶酶失活，保持产品的脆性；③果汁加工业中，常用果胶酶和纤维素酶处理，提升果汁的出汁率。如果胶酶能使果汁黏度降低，容易榨汁过滤，提高出汁率；对于澄清果汁，果汁中果胶物质的存在会导致果汁浑浊，且会增加果汁黏度而阻碍果汁澄清，而酶澄清法主要利用了这一原理。

二、食品中的主要多糖

食品中常见的多糖有淀粉、果胶、纤维素、植物胶等。下面重点对食品中的淀粉、果胶加以论述。

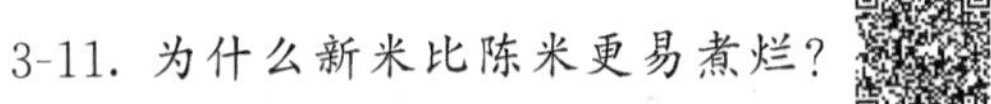

3-11. 为什么新米比陈米更易煮烂？

3-12. 曲奇饼干和酥油饼干为什么不易消化？

3-13. 为什么新制作的谷物食品，如面包、馒头、蛋糕等，都具有内部组织结构松软、有弹性、口感良好的特点，但随着贮存时间延长就会变硬？

3-14. 同样都含有大量的淀粉，为什么方便面比粉丝容易消化？

3-15. 米饭和馒头在冰箱中放置后，会发生什么现象？试用食品化学的原理进行分析。

（一）淀粉

淀粉（starch）是大多数植物的主要储能物质，植物的种子、根部和块茎中蕴藏着丰富的淀粉，如玉米、大米、小麦等谷类食物；马铃薯、甘薯、木薯、藕等根茎类食物；绿豆、豌豆等豆类食物；板栗、银杏、莲子等坚果类食物。此外，香蕉、南瓜等也含有大量淀粉。

淀粉具有独特的物理化学性质及功能特性，在食品中应用广泛，其用途主要包括以下几个方面：①作为食品配料生产的原料，如淀粉经有限水解或完全水解可生产葡萄糖、果葡糖浆、淀粉糖浆等产品。②作为食品的填充剂或稀释剂。淀粉或淀粉糖浆可作糖果填充剂，降低其甜度，改善其组织状态及风味。在使用面筋含量太高的面粉生产饼干时，可以添加适量的淀粉来解决饼干收缩变形的问题。③可生产凝胶类食品。可利用豆类淀粉和黏高粱淀粉的胶凝特性来制造高粱饴类软糖，使产品具有很好的柔糯性。常见的凉粉、凉皮等都是利用淀粉的凝胶特性生产的食品。④作为黏结剂使用。如制造午餐肉罐头和肉丸子等产品时，使用淀粉可增加制品的黏结性和持水性，并有效减少用肉量，提高出品率，降低成本。⑤作为增稠剂使用。淀粉常作为冷饮食品如雪糕和棒冰的增稠稳定剂。

1. 淀粉的分子结构

Starches are provided by a vast variety of cereal grain seeds, tubers and roots. Most starch granules are a mixture of two polymers: an essentially linear polysaccharide (amylose) and a highly branched polysaccharide (amylopectin).

淀粉是由D-葡萄糖通过α-(1→4）和α-(1→6）糖苷键结合而成的高聚物，根据其分子形状主要可分为直链淀粉（amylose）和支链淀粉（amylopectin），见图3-17。在天然淀粉颗粒中，这两种淀粉同时存在。不同来源的淀粉颗粒中所含的直链淀粉和支链淀粉比例不同。

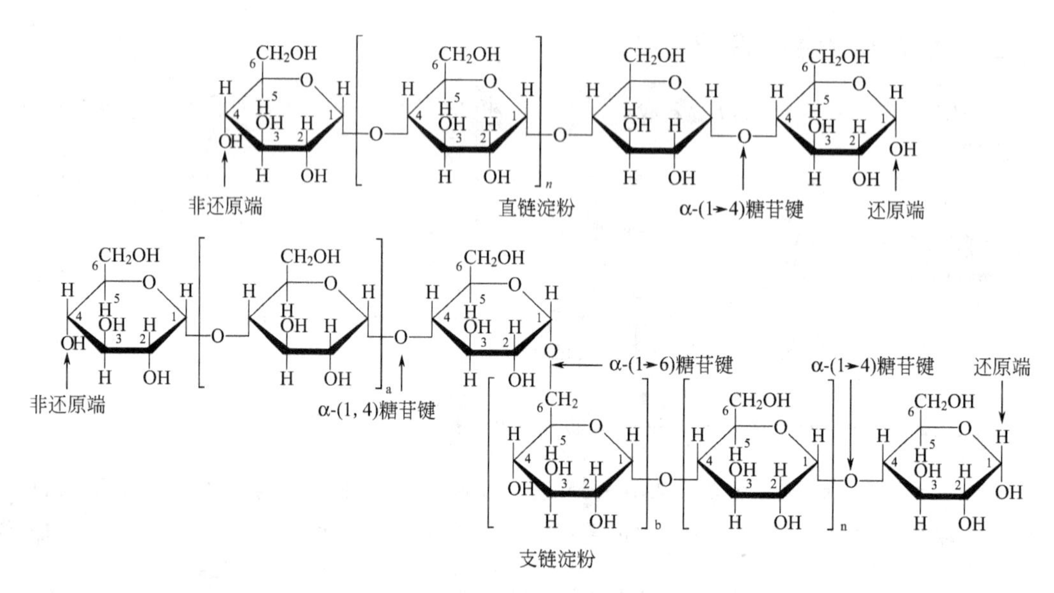

图3-17　直链淀粉与支链淀粉的结构

（1）直链淀粉

Usually amylose molecules bear molecular weights of about 10^6. While with virtually a linear chain of 1, 4-linked α-D-glucopyrarlosyl units, many amylose molecules have 0.3% ～0.5%

α-D-1, 6 branches of the linear linkages. The 1, 4-linkage of α-D- glucopyrarlosyl units assume a axial→equatorial configuration that delivers a helix conformation for amylose molecules. The aliphatic groups located in the interior of the helix produce a lipophilic cavity, while the hydroxyl humps positioned on the exterior result in a hydrophilic shell.

直链淀粉是D-吡喃葡萄糖通过α-(1→4)糖苷键连接起来的线状大分子，聚合度为100～60000，一般为250～300。水溶液中的直链淀粉分子并不是完全伸直的线性分子，而是由分子内羟基间的氢键作用使整个链分子蜷曲成左手螺旋结构（left handed helical structure），见图3-18。对于直链淀粉，其分子链中间的葡萄糖残基均为α-1,4-葡萄糖残基，但两个末端的葡萄糖残基分别为α-4-葡萄糖残基、α-1-葡萄糖残基，由于前者的半缩醛羟基游离，因而称为还原端，后者的半缩醛羟基被取代称为非还原端。整个直链淀粉分子在溶液中呈不规则卷曲状。

图3-18 直链淀粉的构象

（2）支链淀粉

Amylopectin molecules typically having molecular weights of from 10^7 to 5×10^8 are among the largest molecules in nature. Highly branched amylopectin molecules are constituted with 4% ～ 5% branch-point linkages. Amylopectin contains a chain with the only reducing end-group (C-chain), second-layer branches (B-chain), and third-layer branches (A-chain). These branches are clustered as double helices.

支链淀粉是D-吡喃葡萄糖通过α-(1→4)和α-(1→6)两种糖苷键连接起来的带分支的复杂大分子，即每个支链淀粉分子由1条主链和若干条连接在主链上的侧链组成。一般将主链称为C链，侧链又分为A链和B链。A链是外链，经α-(1→6)糖苷键与B链连接，B链又经α-(1→6)糖苷键与C链连接，A链和B链的数目大致相等，A链、B链和C链本身是由α-(1→4)糖苷键连接而成的（图3-19）。对于支链淀粉分子，其具有1个还原端和多个非

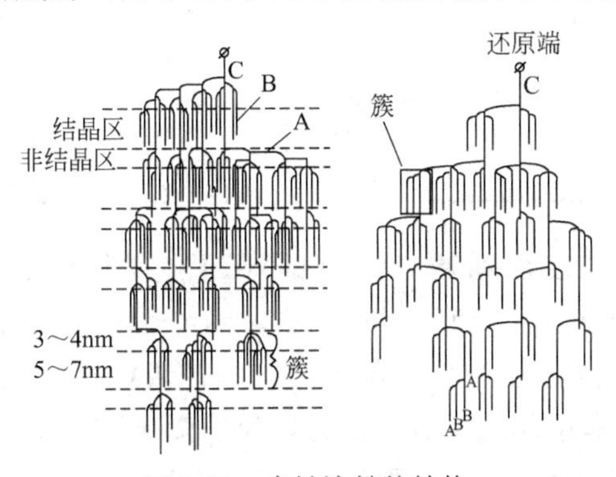

图3-19 支链淀粉的结构

还原端。每一个分支平均含有 20～30 个葡萄糖残基，各分支蜷曲成螺旋结构，所以支链淀粉分子近似球形，呈“树枝”状的枝杈结构。支链淀粉分子的聚合度为 1200～3000000，一般在 6000 以上，是最大的天然化合物之一。支链淀粉的分子结构多以簇型（cluster model）表示，簇（或微晶束）由位置相临且链长近似的 A 链和 B 链以结晶方式构成。

（3）食物淀粉的组成　不同淀粉中直链淀粉与支链淀粉的含量是不同的。常见的大多数食物淀粉中，支链淀粉含量（70%～80%）明显高于直链淀粉（20%～30%）。对于糯性食物（如糯玉米、糯高粱等），其淀粉基本为支链淀粉，几乎不含直链淀粉。但对新型培育的具有特殊用途的高直链淀粉玉米，其直链淀粉（约 70%）的含量明显高于支链淀粉（约 30%）。

2. 淀粉粒的形态与结构

在天然富含淀粉的食物中，淀粉分子并非以游离的形式存在于食物中，而是以特定的淀粉分子有序集聚体的形式存在，称为淀粉粒（starch granule）。不同来源的食物的淀粉粒其大小、形状、组织的有序性（结晶度）等都有差异。

（1）淀粉粒的大小和形状　淀粉粒的大小与形状受植物的品种、生长条件、直链淀粉和支链淀粉的相对比例等因素的影响。淀粉粒有圆形、椭圆形和多角形等多种形状（图 3-20）。例如马铃薯淀粉和甘薯淀粉的大粒为椭圆形，小粒为圆形；玉米淀粉粒大多为圆形和多角形；稻米淀粉粒为多角形。

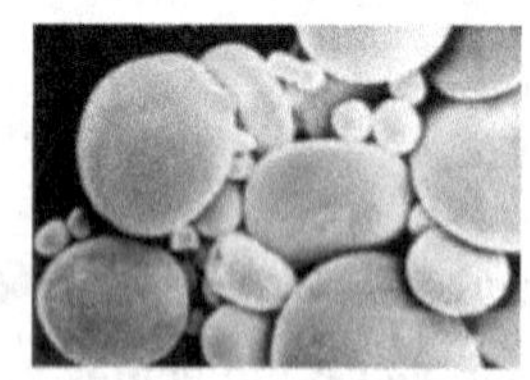
小麦淀粉

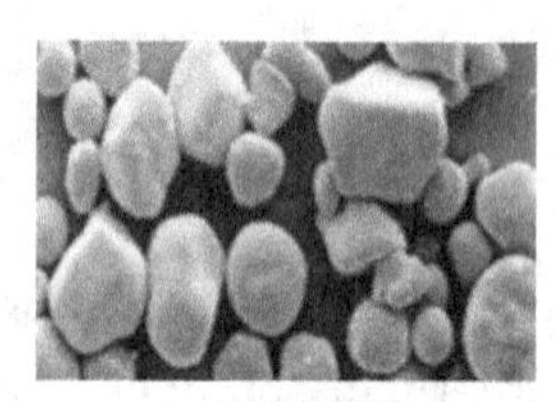
玉米淀粉

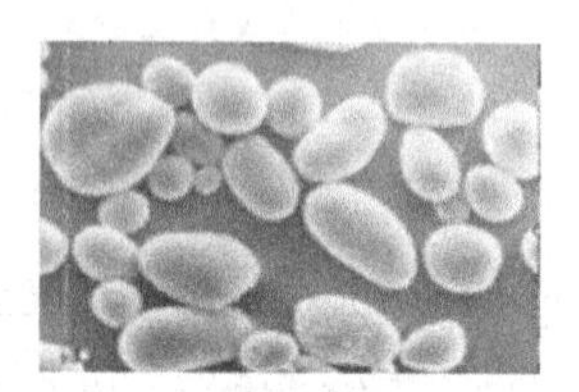
马铃薯淀粉

图 3-20　部分淀粉粒扫描电子显微镜表现（不同放大倍数）

不同淀粉粒的大小差别很大，同种淀粉粒大小也有很大差别（表 3-1），如在常见的淀粉中，马铃薯淀粉粒最大，而大麦、大米的淀粉粒最小。但即使在同一种淀粉中，其淀粉粒也有大有小，并非大小均一。

表 3-1　常见食物中淀粉粒的大小与形状

淀粉种类	淀粉粒大小	淀粉粒形状	淀粉种类	淀粉粒大小	淀粉粒形状
玉米	5～25μm	圆形，多角形	黑麦	12～40 μm	扁圆片状
高直链玉米	约 15μm	圆形，细丝状	大米	3～8μm	多角形
糯玉米	5～25μm	圆形，破损椭圆形	蚕豆	17～31μm	球形
小麦	2～38μm	圆形，扁圆片状	马铃薯	15～100μm	圆形，椭圆形
小米	4～12μm	圆形，多角形	绿豆	8～12 μm	椭圆形

（2）淀粉粒的结构　在淀粉粒中，直链淀粉和支链淀粉分子沿淀粉粒径向排列（图 3-21）。支链淀粉的分支（B 链和 A 链）靠氢键缔合以双螺旋形式排列成簇（或微晶束），构成淀粉粒的晶格或晶胞。支链淀粉形成簇的区域构成了淀粉粒的结晶区。结晶层构成了淀粉颗粒的紧密层，非结晶层构成了淀粉颗粒的稀疏层，在淀粉粒中紧密层与稀疏层交替排列（图 3-22）。而夹在支链淀粉中间的直链淀粉分子则形成了由淀粉粒表面径向通入其

中心的无定形通道。这些通道汇集之处即为淀粉粒的初始生长点，也称为淀粉粒的脐点（hilum）。淀粉粒中葡萄糖链垂直于颗粒表面排列着，即以脐点为中心向颗粒表面呈放射状排列。

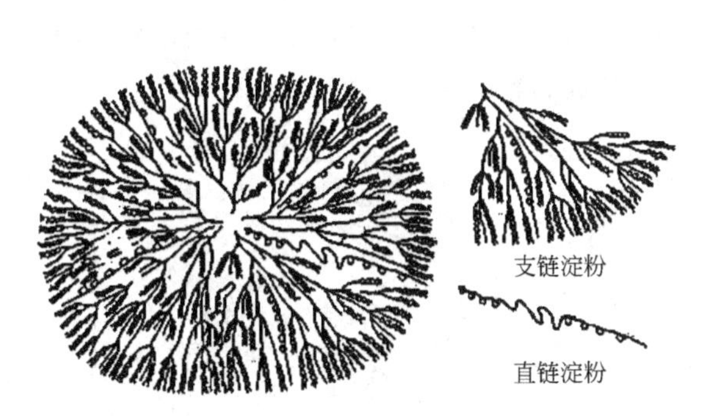

图 3-21 淀粉粒中淀粉分子的排列方式

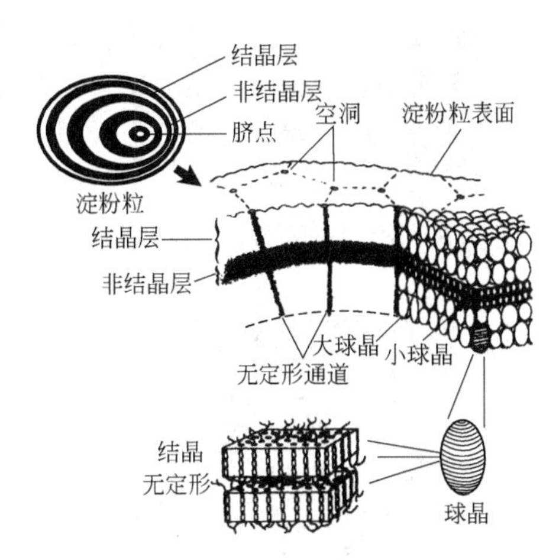

图 3-22 淀粉粒结构示意

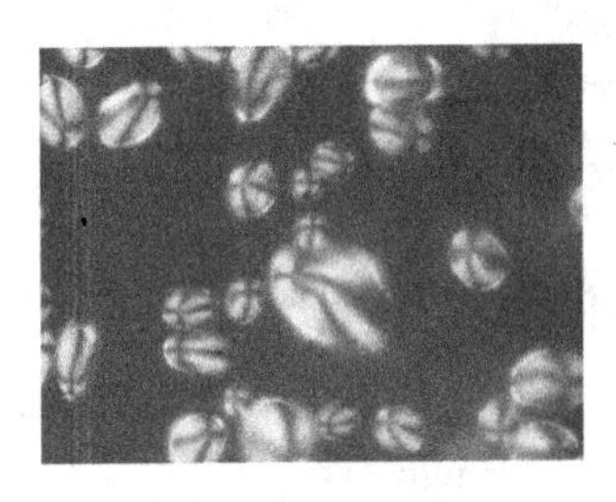

图 3-23 马铃薯淀粉粒的偏光显微图片

淀粉颗粒内部存在着两种不同的结构即结晶结构和无定形结构，在结晶区淀粉分子链是有序排列的，而在无定形区淀粉分子链是无序排列的，这两种结构在密度和折射率上存在差别，即淀粉粒具有各向异性。在偏光显微镜下观察淀粉粒会产生双折射现象（birefringence），即黑色的偏光十字（polarizing cross）或马耳他十字（Maltese cross）将淀粉粒分成 4 个白色区域（图 3-23）。偏光十字的交叉点即淀粉颗粒的粒心（脐点）。

3. 淀粉的糊化

（1）淀粉糊化的定义

Although intact starch granules are insoluble in cold water, but can swell slightly, and thenresume to their original size on drying. When heated in water, molecular order within starch granules will collapse, such process called gelatinization, accompanying with irreversible granule swelling, loss of birefringence, and loss of crystallinity. Continued heating of starch granules in excess water causes additional granule swelling, continuous leaching of amylose, and eventually total disruption of granules, leading to a starch paste that is composed of a continuous phase (solubilized amylose and amylopectin) and a discontinuous phase (granule remnants).

淀粉粒中直链淀粉处于无定形状态而支链淀粉处于结晶状态。当有水存在的情况下，对淀粉粒加热，首先通过淀粉分子与水分子的相互作用，淀粉粒会吸水而膨胀，体积增大。最初淀粉粒与水的相互作用主要通过无定形直链淀粉实现，伴随着淀粉粒的膨胀、直链淀粉等从淀粉粒中不断溶出，溶液黏度持续升高。伴随着温度的升高，支链淀粉的结晶结构被破坏，淀粉粒中支链淀粉链的无序性急剧提高，水分子渗入支链淀粉的结晶簇发生水合，形成黏稠的糊状物（淀粉糊，paste）。该过程称为淀粉的糊化（gelatinization）。

通常将具有结晶结构的生淀粉称为 β-淀粉，而糊化后的淀粉称为 α-淀粉。在高温、高剪切和过量水存在的情况下，淀粉分子甚至可以形成为水包围的单分子溶液。

淀粉的糊化可分为三个阶段（图 3-24）。①可逆吸水阶段（Ⅰ阶段）：水分进入淀粉粒的无定形部分区域，主要与直链淀粉水合而使淀粉粒体积略有膨胀，此时冷却干燥，淀粉粒可以复原，双折射现象保持不变。②不可逆吸水阶段（Ⅱ阶段）：随温度升高，水分进入淀粉粒中支链淀粉的结晶簇内，淀粉粒大量吸水，颗粒体积快速膨胀，体系黏度持续提升，支链淀粉的结晶“溶解”，分子伸展，双折射现象开始消失。③淀粉粒解体阶段（Ⅲ阶段）：淀粉粒破裂，体系黏度下降，双折射现象完全消失，形成淀粉糊。

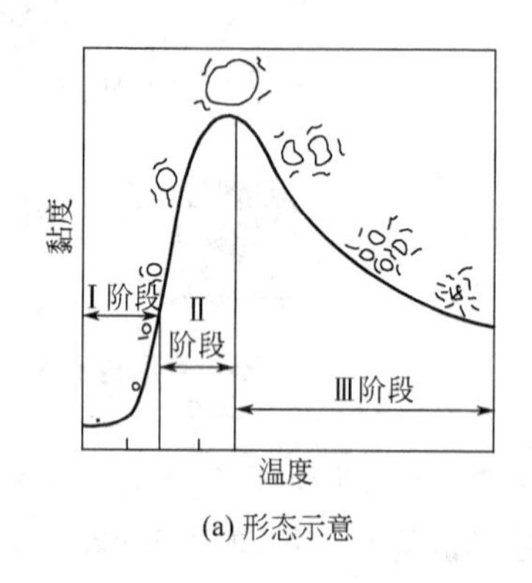

(a) 形态示意

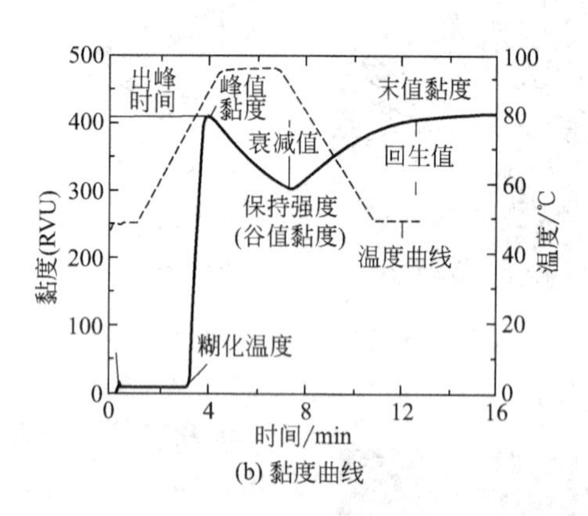

(b) 黏度曲线

图 3-24 淀粉糊化过程淀粉粒形态示意和 RVA 黏度曲线

淀粉的糊化特性可用布拉班德黏度仪（Brabender viscograph，BV）或快速黏度分析仪（rapid visco analyzer，RVA）进行记录（图 3-24）。通过 BV 或 RVA 可以获得淀粉样品的糊化温度（pasting temperature）、峰值黏度（peak viscosity）、低谷黏度（trough viscosity）、崩解值（breakdown）、回生值（setback）和最终黏度（final viscosity）等参数。淀粉的糊化需在一定温度下才能发生，习惯上将淀粉开始糊化的温度称为淀粉的糊化温度。峰值黏度是由于充分吸水膨胀后淀粉粒（膨润粒）相互摩擦而使糊液黏度增大，反映淀粉膨胀能力。低谷黏度是由于淀粉粒膨胀至极限后破裂而不再相互摩擦，糊液黏度急剧下降，能反映淀粉在高温下的耐剪切能力。崩解值表示淀粉糊的热稳定性，此值越大表示淀粉糊的热稳定性越差。最终黏度是由于温度降低后直链淀粉和支链淀粉所包围水分子运动减弱，糊液黏度上升的情况，反映淀粉的增稠能力。回生值是淀粉糊在冷却过程中黏度上升的情况，反映淀粉的回生特性。

淀粉的糊化温度为一区间，其原因是淀粉中淀粉粒大小和淀粉粒结晶度的不均一性。常用差示扫描量热法（differential scanning calorimetry，DSC）测定淀粉的糊化温度（图 3-25），即起始糊化温度（onset temperature，T_O）、峰值糊化温度（peak temperature，T_P）和终止糊化温度（conclusion temperature，T_C），同时可以测定淀粉的糊化焓（gelatinization enthalpy，ΔH）。糊化焓是指单位质量淀粉发生完全糊化需要吸收的热量（J/g），它反映淀粉糊化的难易程度，与淀粉结晶度密切相关。

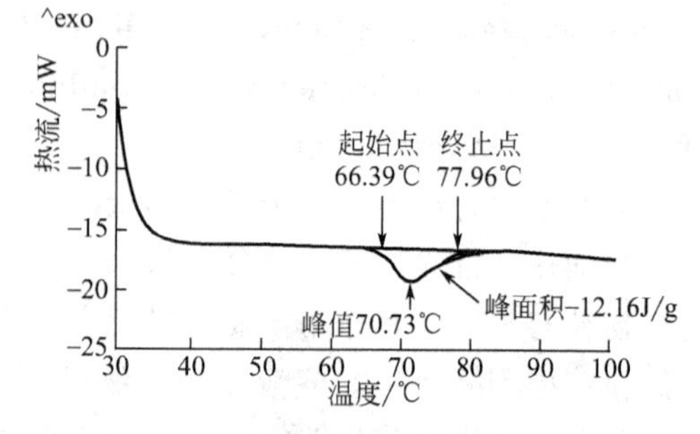

图 3-25 淀粉的差示扫描量热曲线（DSC 曲线）

通常用糊化开始的温度和糊化完成的温度共同表示淀粉糊化温度，一般把糊化的起始温度称为糊化温度，而把淀粉完全糊化时的温度称为终止糊化温度。终止糊化温度与糊化温度的差值表示淀粉的糊化温度区间。表 3-2 列出了几种淀粉的糊化温度。

表 3-2　常见淀粉的糊化温度与糊化焓

淀粉种类	起始糊化温度(T_O)/℃	峰值糊化温度(T_P)/℃	终止糊化温度(T_C)/℃
小麦淀粉	56	61	67
马铃薯淀粉	54	59	64
普通玉米淀粉	59	66	73
糯玉米淀粉	65	73	82

(2) 影响淀粉糊化的因素　影响淀粉糊化的因素很多，概括起来，可以划分为四类。

① 淀粉自身的性质：淀粉分子间的结合程度、分子排列紧密程度、淀粉分子形成微晶区的大小等均影响淀粉分子的糊化难易程度。淀粉分子间的缔合程度大、分子排列紧密，结晶度越高，破坏这些作用力和拆开微晶区所需要的能量越高，淀粉越难发生糊化。小颗粒淀粉的结构较紧密，糊化温度较高；反之，大颗粒的淀粉分子糊化相对较容易。一般来说，直链淀粉含量越高的淀粉，其糊化温度也越高。天然淀粉中，脂类的存在使淀粉变得难以糊化。在相同条件下，分离的淀粉比位于植物组织中的淀粉更容易糊化。

② 环境条件：水分的存在与加热是淀粉糊化的两个必需条件。在有充足水分存在时，淀粉在其糊化温度以上才可以糊化，而低于糊化温度，它只会发生吸水膨胀，也称为膨润。在水分含量较低时，淀粉的糊化不能发生或者糊化程度非常有限。一般食物的含水量越高，其中的淀粉越容易糊化。干淀粉（含水量低于 3%）加热至 180℃也不会发生淀粉糊化，而对含水量为 60%的淀粉悬乳浊液，在 70℃左右就能够完全糊化。

pH 是影响淀粉糊化的另一个重要环境条件。大多数食品的 pH 值为 4～7，这样的酸浓度对淀粉溶胀或糊化影响很小。随 pH 向碱性方向提升，淀粉的溶胀速度和糊化程度明显提升。但过高的碱度或酸度都会导致淀粉发生水解，进而会影响淀粉糊的黏度及后续凝胶的形成和凝胶的品质。

③ 食品中的其他组分：影响淀粉糊化的食品成分主要为糖类、脂类、盐、蛋白等亲水性胶体等。

高浓度的糖能降低淀粉糊化的速度、黏度的峰值和凝胶的强度，寡糖在推迟糊化和降低峰值糊化温度等方面比单糖更有效。低浓度的盐对糊化或凝胶的形成影响很小，但一些含磷酸盐基团的马铃薯淀粉或改性的离子化淀粉的糊化则受盐的影响比较明显。不同的盐对淀粉糊化的影响不相同。单糖、低聚糖和盐对淀粉的糊化作用的影响与这些物质能强烈地结合水，从而竞争性影响淀粉粒的吸水膨胀有关。

蛋白质、卡拉胶等亲水胶体能抑制淀粉的糊化，其主要原因是这些物质能大幅度提升淀粉浆的黏度而阻止直链淀粉溶出和淀粉粒破裂。

极性脂类化合物（或乳化剂）能与直链淀粉形成复合物，推迟了淀粉颗粒的溶胀，使糊化温度升高。

④ 淀粉的前处理过程：湿热处理（heat moisture treatment，HMT）能明显提升淀粉的糊化温度，原因是湿热处理改变了原淀粉粒中淀粉分子的结晶形态，使淀粉糊化温度提高。退火处理（annealing）也能提高淀粉的糊化温度，且会使其糊化温度区间变窄。

4. 淀粉的老化

(1) 淀粉老化的概念

When a hot starch paste is cooled down, a viscoelastic and firm gel is produced. In this process, starch molecules form junction zones in the gel. Over the period of storage, starch molecules become progressly less soluble and will produce insoluble material which resist redissolving by heating. The whole process of dissolved starch becoming less soluble is termed as "retrogradation" which involving both amylose and amylopectin.

经过糊化的α-淀粉在室温或低于室温下放置后，会变得不透明甚至凝结而沉淀，这种现象称为淀粉的老化（retrogradation）。这是由于糊化后的淀粉分子在低温下又自动排列成序，相邻分子间的氢键又逐步恢复形成致密、高度晶化的淀粉分子微束。所以，从某种意义上看，老化过程可看做是糊化的逆过程，但是老化不能使淀粉彻底复原到生淀粉（β-淀粉）的结构状态，它比生淀粉的晶化程度低。通常认为淀粉老化的第一步是由直链淀粉引起的，而进一步的老化是由支链淀粉外侧支链缔合引起的。以面包为例，贮藏过程中，面包芯硬度增大、容易掉渣、产品新鲜度下降而发生陈化（staling）。焙烤结束、面包冷却时，陈化就开始，陈化的主要原因是淀粉的老化，当面包冷却到室温时，直链淀粉的老化已基本完成。产品后续冷藏过程中的老化主要是由支链淀粉引起的。老化后的淀粉与水失去亲和力，难以被淀粉酶水解，因而也不易被人体消化吸收，严重影响着食品的外观和质构。如面包的陈化导致产品新鲜度下降，米汤陈化导致黏度下降或产生沉淀。因此，淀粉老化作用的控制在食品工业中有重要意义。

(2) 影响淀粉老化的主要因素　影响淀粉老化的因素可分为以下三类。

① 淀粉自身的性质：不同来源的淀粉，老化难易程度并不相同。在淀粉自身的性质中，直链淀粉与支链淀粉的比例对淀粉老化特性的影响最明显。一般来说直链淀粉较支链淀粉易于老化，直链淀粉越多，老化越快，其原因是直链淀粉分子在聚集重结晶时空间位阻较小，而支链淀粉的结构呈三维网状空间分布，妨碍了微晶束氢键的形成。

② 环境条件：影响淀粉老化的环境条件主要包括食物的水分含量、贮藏温度和酸碱度。当食物含水量为30%～60%时，淀粉较易老化，而在含水量低于10%或在含有大量水的食品中，淀粉都不易老化。其原因是低含水量时食品处于橡胶态，淀粉分子扩散移动而聚集的难度大，而很高的含水量导致食品体系过度稀释，降低了淀粉分子碰撞而聚集的概率。淀粉老化作用的最适温度在2～4℃，温度高于60℃或低于－20℃时，淀粉都不易发生老化。过高的温度（$T>T_m$）加剧了淀粉分子的不良运动，也能使淀粉分子瞬间形成的聚集结构被破坏，使淀粉无法老化。当食品处于冻结状态时（$T>T_g$），淀粉分子在空间上被定格而无法扩散聚集。淀粉在中性条件下最容易老化，偏酸（pH 4以下）或偏碱的条件下不易老化。

③ 食品中的其他组分：通常认为添加植物胶能抑制淀粉老化，其原理是植物胶的加入导致淀粉糊化过程中直链淀粉的溶出减少，减轻了后续的老化程度；其次，植物胶能与支链淀粉、直链淀粉之间发生相互作用而抑制淀粉的老化。极性脂类的添加能有效抑制淀粉的老化，主要是极性脂类与直链淀粉以及支链淀粉的较长外链（链长20～40葡萄糖残基）形成复合物所致。盐的添加能抑制淀粉的老化，通常盐浓度越高，抑制效果也越好。其主要原因是盐离子能使淀粉分子带上电荷，一方面可通过静电斥力使淀粉分子难以集聚，另一方面是淀粉分子形成很厚的水层而阻止老化。

(3) 防止淀粉老化的方法　生产中可通过控制淀粉的含水量、贮存温度、pH及加工工艺条件等方法来防止淀粉的老化。

① 降低水分含量：将糊化后的α-淀粉，在80℃以上的高温迅速除去水分（水分含量最好达10%以下）或冷至0℃以下迅速脱水，成为固定的α-淀粉。α-淀粉加水后，因无胶束结构，水易于进入因而将淀粉分子包围，不需加热，亦易糊化。这就是制备方便食品的原理，如方便米饭、方便面、饼干、膨化食品等。

② 控制食品的温度：将食品在较高温度下存放可以有效防止淀粉的老化，但要防止食品中水分过度蒸发。这在短时间保持淀粉类食物的新鲜度是可行的，但长时间会导致大量的热能消耗。虽然在理论上冻结可以有效抑制食品中的淀粉老化，但在冻结食品生产的冷冻过程以及使用前的解冻过程中淀粉会发生严重的老化，从而影响产品的品质，液态食品甚至在解冻后会出现沉淀、分层或析水的现象。

③ 添加淀粉老化抑制剂：糊化淀粉在有单糖、二糖和糖醇存在时，不易老化，这是因为它们能妨碍淀粉分子间缔合，并且本身吸水性强能夺取淀粉凝胶中的水，使溶胀的淀粉成为稳定状态。表面活性剂或具有表面活性的极性脂（如单甘酯、蔗糖酯等），由于直链淀粉与之形成包合物，推迟了淀粉的老化。一些大分子物质如蛋白质、半纤维素、植物胶等对淀粉的老化也有减缓的作用。

5. 淀粉的水解

淀粉在酶、酸、碱等条件下的水解在食品加工中具有重要意义。淀粉的水解产物因催化条件、淀粉的种类不同而有差别，但最终水解产物为葡萄糖。工业上利用淀粉水解可生产糊精、淀粉糖浆、麦芽糖浆、葡萄糖等产品。可溶性糊精是淀粉的有限水解产物。淀粉糖浆为葡萄糖、低聚糖和糊精的混合物。麦芽糖浆也称为饴糖，其主要成分为麦芽糖，也有麦芽三糖和少量葡萄糖。葡萄糖为淀粉水解的最终产物，有含水α-葡萄糖、无水α-葡萄糖和无水β-葡萄糖三种。淀粉水解的方法有酸水解法和酶水解法两种。

（1）酸水解法　酸法水解是用无机酸作为催化剂使淀粉发生水解反应，常用浓度为0.02～0.03mol/L的盐酸在高温（135～150℃）下处理淀粉5～8min。工业上，将盐酸均匀地喷洒到淀粉上，或用氯化氢气体在搅拌情况下处理淀粉，然后再加热，通过控制加热时间获得希望的水解度后将酸中和，回收淀粉产品。这时的淀粉仍为颗粒状，但在加水加热时非常容易破裂，此种淀粉称为酸改性或酸稀化（acid-thinned starch）淀粉。稀化能使淀粉的凝胶透明度得到改善，凝胶强度有所加强，但糊的黏度有所下降，适合用于制造凝胶软糖产品。用酸对淀粉深度改性可以得到糊精、糖浆或葡萄糖。淀粉的水解程度常用产物的葡萄糖当量（dextrose equivalence，DE）来表示，是淀粉水解产物的还原力与纯葡萄糖还原力的百分比。通常将DE值＜20的淀粉水解产物称为麦芽糊精，DE值为20～60的称为淀粉糖浆。

（2）酶水解法　淀粉的酶水解在食品工业上称为糖化，所使用的淀粉酶也被称为糖化酶。淀粉的酶水解一般要经过糊化、液化和糖化三道工序。淀粉酶水解所使用的淀粉酶主要有α-淀粉酶（液化酶）、β-淀粉酶（糖化酶）和葡萄糖淀粉酶等（详见第七章）。

6. 淀粉的改性

Food processors generally prefer starches with better behavioral characteristics than provided by native starches. Native starches produce weak-bodied, cohesive, rubbery pastes when cooked and undesirable gels when the pastes are cooled. Modification is done to improve the characteristics of the pastes and gels. Modified food starches are functional, useful, and abundant food macroingredients and additives. Modifications can be chemical or physical. Chemical modifications make crosslinked, stabilized, oxidized, and depolymerized (acid-modified, thin-boiling) products. Physical modifications make pregelatinized and cold-water-swelling products.

为了拓展淀粉的应用范围，需将天然淀粉经物理、化学或酶处理，使淀粉原有的黏度、耐酸性、抗剪切性或耐热性等物理化学性质发生一定的改变，这种经过处理的淀粉称为改性淀粉（modified starch）。目前，化学改性淀粉的种类较多，如可溶性淀粉、氧化淀粉、交联淀粉、酯化淀粉、醚化淀粉和接枝淀粉等。一般化学试剂对淀粉的改性都借助于淀粉分子中的羟基。

（1）可溶性淀粉　可溶性淀粉（soluble starch）是经过轻度酸或碱处理的淀粉，其淀粉溶液加热时有良好的流动性，冷凝时能形成坚韧的凝胶。α-淀粉（预糊化淀粉）是由物理处理方法生成的可溶性淀粉。可溶性淀粉可用于制造胶姆糖和糖果。

（2）氧化淀粉　氧化淀粉（oxidized starch）是工业上应用次氯酸钠、过氧化氢等强氧化剂处理淀粉而制得。氧化淀粉糊的黏度较低、稳定性高、透明度和成膜性好，在食品加工中可用作分散剂或乳化剂。

（3）交联淀粉　含多元官能团的试剂，如环氧氯丙烷、三氯氧磷等作用于淀粉颗粒，能将不同淀粉分子经“交联键”结合而生成的淀粉称为交联淀粉（crosslinked starch）。交联淀粉具有良好的机械性能，且耐酸、耐热和耐碱，随交联程度增高，甚至高温受热也不糊化。如羟丙基二淀粉磷酸酯，膨润性好，透明度高，糊液对温度、酸及剪切力的稳定性好；淀粉磷酸双酯，糊化温度较高，膨润性较低；乙酰化二淀粉磷酸酯，溶解度、膨润性、透明度均高于原淀粉，糊液冷冻稳定性好。在食品工业中，交联淀粉主要用作增稠剂和赋形剂。

（二）果胶

透过现象看本质

3-16. 为什么糖尿病患者不宜食用以高甲氧基果胶为原料做的果冻？

3-17. 为什么果实或蔬菜成熟后，硬度会降低？

Pectins are naturally present in the cell walls and intercellular layers of all land plants. In nature, around 80% of carboxyl groups in pectins are esterified with methyl groups. The free carboxylic acid groups may be partly or fully neutralized, typically in the sodium salt form.

果胶物质（pectins）是高等植物中存在的一类以半乳糖醛酸为主要构成单元的多糖，是植物细胞壁的成分之一，存在于相邻细胞壁间的胞间层，起着将细胞黏在一起的作用，使水果蔬菜具有较硬的质地。果胶物质广泛存在于植物中，尤其是水果、蔬菜中含量较多，如苹果、橘皮、柚皮和向日葵花盘等均是提取果胶的重要原料。果胶物质糖醛酸残基上的羧基可以是游离的，也能以钠盐、钾盐、钙盐、铵盐形式或以甲酯化形式存在。

植物体内的果胶物质一般有三种形态：原果胶（protopectins）、果胶和果胶酸（pectic

acid)。在未成熟果蔬组织中，一些果胶物质与纤维素和半纤维素粘接在一起形成较为牢固的细胞壁，将这部分甲酯化（methyl-esterification）半乳糖醛酸链称为原果胶，它只存在于细胞壁中，不溶于水。随果蔬成熟度增加，原果胶从细胞壁上脱落发生水解后生成果胶，使果胶的水溶性增高，溶于细胞液中，导致果蔬组织质地变软。果胶是不同程度甲酯化和中和的聚半乳糖醛酸链。当果实过熟时，果胶发生脱酯作用（demethylation）生成果胶酸，果蔬组织成软疡状态。果胶酸是完全未甲酯化的聚半乳糖醛酸链，在细胞汁液中与 Ca^{2+}、Mg^{2+}、K^{+}、Na^{+} 等矿物质形成不溶于水或微溶于水的果胶酸盐。

1. 果胶的化学结构

果胶属于杂多糖，其分子的主链是被少量 α-1,2-鼠李糖残基间隔的由 α-(1→4) 糖苷键连接的 α-D-半乳糖醛酸基构成，且主链上存在鼠李糖残基富集链段，在这个区域存在大量由中性糖构成的侧链。因此，果胶的分子结构可分为由 α-D-半乳糖醛酸残基连接构成的不带侧链的主链光滑区（smooth region）和带有大量中性糖侧链的鼠李糖残基富集的毛发区(hairy region)，见图 3-26。大多数果胶分子毛发区的侧链主要是由半乳糖、阿拉伯糖形成的半乳聚糖、阿拉伯聚糖和阿拉伯半乳聚糖，它们主要连接在主链毛发区鼠李糖残基的 C-4 位上。

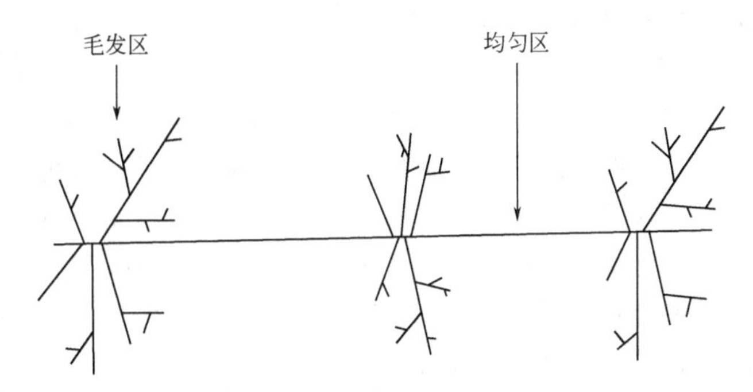

图 3-26 果胶分子结构示意

Degree of esterification (DE) is defined as the ratio of esterified galacturonic acid groups to total galacturonic acid groups in pectins. Based on DE values, pectins are classified in two classes: high methoxyl (HM) and low methoxyl (LM) pectins. Typical DE values for commercial HM-pectins range from 60% ～75% and those for LM-pectins range from 20% to 40% .

果胶分子中的半乳糖醛酸残基上的羧基是部分甲酯化的，甲酯化度是果胶分子的重要结构参数，是指果胶分子中甲酯化的半乳糖醛酸残基占总半乳糖醛酸残基的百分数。提取自天然果蔬原料的果胶酯化度一般为 55%～75%，适度脱酯后的商品果胶产品的酯化度一般为 20%～70%。根据果胶分子羧基酯化度的不同，天然果胶一般分为两类：高甲氧基果胶(high-methoxyl pectin，HM)，酯化度大于 50%的果胶；低甲氧基果胶（low-methoxyl pectin，LM)，酯化度小于 50%的果胶。有时也用甲氧基含量来反映酯化度，一般将甲氧基含量大于 7%者称为高甲氧基果胶，而甲氧基含量小于或等于 7%者称为低甲氧基果胶。

2. 果胶的性质

由于羧基的存在，果胶的水溶液呈酸性，1%果胶溶液的 pH 通常为 2.7～3.0。低甲氧基果胶的溶解度可以通过与阳离子结合而得以改善。

果胶的阴离子型聚电解质特性使其具有很强的阳离子结合力。一般 DE 值越低的果胶其阳离子结合力越强，低甲氧基果胶对 Ca^{2+} 的结合能力明显高于高甲氧基果胶。果胶对 Ca^{2+} 的结合能力有 pH 依赖性，一般在 pH 5～7.5 最大。但随着离子强度的增大，果胶对 Ca^{2+} 的结合率逐渐降低。

果胶在酸、碱或酶的作用下可发生水解；在高温强酸条件下，糖醛酸残基发生脱羧作用。果胶甲酯酶能催化果胶分子发生脱酯作用，而聚半乳糖醛酸酶能使果胶分子发生水解，二者协同作用使植物组织中的原果胶转化为果胶。

3. 果胶凝胶形成的条件与机理

（1）果胶物质凝胶形成的条件

HM- and LM-pectinsgelatinize through different mechanisms. To achieve effective gelatinization, a minimum amount of soluble solids (i. e., 65% sugar content) and a pH within a narrow range (2.0～3.5) are required for HM-pectins. However, preparation of gels using LM-pectins requires a controlled amount of calcium or other divalent cations, but is independent of sugar content and not very sensitive to pH.

果胶的凝胶特性受其酯化度的影响非常明显，高甲氧基果胶和低甲氧基果胶形成凝胶的条件完全不同。高甲氧基果胶在可溶性固形物含量（一般是糖）超过 55%，pH 2.0～3.5，果胶含量 0.3%～0.7%时可以形成凝胶；低甲氧基果胶要求可溶性固形物为 10%～20%，pH 为 2.5～6.5 且加入 Ca^{2+}、Mg^{2+} 等二价金属离子时才能形成凝胶。

（2）果胶物质的胶凝机理　高甲氧基果胶与低甲氧基果胶的胶凝机理是不同的。高甲氧基果胶溶液必须在具有足够的糖和酸存在的条件下才能胶凝，又称为糖-酸-果胶凝胶。当果胶溶液 pH 足够低时，羧酸盐基团转化为羧酸基团，因此分子不带电荷，分子间斥力下降，水合程度降低，分子间缔合形成凝胶。在果胶溶液中加入糖类，糖与果胶分子链竞争结合水，致使分子链的溶剂化程度大大下降，有利于分子链间相互作用，果胶分子间形成结合区，糖的浓度越高，越有助于形成接合区，一般糖的浓度至少在 55%，最好在 65%。低甲氧基果胶必须在二价阳离子（如 Ca^{2+}）存在情况下形成凝胶，胶凝的机理是在二价阳离子的作用下，加强果胶分子间的交联作用（形成“盐桥”），在不同分子链的均匀区间（均一的半乳糖醛酸）形成分子间接合区，从而形成凝胶。

（3）影响果胶凝胶的因素

① 果胶分子结构的影响：影响果胶凝胶的结构因素主要包括相对分子质量和酯化度。在相同条件下，相对分子质量越大的果胶形成的凝胶越强。果胶的凝胶强度随其酯化度的增加而增大。高甲氧基果胶形成的凝胶是热不可逆的。果胶的酯化度直接影响凝胶速度，果胶的凝胶速度随酯化度增加而增大。甲酯化度为 100%的全甲酯化聚半乳糖醛酸，只要有脱水剂（如糖）存在就能形成凝胶。甲酯化度大于 70%的果胶称为速凝果胶，加糖、加酸（pH 3.0～3.4）后可在较高温度下形成凝胶（无需低温冷却）。在“蜜饯型”果酱中，可防止果肉块的浮起或下沉。甲酯化度为 50%～70%的果胶称为慢凝果胶，加糖、加酸（pH 2.8～3.2）后，可在较低温度下形成凝胶（凝胶较慢），所需酸量也因果胶分子中游离羧基增多而增大。慢凝果胶用于果冻、果酱、点心等生产中，在汁液类食品中可用作增稠剂、乳化剂。对于低甲氧基果胶，即使在加糖、加酸的情况下充分冷却也难形成凝胶，需要添加多价阳离子（常用 Ca^{2+}）与游离羧基交联才能形成凝胶。Ca^{2+} 的存在对果胶凝胶的质地有硬化作用，这就是果蔬加工中首先用钙盐前处理的原因。这类果胶的胶凝能力受酯化度的影响大于

相对分子质量的影响。

② 环境条件的影响：影响果胶凝胶性质的环境条件主要包括 pH、共存溶质（糖）浓度和温度。不同类型的果胶凝胶时，pH 值不同。如低甲氧基果胶对 pH 变化的敏感性差，能在 pH 2.5～6.5 范围内形成凝胶，而正常的果胶则仅在 pH 2.7～3.5 范围内形成凝胶。不适当的 pH 值，不但无助于果胶形成凝胶，反而会导致果胶水解。凝胶形成的 pH 也和酯化度相关，快速胶凝的果胶在 pH 3.0～3.4 也可以胶凝，而慢速胶凝的果胶在 pH 2.8～3.2 可以胶凝。高甲氧基果胶形成凝胶时，其体系中的共存溶质（糖）的含量不能低于 55%；低甲氧基果胶形成凝胶时，可以不加糖，但加入 10%～20%的蔗糖，凝胶的质地会更好。当脱水剂（糖）的含量和 pH 适当时，在 0～50℃范围内，温度对果胶凝胶影响不大。但温度过高或加热时间过长，果胶将发生降解，蔗糖也发生转化，从而影响果胶的强度。固形物含量越高及 pH 越低，则可在较高温度下胶凝。因此在制造果酱和糖果时必须选择 Brix（固形物含量）、pH 以及适合类型的果胶才能达到所期望的胶凝强度。但在 pH 3.5 时，低甲氧基果胶胶凝所需的 Ca^{2+} 量比中性条件下更高。

4. 果胶在食品中的应用

果胶的主要用途是作为果酱与果冻的胶凝剂，还可作为增稠剂和稳定剂。慢凝高甲氧基果胶与低甲氧基果胶用于制造凝胶软糖。低甲氧基果胶适合在生产酸奶时作水果基质。高甲氧基果胶可应用于乳制品，在 pH 3.5～4.2 范围内能阻止加热时酪蛋白聚集，适用于经巴氏杀菌或高温杀菌的酸奶、酸豆奶以及牛奶与果汁的混合物。高甲氧基与低甲氧基果胶还能应用于蛋黄酱、番茄酱、浑浊型果汁等，一般添加量＜1%。

（三）膳食纤维

膳食纤维（dietary fibre，DF）曾被认为是没有营养价值的粗纤维，但随着人们发现膳食纤维的摄入量的减少与肥胖症、高血压、糖尿病、心血管疾病等“富贵病”发病率上升密切相关之后，膳食纤维得到了空前的重视。因此现代医学界以及营养界将膳食纤维誉为“第七大营养素”。

1. 膳食纤维定义

膳食纤维最早定义为植物细胞壁中的抗消化性组成成分，包括纤维素、半纤维素及木质素。美国谷物化学家学会（AACC）上对膳食纤维的定义是“凡是不能被人体内源酶消化吸收的可食用植物细胞、多糖、木质素及其相关物质的总和”，这一定义包括了食品中的大量组成成分，如纤维素、半纤维素、胶质、寡糖，还包括了少量的组成成分，如蜡质、角质等。

2. 膳食纤维的分类

膳食纤维可按照溶解性、大肠内的发酵程度、来源进行分类。根据膳食纤维的溶解性可以把膳食纤维分成水溶性膳食纤维（soluble dietary fiber，SDF）和水不溶性膳食纤维（insoluble dietary fiber，IDF）。SDF 是指不被人体消化道酶消化，但可溶于温水或热水，与水结合会形成凝胶状物质，其组成主要是一些胶类物质，包括果胶、阿拉伯胶、瓜尔豆胶、葡聚糖、海藻酸钠等。IDF 是指不被人体消化道酶消化且不溶于热水的那部分膳食纤维，它主要是细胞壁的组成成分，包括纤维素、半纤维素、木质素和植物蜡等。

根据在大肠内的发酵性（fermentability）分类，DF 可分为高发酵性膳食纤维和低发酵性膳食纤维。膳食纤维的发酵性指膳食纤维在肠道微生物作用下产生短链脂肪酸（short chain fatty acids，SCFA）和降低肠道 pH 的能力。低发酵性膳食纤维包括纤维素、半纤维素、木质素、植物蜡和角质等。高发酵性膳食纤维包括β-葡聚糖、果胶、瓜尔豆胶、阿拉伯胶、海藻胶等。一般来说，高发酵性膳食纤维多属于SDF，而低发酵性膳食纤维多属于IDF。但也有一些例外，如羧甲基纤维素，它虽然易溶于水，但几乎不被大肠内的菌群所发酵。

3. 膳食纤维的生理功能

目前研究发现膳食纤维具有功能多样性，而不同来源膳食纤维的功能有所差异。膳食纤维的主要功能包括改善肠道菌群、预防肠道疾病、提高机体免疫力、抗肿瘤、降血糖、预防心血管疾病等。

第五节 食品碳水化合物的延伸阅读

一、 抗性淀粉

1. 抗性淀粉由来与定义

随着人们发现有部分淀粉在人小肠内无法消化吸收后，一种新型的淀粉分类方式也就应运而生。Englyst和Baghurst等人依淀粉在小肠内的生物可利用性将淀粉区分为三类：①易消化淀粉（ready digestible starch，RDS）指那些能在小肠中迅速被消化吸收的淀粉，如热米饭、煮红薯、粉丝等；②不易消化淀粉（slowly digestible starch，SDS）指那些能在小肠中被完全消化吸收但速度较慢的淀粉，主要指一些生的未经糊化的淀粉，如生米、生面等；③抗性淀粉（resistant starch，RS）。这种分类方式是以单个淀粉分子为基础的，也就是说，有的食物中可能同时含有上述三类或其中的两类。抗性淀粉是指在正常健康成年人小肠中不被消化吸收的淀粉或及其降解物的总称。

2. 抗消化淀粉分类

食物中存在的抗性淀粉可分为四类：①物理包埋淀粉（physically trapped starch，RS_1）主要存在于完整的或部分研磨的谷粒、豆粒之中；②抗性淀粉颗粒（resistant starch granules，RS_2）指未经糊化的生淀粉粒和未成熟的淀粉粒，常存在于生马铃薯、生豌豆、绿香蕉中；③老化淀粉（retrograded starch，RS_3）指糊化后的淀粉在冷却或贮存过程中发生部分重结晶，常存在于冷米饭、冷面包、油炸土豆片中；④化学改性淀粉（chemically modified starch，RS_4）是指通过化学反应向淀粉分子中引入其他化学基团，从而改变了淀粉分子的结构，使淀粉酶无法作用的淀粉，如常见的羧甲基淀粉、羟丙基淀粉等。

3. 抗消化淀粉生理功能

抗性淀粉属于人体无法消化吸收的多糖类物质，其生理功效与水溶性膳食纤维有许多相似之处。抗性淀粉是无能量的，因而可以减少人体能量和可消化吸收糖的摄入，从而有助于体重控制和防治糖尿病。抗性淀粉可降低血液胆固醇、预防脂肪肝的形成。与膳食纤维一样，抗性淀粉可增加粪便体积，有助于防止便秘及直肠癌的发生。虽然抗性淀粉不能在小肠中被消化吸收，但可被肠道内细菌发酵利用而产生短链脂肪酸，如丁酸。

二、 抗氧化膳食纤维

抗氧化膳食纤维（antioxidant dietary fiber，ADF）为天然抗氧化剂结合到膳食纤维基质中的产物。这些天然抗氧化剂主要为多酚类，包括黄酮类（花色素苷、黄酮、黄酮醇、黄烷醇）、酚酸（没食子酸、阿魏酸）和缩合单宁（聚合的原花色素和高分子量水解鞣质）等。由于多酚类物质的抗氧化能力和自由基清除力，可通过抑制低密度脂蛋白的氧化并促进血管舒张来减少冠心病的发生，同时还可以预防癌症（DNA 遭受自由基攻击产生突变可导致癌症）、神经变性紊乱等疾病的发生。所以从营养和健康的角度，抗氧化膳食纤维的研究具有非常重要的意义，ADF 能够部分取代合成抗氧化剂（BHA、TBHQ）应用于食品领域。

目前，抗氧化膳食纤维已应用于油脂行业，抑制油脂的自动氧化；在水产品中添加适量的抗氧化膳食纤维不仅能够改善产品的口感，而且能够增加保健功能（调节肠道、抗氧化等）；在焙烤食品（面包、饼干）中，添加一定量的抗氧化膳食纤维，在不影响产品感官品质的基础上，能增加产品的抗氧化能力，延长食品的货架期。

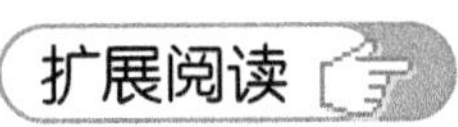

思考题

1. 简述单糖的结构和理化性质。
2. 阐述两种常见双糖的结构和性质。
3. 简述多糖的结构和功能的关系。
4. 简述糖苷的结构和性质。
5. 简述果胶的性能及其凝胶形成的机理。
6. 阐述食品中碳水化合物的功能。
7. 简述淀粉糊化和老化的本质。

第四章 蛋白质

本章提要

1. 了解蛋白质的化学组成、结构及氨基酸的理化性质。
2. 掌握蛋白质变性的机理及影响因素。
3. 掌握蛋白质的功能性质及在食品工业中的具体应用。
4. 掌握食品加工和贮藏过程中蛋白质发生的变化及如何对这些变化加以利用或控制。

透过现象看本质

4-1. 为什么鸡蛋可以制作出蛋糕？

4-2. 各种谷物粉中，为什么只有小麦粉可以制作出具有持气性的面团？

4-3. 为什么牛奶中加入酸性果汁会出现沉淀？

——这些生活中的现象都与我们食物中的一种化学组分——蛋白质密切相关，正是蛋白质丰富的功能特性赋予了食品特殊的形状、质构和风味。

Proteins play a central role in biological systems. Although the information for evolution and biological organization of cells is contained in DNA, the chemical and biochemical processes that sustain the life of a cell/organism are performed exclusively by enzymes. Thousands of enzymes have been discovered. Each one of them catalyzes a highly specific biological reaction in cells. In addition to functioning as enzymes, proteins (such as collagen, keratin, elastin, etc.) also function as structural components of cells and complex organisms. The functional diversity of proteins essentially arises from their chemical makeup. Proteins are highly complex polymers, made up of 20 different amino acids. The constituents are linked via substituted amide bonds. Unlike the ether and phosphodiester bonds in polysaccharides and nucleic acids, the amide linkage in proteins is a partial double bond, which further underscores the structural complexity of protein polymers. The myriad of biological functions performed by proteins might not be possible but for the complexity in their composition,which gives rise to a multitude of three-dimensional structural forms with different biological functions. To signify their biological importance, these macromolecules were named proteins,derived from the Greek word proteois,which means of the first kind.

蛋白质源于希腊字“proteios”，是“最初的”、“第一重要的”意思，表明蛋白质是生命活动中头等重要的物质。蛋白质是一种重要的食品成分，是典型的生物大分子物质。从元素组成来看，蛋白质由碳、氢、氧、氮、硫、磷以及微量的金属元素如锌、铁等组成。蛋白质的基本组成单位是氨基酸（amino acids），自然界氨基酸种类很多，但组成蛋白质的氨基酸只有大约 20 种。蛋白质中碳、氢、氧等元素的含量变化较大，而氮元素的含量变化不大（15%～18%），平均为 16%，因此测定蛋白质的时候，只要测定了氮的含量，再乘以定氮系数 6.25 即可得到蛋白质的含量，这就是经典的蛋白质测定方法——凯氏定氮法的原理；由于凯氏定氮法是蛋白质测定的国家标准方法，因此有不法分子向奶粉中添加含氮量较高的三聚氰胺以提高奶粉中的氮含量，从而造成了 2008 年的“三聚氰胺事件”。

蛋白质是构成生物体的基本物质之一，在生命活动中具有重要的作用。例如具有生物催化作用的酶，具有免疫功能的抗体，起着运输作用的血红蛋白，有运动功能的肌动蛋白和肌球蛋白，能调节生理功能的激素等，一切生命活动如消化吸收、运动感觉、生长繁殖等都与蛋白质相关，没有蛋白质就没有生命。

理论上，生物产生的蛋白质都可作为食品蛋白质加以利用，但实际上，食品蛋白质是指那些易消化、无毒、富有营养、在食品中显示功能性质且来源丰富的蛋白质。而在食品加工过程中，蛋白质除表现出营养方面的重要性，在食品的结构、形态以及色香味方面等均具有重要作用。蛋白质的重要来源是谷物、油料种子、豆类、肉类、蛋类及奶。除了动物和植物外，产生蛋白质的生物还包括藻类、酵母和细菌（单细胞蛋白质 SCP）。

根据食物蛋白质的营养特性不同可将食物蛋白质分为以下三类。

（1）完全蛋白质（complete protein） 这类蛋白质所含的必需氨基酸种类齐全，不但可维持人体健康，还可以促进生长发育。鱼、蛋、奶、肉中的蛋白质都属于完全蛋白质。

（2）半完全蛋白质（semi complete protein） 这类蛋白质所含氨基酸虽然种类齐全，但某些氨基酸的数量不能满足人体的需要，其可维持人体健康，但无法促进生长发育。小麦等谷物中的蛋白质就属于半完全蛋白质，如小麦中赖氨酸含量较低，是它的第一限制氨基酸。食物中所含与人体所需相比有较大差距的某一种或某几种氨基酸就叫限制氨基酸（limiting amino acid）。

（3）不完全蛋白质（incomplete protein） 这类蛋白质不能提供人体所需的全部必需氨基酸，不但不能促进生长发育，也不能维持生命。如肉皮中的胶原蛋白便属于不完全蛋白质。

第一节 氨基酸和肽

透过现象看本质

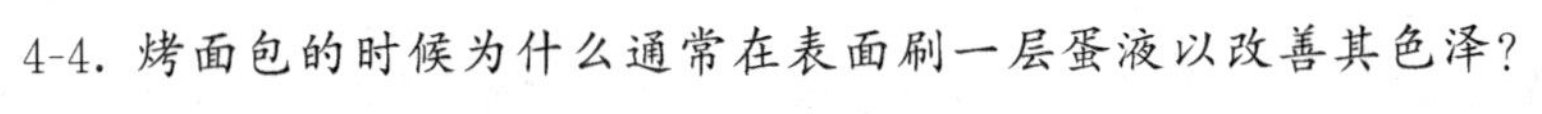

4-4. 烤面包的时候为什么通常在表面刷一层蛋液以改善其色泽？

4-5. 长期以面食为主食的人会导致哪些营养缺乏？

4-6. 我们平时所吃的味精主要成分是什么，是怎么生产出来的？

4-7. 以大豆和面粉为原料生产出来的酱油为什么是黑色的？

——这些都与蛋白质的基本组成单位——氨基酸有关。

氨基酸是构成生物体中蛋白质分子的基本单位，与生物的生命活动有着密切的关系。它在机体中具有特殊的生理功能，是生物体内不可缺少的成分之一。

一、 氨基酸的结构

氨基酸是带有氨基、羧基的有机化合物，除脯氨酸和羟脯氨酸外，α-氨基酸含有一个α-碳原子、一个羧基、一个氨基、一个氢原子和一个侧链 R 基团（图 4-1）。脯氨酸和羟脯氨酸的 R 基团则来自吡咯烷。

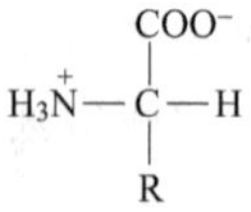

图 4-1 氨基酸的结构

所有蛋白质都由氨基酸作为建筑基石构成，但并非所有的蛋白质都含有机体所需的全部氨基酸，要想合成机体所有的蛋白质，共需要 20 种不同的氨基酸，其中 8 种被认为是必需氨基酸（essential amino acid，EAA）[记忆口诀：“一两色素本来淡些”，谐音：一（异亮氨酸）两（亮氨酸）色（色氨酸）素（苏氨酸）本（苯丙氨酸）来（赖氨酸）淡（蛋氨酸）些（缬氨酸）]，即人和动物机体无法自主合成、必须从食物中获取的氨基酸。此外，精氨酸和组氨酸是儿童的必需氨基酸。

而剩余的 10 种氨基酸则被称为非必需氨基酸，即机体可以自主合成并能满足需要，机体可以利用碳水化合物、脂类和必需氨基酸合成非必需氨基酸。

二、 氨基酸的理化性质

1. 溶解性和熔点

氨基酸一般都溶于水，不溶或微溶于醇，不溶于乙醚；酪氨酸溶于热水，胱氨酸难溶于水，脯氨酸溶于乙醇和乙醚；在强酸或强碱溶液中所有的氨基酸都具有较大的溶解度。氨基酸属于高熔点化合物，很多氨基酸的熔点超过 200℃，有的甚至超过 300℃。

除甘氨酸外，其他氨基酸均具有旋光性，可用旋光法测定氨基酸的纯度，组成蛋白质的 20 种常见氨基酸都是 L-型，非蛋白质氨基酸通常以 D-型存在。

2. 酸碱性质

氨基酸分子中同时含有羧基（酸性）和氨基（碱性），既可给出质子又可接受质子，为两性电解质（图 4-2）。它既能像酸一样离解，也能像碱一样离解，但它们的酸碱解离常数比起一般的羧基（—COOH）和氨基（—NH_2）都低。

在水溶液中或在结晶状态，氨基酸就以两性离子存在。羧基及氨基的离解均受溶液 pH 的影响。加酸，溶液中 [H^+] 增大，—COO^- 接受 H^+，氨基酸成为正离子，溶液中氨基酸以正离子存在的量变多；加入碱，则 [H^+] 变小，—NH_3^+ 失去 H^+，氨基酸变为负离子。

当一个特定的氨基酸在适当的 pH 时，溶液中正离子与负离子数相等，在电场的影响下

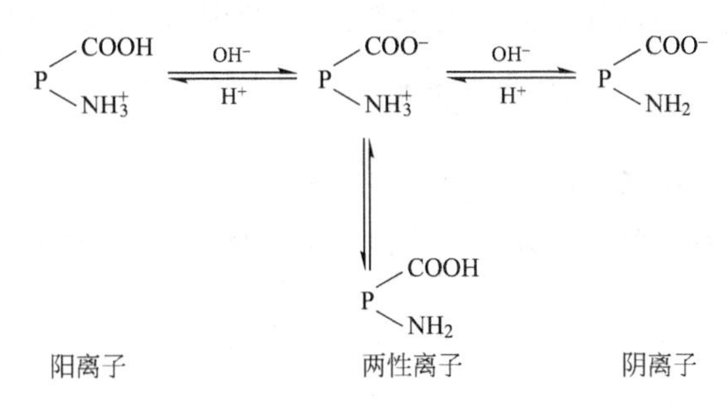

图 4-2 氨基酸的兼性离子状态

不发生迁移时，这个氨基酸所在溶液的氢离子浓度就叫氨基酸的等电点（isoelectric point），通常用 pI 表示，净电荷为零的氨基酸所在的溶液的 pH 值为 pI。

在等电点时，氨基酸的溶解度最小，因此可用调节等电点的方法从氨基酸的混合溶液中分离出某些氨基酸；例如谷氨酸的等电点为 3.22，因此在味精生产过程中可采用加酸调节发酵液的 pH 以实现沉淀谷氨酸的目的。

3. 氨基酸的呈味性质

氨基酸多具有不同的味感，与其立体构型有关（表 4-1）。D-型氨基酸多有甜味，最强者为 D-色氨酸，甜度可达蔗糖的 40 倍；L-型氨基酸有甜、苦、鲜、酸 4 种味感，侧基较小的甘氨酸、丙氨酸、丝氨酸、苏氨酸、脯氨酸均具有较强的甜味，具有苦味的 L-氨基酸则主要包括侧基较大的亮氨酸、异亮氨酸、酪氨酸、苯丙氨酸、色氨酸、精氨酸、组氨酸等；而有些氨基酸盐则显示出鲜味及酸味，如谷氨酸钠（味精的主要成分）就具有强烈鲜味。

表 4-1 氨基酸 R 基的结构特点和味感

类别	氨基酸	结构特点	味感
1	Glu,Asp,Gln,Asn	酸性侧链	酸鲜
2	Thr,Ser,Ala,Gly,Met-(Cys)	短小侧链	甜鲜
3	Hpr,Pro	吡咯侧链	甜略苦
4	Val,Leu,Ile,Phe,Tyr,Trp	长、大侧链	苦
5	His,Lys,Arg	碱性侧链	甜略苦

4. 氨基酸脱氨基、脱羧基反应

氨基酸经强氧化剂或酶的作用发生脱氨基反应生成酮酸；氨基酸经高温或细菌作用发生脱羧反应生成胺，上述反应常发生在变质的鱼、肉类等蛋白质含量较高的食物中，生成的胺带有特殊的臭味和毒性，因此变质的食物不能食用。

5. 氨基酸的褐变反应

氨基酸可与还原糖在热加工过程中生成类黑色物质，此反应称为美拉德反应，所有的食品都有可能发生此反应。

6. 氨基酸的其他化学性质

氨基酸分子中的反应基团主要指它们的氨基、羧基和侧链的反应基团如巯基、酚羟基、羟基、硫醚基、咪唑基和胍基等。其中氨基可与苄氧甲酰氯、2,4-二硝基氟苯、亚硝酸等发生反应；氨基酸的羧基可发生酯化反应、还原反应、脱羧反应等；还有一些反应被用作蛋白质和氨基酸的定量和定性分析如氨基酸与茚三酮、邻苯二甲醛或荧光胺反应是氨基酸定量分析中常用的反应。

两分子氨基酸在适当条件下加热，分子中的氨基可与羧基相互作用失去两分子水生成二酮吡嗪。食品在长时间加热条件下会发生此类反应，产生吡嗪类风味化合物。

三、 氨基酸在食品与医学上的应用

氨基酸在医药上主要用来制备复方氨基酸输液，也用作治疗药物和用于合成多肽药物。目前用作药物的氨基酸有百余种，其中包括构成蛋白质的 20 种氨基酸和 100 多种非蛋白质氨基酸。

由多种氨基酸组成的复方制剂在现代静脉营养输液以及“要素饮食”疗法中占有非常重要的地位，对维持危重患者的营养、抢救患者生命起积极作用，成为现代医疗中必不可少的医药品种之一。

谷氨酸、精氨酸、天门冬氨酸、胱氨酸、L-多巴等氨基酸单独作用治疗一些疾病，主要用于治疗肝病疾病、消化道疾病、脑病、心血管病、呼吸道疾病以及用于提高肌肉活力、儿科营养和解毒等。此外氨基酸衍生物在癌症治疗上出现了希望。

四、 肽的结构

肽（peptide）是氨基酸通过肽键（peptide bond）连接形成的、相对分子质量小于常见蛋白质的氨基酸聚合物。由 2 个氨基酸形成的肽称为二肽，由 3 个氨基酸形成的肽称为三肽，以此类推。将组成氨基酸残基数目少于 10 的肽称为寡肽；而将相对分子质量更高的肽称为多肽。多肽与蛋白质之间没有明确的相对分子质量间隔。

现代医学及营养学公认，肽特别是小肽（也称寡肽）在消化道中的吸收率高于相应的氨基酸混合物，且两者具有不同的吸收通道。科学研究还发现，有一些特殊结构（氨基酸组成和排列）的肽，不仅具有营养功能，而且还具有各种各样的生理活性，如牛乳酪蛋白来源的酪蛋白磷酸肽具有促进钙、铁、锌等二价矿物营养素吸收的功能；高 F 值寡肽具有保肝、护肝、改善肝功能的作用；降血压肽是多种蛋白质来源的结构不同的一类肽，具有抑制血管紧张素转化酶（ACE）活性的作用，因而可以起到降低血压的功能。由于食物蛋白质来源的生物活性肽具有安全高效的特点，鉴定其结构并验证其功能，进而将其用于保健食品或药品，是目前食品科学研究的热点之一。

第二节 蛋白质的结构和理化性质

一、 蛋白质的结构

蛋白质的结构层次可分为一、二、三和四级结构。蛋白质的一级结构（primary structure）指氨基酸分子通过特定顺序以肽键连接形成的多肽链。对特定的蛋白质，其所含氨基酸的种类、数目以及连接顺序都是一定的。一级结构直接影响着蛋白质的理化性质与生物活性，也是蛋白质形成高级结构（二级、三级和四级结构）的基础。蛋白质的二级结构（secondary structure）是指蛋白质分子中多肽链的折叠方式，主要包括 α-螺旋（α-helix）、β-折

叠（β-sheet）和β-转角（β-turn）等周期型结构与无规则卷曲（random coil）等非周期型结构。二级结构的多肽链进一步折叠、卷曲可形成复杂球形分子结构即蛋白质的三级结构。在蛋白质的三级结构（tertiary structure）中，通常亲水性氨基酸残基倾向分布于蛋白质分子的表面而疏水性氨基酸则分布于蛋白质分子的内部，这种结构特征赋予了天然蛋白质良好的水溶性。蛋白质的四级结构（quaternary structure）是指在三级结构基础上两条及其以上多肽链通过非共价作用和（或）二硫键缔合形成的大分子体系。将构成蛋白质四级结构的每一个三级结构单元称为一个亚基。见图 4-3。

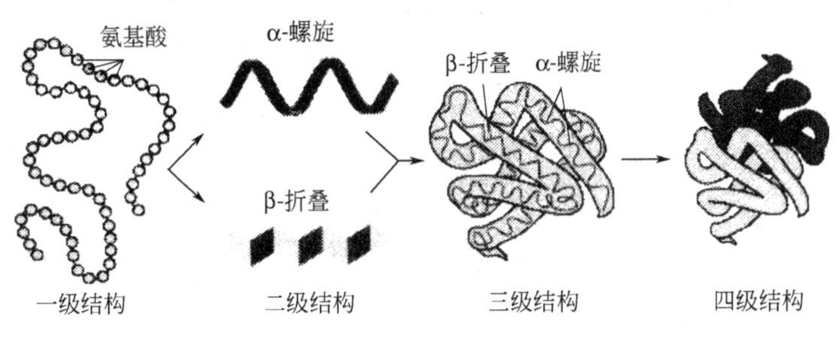

图 4-3　蛋白质的结构

目前已有 9000 多种蛋白质的资料，蛋白质四级结构水平的概念已不能满足科学发展的需要，因此蛋白质学家又在四级结构的基础上增加了两种结构层次，即超二级结构和结构域。超二级结构是指几种二级结构的组合物存在于各种结构中，结构域是指蛋白质分子中那些明显分开的球状部分。

Proteins are macromolecules with different levels of structural organization. The primary structure of proteins relates to peptide bonds between amino acids and also to the amino acid sequence in molecules. The secondary structure of proteins involves folding the primary structure. Hydrogen bonds between amide nitrogen and carbonyl oxygen are the major stabilizing force. These bonds may be formed between different parts of the same polypeptide chain or between adjacent chains.

The tertiary structure of proteins involves a pattern of folding of the chains into a compact unit that is stabilized by hydrogen bonds,van der Waals forces,disulfide bridges,and hydrophobic interactions. The tertiary structure lead to the formation of a tightly packed unit with most of the polar amino acid residues located outside and hydrated. Large molecules of molecular weights > 50000 may form quaternary structures by association of subunits,stabilized by hydrogen bonds,disulfide bridges,and hydrophobic interactions.

二、 蛋白质的理化性质

透过现象看本质

4-8. 为什么鸡蛋煮熟后会发生凝固？

4-9. 为什么空腹不宜吃柿子？

4-10. 为什么多数食物须加热后才能食用？ 

4-11. 发生重金属中毒后可以用蛋清或牛奶来解毒，其原理是什么？ 

（一）蛋白质的变性

蛋白质分子在受到一些物理因素（如加热、紫外线照射）或化学因素（如变性剂、酸、碱等）的影响时，其性质会有所改变如溶解度下降或活性丧失等。这些变化并不涉及一级结构的变化，而是蛋白质分子空间结构改变的结果，蛋白质的这种变化称为变性作用（denaturation），见图 4-4。蛋白质变性是食品科学与食品加工中的一个重要概念，常常要据此来设计工艺路线。从蛋白质伸展（unfolding）或折叠（refolding）的角度来看，维持蛋白质高级结构的作用力可分为引力（氢键、疏水相互作用、范德华力、盐键等）与斥力（构象熵、水合作用、共价键弯曲与伸展、同性粒子斥力等），前者推动蛋白质折叠，后者推动蛋白质伸展。往往某一种外界因素会同时对这两种作用力产生影响，因此蛋白质发生伸展还是收缩取决于二者之间改变的相对程度。但通常情况下，蛋白质变性的结果是外界因素使斥力增加的幅度高于引力增加的幅度，因此蛋白质变性往往表现为肽链的伸展。

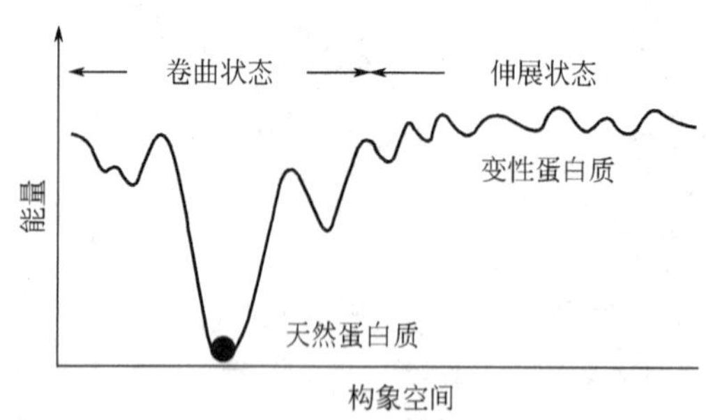

图 4-4　蛋白质的变性

Denaturation is a process that changes the molecular structure without breaking any peptide bonds of a protein. The process is peculiar to proteins and affects different proteins to different degrees,depending on the structure of a protein. Denaturation usually involves loss of biological activity and significant changes in some physical or functional properties.

蛋白质变性后，往往会发生一些物理性质、化学性质和生物性质的改变，具体表现如下。

① 蛋白质变性后，原来包埋在分子内部的疏水基团暴露在分子表面，空间结构遭到破坏的同时也破坏了水化层，导致蛋白质溶解度显著下降，如鸡蛋煮熟。

② 蛋白质变性后失去了原来天然蛋白质的结晶能力；旋光性改变，等电点提高。

③ 变性蛋白质的空间结构变为无规则的散漫状态，使分子间摩擦力增大，流动性下降，从而增大了蛋白质的黏度，降低了扩散系数。

④ 易被酶水解，提高营养价值，因此食品加热煮熟后更易被消化吸收。

⑤ 蛋白质变性后，构象改变导致原来在分子内部的基团暴露了出来，侧链基团如巯基、羟基等反应基团增加。利用这些增加的基团与相应试剂的反应可以判断蛋白质的变性程度。

⑥ 蛋白质变性后，原有的生物活性往往减弱或丧失，如酶变性后失去催化活性；血红蛋白变性后失去运输氧气的功能；抗体蛋白质变性后则丧失免疫能力。

同时，蛋白质变性也是食品杀菌的核心机制，通过各种条件使食品腐败菌或病原微生物维持其生命活动必需的蛋白质变性而达到杀灭有害微生物的目的。

Ionizing radiation,shift in pH,change in temperature,or concentration of various ions,or

addition of detergents or solvents,may cause dissociation of the oligomers into subunits,unfolding of the tertiary structure,and uncoiling of the secondary structure.

影响蛋白质变性的因素有很多，具体包括物理因素和化学因素两大类。

1. 物理因素

（1）热处理　热变性是最常见的变性现象。大多数蛋白质在45～50℃时已可察觉到变性，到55℃时变性进行得很快，在较低温度下蛋白质热变性仅涉及非共价键的变化，蛋白质变形伸展，这种在较低温度下短时间的变性为可逆变性（reversible denaturation）；但在70～80℃或以上，蛋白质二硫键受热而断裂，因此在高温下长时间变性是不可逆变性（irreversible denaturation）。

含有蛋白质成分的食品在热加工过程中会产生不同程度的变性，变性作用使疏水基团暴露并使伸展的蛋白质分子发生聚集，伴随出现蛋白质溶解度降低和吸水能力增强。一旦变性就会对蛋白质在食品中的功能特性和生物活性产生影响，有的变性是对食品有益的，有的则是有害的。

当蛋白质溶液被逐渐的加热并超过临界温度时，溶液中的蛋白质将发生从天然向变性状态的剧烈转变。此转变温度被称作熔化温度（T_m）或变性温度（T_d），此时蛋白质的天然状态和变性状态的浓度之比为1∶1。

热处理对蛋白质变性的影响规律表现在：大多数蛋白质在45～50℃时开始变性，但也有些蛋白的T_d可以达到相当高的温度。如大豆球蛋白达到93℃、燕麦球蛋白达到108℃等。变性速率取决于温度，当加热温度在临界温度以上时，每提高10℃，变性速度提高600倍，这一性质对于食品加工具有重要的意义，如高温瞬时杀菌技术就是利用高温大大提升蛋白质的变性速率，短时间内破坏食品体系中的酶和微生物，而使其他营养素损失较少。伴随加热变性，蛋白质的伸展程度相当大。比如天然血清白蛋白分子是椭圆形的，长、宽比值为3.1，经过热变性后变为5.5。

氨基酸的组成影响蛋白质的热稳定性，含有较多疏水氨基酸残基（尤其是缬氨酸、异亮氨酸、亮氨酸和苯丙氨酸）的蛋白质，其热稳定性高于亲水性较强的蛋白质。自然界中耐热生物体的蛋白质，一般含有大量的疏水氨基酸。

（2）低温　某些蛋白质经过低温处理后发生可逆变性：某些蛋白质（如麦醇溶蛋白、卵蛋白和乳蛋白等）在低温或冷冻时发生聚集和沉淀。如大豆球蛋白在2℃保藏，会产生聚集和沉淀，当温度回升至室温时，可再次溶解。低温对蛋白质变性的影响原因一方面是由于蛋白质周围的水与其结合状态发生变化，这种变化破坏了一些维持蛋白原构象的作用力，同时由于水保护层的破坏，蛋白质的一些基团就可以发生直接的接触和相互作用，导致蛋白质发生聚集或原来的亚基发生重排；另一方面，由于大量水形成冰后．剩余的水中无机盐浓度大大提高，这种局部的高浓度盐也会使蛋白质发生变性。冻豆腐的生产就是利用了低温导致蛋白质变性，形成了其特有的质地。

（3）机械处理　食品在经高压、剪切和高温处理的加工过程（例如挤压、高速搅拌和均质等）中，蛋白质都可能变性。剪切速率愈高，蛋白质变性程度则愈大，同时受到高温和高剪切力处理的蛋白质（如食品加工中的挤压膨化技术），则发生不可逆变性。

（4）高静压　高静压能使蛋白质变性，是热力学原因造成的蛋白质构象改变。它的变性温度不同于热变性，当压力很高时，一般在25℃即能发生变性；而热变性需要在0.1MPa压力下，温度为40～80℃才能发生变性；大多数蛋白质在100～1200MPa压力范围作用下才会产生变性。食品中的蛋白质经高静压处理后形成的凝胶，其组织结构、凝胶强度、外观、口感均比热处理形成的凝胶要好。如鸡蛋经500～600MPa压力处理后发生凝固，与热处理煮熟的鸡蛋不同，其味道特别鲜美，蛋黄富有弹性且呈鲜黄色，营养成分几乎没有变化（图4-5）；将鳕鱼糜在400MPa下处理10min，均可制成外观细腻、口感很好的鱼糕；高静压可以使牛肉组织嫩化，改变脂类的可塑性；高静压还可以使淀粉糊化，使陈米经高压处理后具有新米一样的口感，并缩短大米煮制的时间，可用于陈米改良和快熟大米的生产。

图4-5 600MPa高静压处理后的鸡蛋

此外，高静压可以使微生物细胞膜及细胞内的蛋白发生变性，从而导致微生物死亡和酶失活，而对食品中的营养物质、色泽、风味等不会造成破坏作用，也不形成有害的化合物，因此现在高静压加工正在成为食品加工中的一项新技术。

Pressure-induced protein denaturation is highly reversible. Most enzymes,in dilute solutions,regain their activity once the pressure is decreased. However,regeneration of near complete activity usually takes hours.

（5）辐射　电磁辐射对蛋白质的影响因波长和能量大小而异，可以通过改变分子内链段间及亚基间的结合状态而使蛋白分子变性；如紫外辐射可被芳香族氨基酸残基（色氨酸、酪氨酸和苯丙氨酸）所吸收，导致蛋白质构象的改变。辐射不仅会使蛋白质发生变性，还可能因结构的改变而导致营养价值的变化。但是，对食品进行一般的辐射保鲜时，辐射对食品蛋白质的影响极小，一是由于食品处理时所使用的辐射剂量较低，二是食品中存在水的裂解而减少了其他物质的裂解。

2. 化学因素

（1）pH　蛋白质在一定pH值范围内能保持天然状态，超出这一范围则会发生蛋白质变性。在较温和的酸碱条件下，变性可能是可逆的；而在强酸或强碱条件下，变性将是不可逆的。因为在极端pH值时，pH值的改变导致多肽链中某些基团的解离程度发生变化，因而破坏了维持蛋白质分子空间构象所必需的氢键和某些带相反电荷基团之间的静电作用形成的键。鲜牛奶制成酸奶时，蛋白质就由液体变成了半流体，原因是酸致蛋白变性。有研究认为蛋白质在等电点时最稳定。

（2）金属离子　金属离子使蛋白质变性在于它们能与蛋白质分子中的某些基团结合形成难溶的复合物，同时破坏了蛋白质分子的立体结构而造成变性。碱金属如Na^{+}和K^{+}只能有限地与蛋白质结合；Ca^{2+}、Mg^{2+}与蛋白质的结合效率略高；Ca^{2+}、Fe^{2+}、Cu^{2+}和Mg^{2+}可以成为某些蛋白质分子的组成部分，对蛋白质构象稳定起着重要作用；过渡金属如Cu^{2+}、Fe^{2+}、Hg^{2+}和Ag^{3+}等离子则很容易和蛋白质结合，能与巯基形成稳定的配合物，从而使蛋白质变性。卤水点豆腐是典型的金属离子致蛋白变性。

同一种金属离子，阴离子不同，对蛋白质变性有较大的影响。相同的离子强度，Na_2SO_4和 NaCl 使 T_d提高；而 NaSCN 和 $NaClO_4$使 T_d降低。在相同的离子强度时，阴离子对蛋白质结构稳定性影响能力的大小按下列顺序：$F^- < SO_4^{2-} < Cl^- < Br^- < I^- < ClO_4^- < SCN^- < Cl_3CCOO^-$。

(3) 有机溶剂 大多数有机溶剂属于蛋白质变性剂，因为它们能改变介质的介电常数，从而使保持蛋白质稳定的静电作用力发生变化。亲水有机溶剂通过改变蛋白分子表面性质使蛋白分子变性，疏水有机溶剂由于进入蛋白分子内部疏水区而破坏疏水相互作用，从而导致变性。高浓度下几乎所有的有机溶剂均会对蛋白质产生变性作用。医学上及食品卫生中的使用乙醇进行消毒灭菌就是利用的有机溶剂导致蛋白质变性的例子。

(4) 蛋白质变性剂和还原剂 某些有机化合物例如尿素和盐酸胍的高浓度（4～8mol/L）水溶液能断裂蛋白分子间或分子内的氢键，从而使蛋白发生变性；表面活性剂，如十二烷基硫酸钠（SDS）能通过破坏蛋白质内部的疏水相互作用，使天然蛋白质伸展变性并与变性蛋白质强烈结合；还原剂（半胱氨酸、抗坏血酸、β-巯基乙醇、二硫苏糖醇）可以使维持蛋白质高级结构的二硫键断裂而引起蛋白质变性。

（二）蛋白质的沉淀作用

由于水化层的存在，蛋白质溶液是一种稳定的胶体溶液。如果向蛋白质溶液中加入某种电解质，以破坏其颗粒表面的水化层，或调节溶液的 pH，使其达到等电点，蛋白质颗粒就会因失去电荷变得不稳定而沉淀析出。可利用蛋白质在等电点时溶解度最小，分离纯化某一种蛋白质。这种由于受到某些因素的影响，蛋白质从溶液中析出的作用称为蛋白质的沉淀作用。蛋白质的沉淀作用有可逆的和不可逆的两种类型。

1. 可逆的沉淀作用

蛋白质发生沉淀后，若用透析等方法除去使蛋白质沉淀的因素后，可使蛋白质恢复到原来的溶解状态。如在稀盐溶液中，大多数蛋白质的溶解度增加，这种现象称为**盐溶作用（salting-in）**。如果向蛋白质溶液中加入大量的盐类，如硫酸铵，蛋白质的溶解度逐渐下降，以致从溶液中沉淀出来，这称为**盐析作用（salting-out）**。

2. 不可逆的沉淀作用

重金属盐类、有机溶剂、生物碱试剂等都可使蛋白质发生沉淀，且不能用透析等方法除去沉淀剂而使蛋白质重新溶解于原来的溶剂中，这种沉淀作用称为不可逆的沉淀作用。

(1) 重金属盐沉淀蛋白质 在碱性条件下，蛋白质带负电，可与重金属离子如汞离子、铅离子结合，形成不溶性的重金属蛋白盐沉淀。

(2) 生物碱试剂沉淀蛋白质 生物碱是植物组织中具有显著生理作用的一类含氮的碱性物质。能够沉淀蛋白质的生物碱称为生物碱试剂，如单宁酸、苦味酸等都能沉淀蛋白质。

“胃柿石症”的产生就是由于空腹摄入大量含有单宁酸的柿子，使肠胃中的蛋白质凝固变性而成为不能被消化的“柿石”。

（三）蛋白质的疏水性

蛋白质的表面疏水性（或表观疏水性，surface hydrophobicity）是一个非常重要的物理化学常数，因为它与蛋白质的空间结构、蛋白质所呈现的表面性质和脂肪结合能力等有重要的关系，蛋白质的表面疏水性更能反映出它与水、其他化学物质产生作用时的实际作用情况。

疏水性可被定义为在相同的条件下，一种溶于水中的溶质的自由能与溶于有机溶剂的相同溶质的自由能相比所超过的数值。

（四）蛋白质的颜色反应

在蛋白质的分析工作中，常利用蛋白质分子中某些氨基酸或某些特殊结构与某些试剂产生颜色反应，作为测定的根据。重要的颜色反应如下。

1. 双缩脲反应

双缩脲是由两分子尿素缩合而成的化合物，将尿素加热到180℃，则两分子尿素缩合成一分子双缩脲，并放出一分子氨。

$$H_2N—CH—C—N_3 + H_2N—CH—COOR'' \longrightarrow H_2N—CH—C—NH—CH—COOR''$$

双缩脲在碱性溶液中能与硫酸铜反应产生红紫色络合物，此反应称双缩脲反应。蛋白质分子中含有许多和双缩脲结构相似的肽键，因此也能起双缩脲反应，形成红紫色络合物。通常可用此反应来定性鉴定蛋白质，也可根据反应产生的颜色在540nm处比色，定量测定蛋白质。

2. 米伦反应

米伦试剂为硝酸汞、亚硝酸汞、硝酸和亚硝酸的混合液，蛋白质溶液加入米伦试剂后即产生白色沉淀，加热后沉淀变成红色。酚类化合物有此反应，酪氨酸含有酚基，故酪氨酸及含有酪氨酸的蛋白质都有此反应。

3. 乙醛酸反应

在蛋白质溶液中加入乙醛酸，并沿试管壁慢慢注入浓硫酸，在两液层之间就会出现紫色环，凡含有吲哚基的化合物都有这一反应。色氨酸及含有色氨酸的蛋白质有此反应，不含色氨酸的白明胶就无此反应。

4. 坂口反应

精氨酸分子中含有胍基，能与次氯酸钠（或次溴酸钠）及α-萘酚在氢氧化钠溶液中产生红色产物。此反应可以用来鉴定含有精氨酸的蛋白质，也可用来测定精氨酸含量。

5. 酚试剂（福林试剂）反应

蛋白质分子一般都含有酪氨酸，而酪氨酸中的酚基能将福林试剂中的磷钼酸及磷钨酸还原成蓝色化合物（即钼蓝和钨的混合物）。这一反应常用来测定蛋白质含量。

第三节　蛋白质的功能特性

透过现象看本质

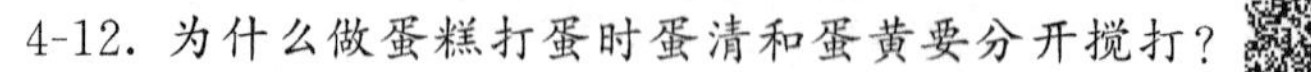
4-12. 为什么做蛋糕打蛋时蛋清和蛋黄要分开搅打？

4-13. 有没有在等电点不沉淀的蛋白质？

4-14. 所谓“植物蛋白肉”是怎么制作出来的？

4-15. 牛奶中的脂肪含量约为3%，为何牛奶中的油脂可以稳定地分散在水中？

4-16. 豆浆是怎样变成豆腐的？

食品的感官品质是人们摄取食物时的主要依据，也是评价食品质量的重要组成成分之一。食品感官品质的形成实际上一方面是由组成食品的各组分的性质决定的，另一方面也是这些成分相互作用的结果，其中蛋白质的作用尤为明显。如牛奶和豆浆不易出现油水分离与其中蛋白质的乳化特性有关；焙烤食品的质地和外观与小麦面筋蛋白的黏弹性和面团形成特性相关；乳制品的质地和凝胶形成性质取决于酪蛋白胶束独特的胶体性质；蛋糕的结构和一些甜食的搅打起泡性与蛋清蛋白的性质密切相关；肉制品的质地与多汁性则主要依赖于肌肉蛋白（如肌动蛋白、肌球蛋白、肌动球蛋白和某些水溶性肉类蛋白质）（表4-2）。

"Functionality" of food proteins is defined as "those physical and chemical properties which affect the behavior of proteins in food systems during processing,storage,prepartion, and consumption".

蛋白质的功能特性是指食品体系在加工、贮藏、制备和消费过程中影响蛋白质在食品体系中性能的那些蛋白质的物理、化学性质（表4-2）。通常情况下也可以理解为对食品品质形成有利的蛋白质的物理化学性质。蛋白质的功能特性主要包括两类：①流体动力学性质如水吸收和保持、溶胀性、黏附性、黏度、沉淀、胶凝和形成其他多种形状所需要的性质，一般与蛋白质的大小、形状和柔顺性有关；②表面性质如蛋白质的湿润性、分散性、溶解性、表面张力、乳化作用、蛋白质的起泡性及风味结合等。

表4-2　食品体系中蛋白质的功能特性

功能	作用机制	食品	蛋白质类型
溶解性	亲水性	饮料	乳清蛋白
黏度	持水性、流体力学的大小和形状	汤、调味料、色拉调味汁、甜食	明胶
持水性	氢键、离子水合	肉、香肠、蛋糕和面包	肌肉蛋白、鸡蛋蛋白
胶凝作用	水的截留和不流动性、网络形成	肉、凝胶、蛋糕、焙烤食品和奶酪	肌肉蛋白、鸡蛋蛋白、乳蛋白
黏结-黏合	疏水作用、离子键和氢键	肉、香肠、面包和焙烤食品	肌肉蛋白、鸡蛋蛋白、乳清蛋白
弹性	疏水键、二硫交联键	肉和焙烤食品	肌肉蛋白、谷物蛋白
乳化	界面吸附和膜的形成	香肠、红肠、汤、蛋糕盒调味料	肌肉蛋白、鸡蛋蛋白、乳蛋白
泡沫	界面吸附和膜的形成	搅打起泡的浇头、冰淇淋、蛋糕和甜食	鸡蛋蛋白、乳蛋白
风味结合	疏水键、截面	低脂焙烤食品和油炸面包圈	鸡蛋蛋白、乳蛋白、谷物蛋白

一、　蛋白质的水合与溶解

蛋白质分子可通过其分子表面的基团与水分子发生相互作用。对于蛋白质与水分子在固体、塑性固体（半固体）或沉淀条件下与水分子发生的作用常称为蛋白质的水合作用（hydmtion，water binding），而将蛋白质分子在溶液（常为水相）中与水分子发生的相互作用通常称为溶解（solvation）。

1. 水合作用

蛋白质分子的相对分子质量较大，其中，球蛋白类蛋白质分子表面有许多亲水基团。实验证明，1g蛋白质可结合0.3～0.5g的水（主要是非冷冻水和单层水）。由于组成蛋白质的氨基酸不同，所以不同的蛋白质水合能力不同（表4-3）。蛋白质的水合能力使蛋白质分子表面形成一层水化膜。由于这层水化膜的存在，蛋白质颗粒彼此不能接近，因而增加了蛋白质溶液的稳定性，阻碍蛋白质颗粒从溶液中沉淀出来。见表4-3。

表4-3 各种蛋白质的水合能力

蛋白质	水合能力(g H_2O/g 蛋白质)	蛋白质	水合能力(g H_2O/g 蛋白质)
纯蛋白质		胶原蛋白	0.45
核糖核酸酶	0.53	酪蛋白	0.40
溶菌酶	0.34	卵清蛋白	0.30
肌红蛋白	0.44	商业蛋白质产品	
β-乳球蛋白	0.54	乳清浓缩蛋白	0.45～0.52
胰凝乳蛋白酶	0.23	酪蛋白酸钠	0.38～0.92
血清白蛋白	0.33	大豆蛋白	0.33
血红蛋白	0.62		

蛋白质吸附水以及保留水的能力不仅能影响食品的质地结构和最终产品的得率，而且还能影响蛋白质的黏度、胶凝、凝结等其他性质。故此，研究蛋白质的水化和复水性质在食品加工中是非常有用的。干的浓缩蛋白质或分离物在应用时必须先水化，干蛋白质逐渐水合时，所经历的过程见图4-6。

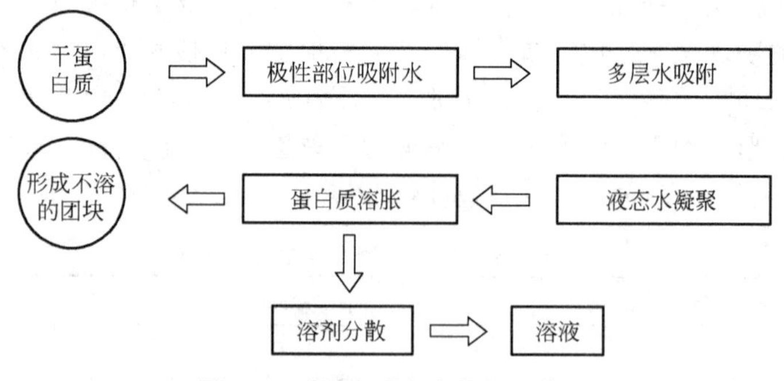

图4-6 干蛋白质与水的相互作用

干蛋白质的水化在食品加工中是常见的过程，如谷类和豆类的浸泡，面团的调制，泡发明胶、鱿鱼等制品。若在干制时蛋白质变性程度越小，则水化后复原性越好。如低温干燥脱水蔬菜、喷雾干燥的奶粉，加水后能接近新鲜品的状态。

在食品加工和保藏过程中，蛋白质持水能力比它结合水的能力更为重要。持水能力是指蛋白吸收水并将水保留在蛋白质组织（例如蛋白质凝胶、牛肉和鱼肌肉）中的能力。被保留的水是结合水、流体动力学水和物理截留水的总和。其中物理截留水对持水能力的贡献远大于结合水和流体动力学水。然而，研究工作表明，蛋白质的持水能力与结合水能力是正相关的。蛋白质截留水的能力与绞碎肉制品的多汁和嫩度有关，也与焙烤食品的松软度及其他凝胶类食品的期望质构相关。

影响蛋白质水合作用的因素包括自身因素（蛋白质的氨基酸组成、浓度、空间结构、存在形式等）与环境因素（温度、pH、离子强度、共存食品成分等）。

例如，一般来说荷电氨基酸残基的水合能力最强，极性氨基酸残基次之，而非极性氨基酸残基的水合能力很弱甚至无法水合，因此暴露在蛋白质分子表面的荷电氨基酸残基和极性氨基酸残基数量越多，蛋白质的水合作用则越强；蛋白质总的水合量随蛋白质浓度的增加而增加，而在等电点时蛋白质表现出最小的水合作用。动物被屠宰后，僵直期内肌肉组织的持水力最差，就是由于肌肉的 pH 从 6.5 下降到 5.0 左右（接近肌肉蛋白质的等电点），导致肉汁减少，嫩度下降；蛋白质结合水的能力一般随温度的升高而降低，这是由于升温破坏了蛋白质-水之间形成的氢键，降低了蛋白质与水之间的作用，并且加热使蛋白质发生了变性和凝集，降低了蛋白质的表面积和极性氨基酸与水结合的有效性；但加热处理有时也能提高蛋白质水结合能力，如结构十分致密的蛋白质，可由于加热而发生亚基的解离和分子的伸展，将原来被掩盖的一些肽键和极性基团暴露于表面，提高了蛋白质的水结合能力，或者是蛋白质在加热时发生了胶凝作用，所形成的三维网状结构容纳了大量的水，从而提高了蛋白质水结合能力；蛋白质体系中所存在的离子对蛋白质的水结合能力也有影响，这是由于水-盐-蛋白质之间发生了竞争作用的结果，低盐浓度提高了蛋白质水结合能力（盐溶作用），而高浓度盐将降低蛋白质水结合能力（盐析作用），甚至可能引起蛋白质脱水。

2. 溶解度

蛋白质的功能性质往往受蛋白质溶解度的影响，其中最受影响的功能性质是增稠、起泡、乳化和胶凝作用。不溶性蛋白质在食品中的应用是非常有限的。蛋白质的溶解度是在蛋白质-蛋白质和蛋白质-溶剂相互作用之间平衡的热力学表现形式。

蛋白质分子之间的引力（主要是疏水相互作用）促使蛋白质从水中析出，而蛋白质分子之间的斥力以及蛋白质分子与水分子之间的相互作用促进蛋白质溶解于水中。

根据蛋白质的溶解性质可将它们分成四类。①白蛋白（albumin），能溶于 pH 6.6 的水。例如，血清白蛋白、卵清蛋白和 α-乳清蛋白都是属于这类蛋白质。②球蛋白（globulin），能溶于 pH 7.0 的稀盐溶液，例如大豆球蛋白、菜豆球蛋白和 β-乳球蛋白都属于这类蛋白质。③醇溶谷蛋白（prolamin），能溶于 70% 乙醇，如玉米醇溶蛋白和麦醇溶蛋白。④谷蛋白（glutelin），仅能溶于酸（pH 2）和碱（pH 12）溶液，如小麦谷蛋白。谷蛋白和醇溶谷蛋白都是高疏水性蛋白质，一般认为谷蛋白是谷物中所特有的。

蛋白质的溶解度可用氮溶解指数（nitrogen soluble index，NSI）或蛋白质分散指数（protein dispersibility index，PDI）来衡量。蛋白质分散指数是指在一定条件下将蛋白质在水中充分分散后离心，测定上清液里面的可分散蛋白质，从而计算可分散蛋白质占总蛋白质的质量百分比。氮溶解指数测定方法与蛋白质分散指数的测定基本雷同，但其结果用溶解的氮占样品中总氮的质量百分比表示。

蛋白质溶解度的大小主要与 pH、离子强度、温度、溶剂类型和蛋白质浓度等有关。

(1) pH　蛋白质的溶解度在等电点时通常是最低的，在高于或低于等电点 pH 时，蛋白质的溶解度均增大。pH 偏离等电点越远，溶解度越高。这是因为在等电点处由于缺乏静电斥力，疏水相互作用导致蛋白质聚集而沉淀。在低于和高于等电点 pH 时，蛋白质分别带有净的正电荷或净的负电荷，带电的氨基酸残基的静电斥力和水合作用促进了蛋白质的溶解。因此，工业上常用碱法提取蛋白质，而进行酸法等电点沉淀蛋白质。蛋白质的溶解度在 p*I* 时虽然是最低的，但是对不同的蛋白质，还是有差异的。一些蛋白质如酪蛋白、大豆蛋白在等电点时几乎不溶，而乳清蛋白在等电点时的溶解性仍然很好。

(2) 离子强度　盐对蛋白质的溶解度有明显影响。通常以溶液离子强度对蛋白质溶解度的影响来反映盐对蛋白质溶解度的影响。盐一般通过影响蛋白质分子表面电荷对溶解度产生影响。在低浓度时（一般＜0.5mol/L），中性盐能提升蛋白质的溶解度，而中性盐在高浓度时（＞1mol/L），可降低蛋白质在水中的溶解度甚至产生沉淀（盐溶和盐析）。

（3）温度　在恒定的 pH 和离子强度下，大多数蛋白质的溶解度在 0～40℃范围内随温度的升高而提高，当温度超过 40℃时，由于热导致蛋白质结构的展开（变性），促进了聚集和沉淀作用，使蛋白质的溶解度下降。例如，商品的脱脂大豆粉、大豆浓缩蛋白、大豆分离蛋白的氮溶解指数，就因为加工时的处理不同而在 10%～90%。

（4）有机溶剂　有机溶剂会导致蛋白质溶解度下降或沉淀。因为加入能与水互溶的有机溶剂，如乙醇和丙酮，降低了水介质的介电常数，从而提高了蛋白质分子内和分子间的静电作用力（排斥和吸引），导致蛋白质分子结构的展开；在此展开状态下，介电常数的降低又能促进暴露的肽基团之间氢键的形成和带相反电荷的基团之间的静电相互吸引作用，这些相互作用均导致蛋白质在有机溶剂-水体系中溶解度下降甚至沉淀。

二、 界面性质

有些天然和加工食品或是泡沫（或乳状液产品）的分散体系，除非在两相界面上存在一种合适的两性物质，否则是不稳定的。蛋白质的界面性质（interfacial properties of proteins）是指蛋白质能自发地转移至气-水界面或油-水界面，并使界面得以稳定和维持的性质。蛋白质自发地从体相迁移至界面表明蛋白质处在界面上比处在体相水相中具有较低的自由能。达到平衡时，蛋白质的浓度在界面区域总是高于在体相水相中。于是，由蛋白质稳定的泡沫和乳状液体系比采用低相对分子质量表面活性剂制备的相应分散体系更加稳定。

泡沫或乳化体系类的食品，一般要利用到蛋白质的起泡性（foaming property）、泡沫稳定性（foaming stability）和乳化性（emulsifying property）等功能，如焙烤食品、甜点心、啤酒、牛奶、冰淇淋、黄油和肉馅等，这些分散体系之所以能够稳定，具有两亲性的蛋白质分子发挥着重要作用。

1. 乳化性

乳化性质是指蛋白质能使互不相容的两相（液态），其中一相以微小的液滴或液晶形式均匀地分散到另一相中形成具有相当稳定性的多相分散体系的性质。蛋白质乳化性质的基础是蛋白质的两亲性。许多食品如牛奶、乳脂、冰淇淋等属于乳胶体，蛋白质成分在稳定这些胶态体系中起着重要的作用，蛋白质对水/油体系的稳定性差，而对油/水体系的稳定性好。

Several natural and processed foods,such as milk,egg yolk,soy milk,butter,sausage,and cakes,are emulsion-type products where proteins play an important role as emulsifiers. In natural milk,fat globules are stabilized by a membrane composed of lipoproteins. When milk is homogenized,the lipoprotein membrane is replaced by a protein film comprised of casein micelles and whey proteins. Homogenized milk is more stable against creaming than natural milk because the casein micelle-whey protein film is stronger than the natural lipoprotein membrane.

蛋白质的乳化性质常用乳化能力、乳化活性指数和乳状液稳定性等指标来衡量。

（1）乳化能力（emulsion capacity，EC）或乳化容量　是指在乳状液相转变前每克蛋白质所能乳化的油的体积（mL）。一般将单位质量的蛋白质（g）配成水溶液，在不断搅拌下以不变的速度连续加入油或熔化的脂肪，记录在相转变之前所消耗的油的体积（mL）即为蛋白质的乳化能力。相转变通过测量乳化液的黏度、电导率等的突变点来确定。

（2）乳化活性指数（emulsifying activity index，EAI）　是指单位质量的蛋白质能够稳定油/水界面的面积（m^2）。可根据乳状液的浊度（透光率 T）与界面面积的关系，测得透光率（浊度）后，再计算出EAI。

（3）乳化稳定性（emulsion stability，ES）　指乳状液在各种应力（离心、加热、冷冻、静置等）作用下保持稳定的能力。ES（%）＝最终乳状液体积/最初乳状液体积×100。

The properties of protein-stabilized emulsions are affected by some factors. These include intrinsic factors, such as pH, ionic strength, temperature, presence of low-molecular-weight surfactants, sugars, oil-phase volume, type of equipment, rate of energy input, and rate of shear.

影响蛋白质乳化的因素如下。

（1）盐　在食品正常咸度的盐浓度范围内，盐主要通过影响蛋白质的溶解度而影响其乳化性质。0.5～1.0mol/L的氯化钠有利于肉馅中蛋白质的乳化，这很可能是由肌原纤维蛋白的盐溶效应所致。

（2）蛋白质的溶解性　蛋白质的溶解性越好，其乳化性也越好，但蛋白质的乳化性主要与蛋白质的亲水-亲油平衡性有关；一般来说，不溶解的蛋白质对乳化体系的形成无影响，因此，蛋白质溶解性能的改善将有利于蛋白质的乳化性能提高，例如，肉糜中有NaCl存在时（0.5～1mol/L）可提高蛋白质的乳化容量，NaCl的作用是产生盐溶作用。不过，一旦乳状液形成，不溶蛋白质在膜上的吸附对脂肪球的稳定性将产生促进作用。

（3）pH　蛋白质在等电点时如具有较大的溶解度（如血清白蛋白、明胶、蛋清蛋白等）则一般具有优良的乳化性，这些蛋白质在p*I*时乳化性最好，这时的蛋白质由于很弱的静电斥力使其能在油/水界面获得最大的吸附量而形成牢固的黏弹性蛋白质薄膜而促进乳液形成与稳定。相反，在等电点时溶解度很低的蛋白质（如大豆蛋白、酪蛋白、肌原纤维蛋白、花生蛋白等），往往在其他pH点上的乳化性质优于等电点。

（4）热作用　有些蛋白质的乳化性因热变性而增强，而有些则明显受损。

（5）小分子表面活性剂　小分子表面活性剂也会降低蛋白质的乳化性，它们会降低蛋白质膜的硬性，影响蛋白质保留在界面的能力。

2. 起泡性

起泡性（foamability）指蛋白质在气-液界面形成坚韧的薄膜使大量气泡并入并稳定的能力。食品泡沫（foam）是食品中常见的一种质地，如蛋白质酥皮、蛋糕、棉花糖和某些糖果产品、冰淇淋、蛋奶酥、啤酒泡沫等。蛋白质泡沫其实是蛋白质在一定条件下与水分、空气形成的一种特殊形态的混合物。

Food foams are dispersions of gas bubbles in a continuous liquid or semisolid phase. Many processed foods are foam-type products, including, ice cream, cakes, bread, souffles, mousses, and marshmallow. The unique textural properties and mouthfeel of these products come from the dispersed tiny air bubbles. In most of these products, proteins are the main surface-active agents that contribute to the formation and stabilization of the dispersed gas phase.

研究表明卵清蛋白是最好的蛋白质发泡剂，其他蛋白质如血清蛋白、明胶、酪蛋白、谷蛋白、大豆蛋白等也具有较好的起泡性质。蛋白质的发泡能力和泡沫稳定性之间通常是相反的，具有良好起泡能力的蛋白质泡沫稳定性一般很差，而起泡能力很差的蛋白质，其泡沫的稳定性却较好，原因是蛋白质的发泡能力和泡沫稳定性由两类不同的分子性质决定。起泡能力取决于蛋白质分子的快速扩散、对界面张力的降低、疏水基团的分布等性质，主要由蛋白质的溶解性、疏水性、肽链的柔韧性决定。泡沫稳定性主要由蛋白质溶液的流变学性质决定，如吸附膜中蛋白质的水合、蛋白质的浓度、膜的厚度、适当的蛋白质分子间相互作用。所以同时具有较好的发泡能力、泡沫稳定性的蛋白质，是在两方面性质间平衡的结果。

评价泡沫的指标一般用泡沫密度、泡沫强度、泡沫直径、起泡力（蛋白质对气体的包封能力）、泡沫稳定性（泡沫的寿命）等多个指标，尤以起泡力和泡沫稳定性最常用。

The foaming property of a protein refers to its ability to form a thin tenacious film at gas-liquid interfaces so that large quantities of gas bubbles can be incorporated and stabilized. Foaming properties are evaluated by several ways. The foaming capacity or foaming power of a protein refers to the amount of interfacial area that can be created by the protein.

Foam stability refers to the ability of protein to stabilize foams against gravitational and mechanical stresses.

（1）起泡力（foaming power，Fp） 将一定体积的蛋白质溶液通过一种具体的方法产生泡沫，然后通过计算所生成的泡沫中气体体积、液体体积，可以得出蛋白质溶液在某浓度下的发泡力。即通常用形成的泡沫和起始蛋白质溶液的体积之比表示。

起泡力一般随蛋白质浓度的增加而提高，直至达到一个最高值，起泡方法也影响此值。常用起泡力作为比较在指定浓度下各种蛋白质起泡性质的依据。

（2）泡沫稳定性（foam stability，Fs） 测定泡沫的稳定性，一般是在完成蛋白质溶液的发泡处理以后，先测定出泡沫的体积（V_0，mL），然后在一定条件下将泡沫样品放置一段时间，待一部分泡沫发生破裂后再次测定泡沫的体积（V_1，mL），选择的时间一般为30min，泡沫稳定性 $Fs(\%)=(V_0-V_1)/V_0\times100$。

泡沫产生的方法影响着蛋白质的起泡性质，产生泡沫主要有以下三种方法。

最简单的一种方法是让鼓泡的气体通过多孔分配器（例如烧结玻璃），然后通入低浓度蛋白质水溶液中，最初的气体乳胶体因气泡上升和排出而被破坏，由于气泡被压缩成多面体而发生畸变，使泡沫产生一个大的分散相体积；如果通入大量气体，液体可完全转变成泡沫，甚至用稀蛋白质溶液同样也能得到非常大的泡沫体积。

第二种起泡方法是在有大量气相存在时搅打（或搅拌）或振摇蛋白质水溶液产生泡沫，如蛋清的起泡。搅打是大多数食品充气最常用一种方法，与鼓泡法相比，搅打产生更强的机械应力和剪切作用，使气体分散更均匀。过于剧烈的机械应力会影响气泡的聚集和形成，特别是阻碍蛋白质在界面的吸附，导致对蛋白质的需要量增加。意大利咖啡卡布奇诺（Cappuccino）、意大利特浓（Espresso）等的调制中常用到奶沫，而奶沫的制作就是用了搅打法。

第三种产生泡沫的方法是通过加压方式将气体溶于蛋白质溶液后突然释放压力，溶液中气体则会膨胀而形成泡沫，如啤酒泡沫的形成。

一般来说，由蛋白质稳定的泡沫在蛋白质等电点 pH 比在任何其他 pH 条件下更为稳定，处在或接近等电点 pH，由于缺乏相互排斥作用，有利于在界面上的蛋白质-蛋白质相互作用和形成黏稠的膜。一般情况下，疏水性粒子的吸附提高了泡沫的稳定性，在 p*I* 以外的 pH，蛋白质的起泡能力往往是好的，但是泡沫的稳定性是差的。影响蛋白质起泡的因素主要有以下几个。

（1）盐类 盐对蛋白质起泡性的影响取决于盐的种类和蛋白质的性质。一般来说，蛋白质被盐析时显示较好的起泡性质，而被盐溶时则显示较差的起泡性质。氯化钠一般能提高蛋白质的发泡性能，但会使泡沫的稳定性降低，可能与盐溶降低溶液的黏度有关；Ca^{2+} 则能提高蛋白质泡沫的稳定性，这与蛋白质分子之间盐键的形成有关。

（2）糖类 糖类会抑制蛋白质起泡，但由于体相黏度的增加可以提高蛋白质泡沫的稳定性。由于糖类提高了蛋白质结构的稳定性，使蛋白质不能够在界面吸附和伸长，因此，在搅打时蛋白质就很难产生大的界面面积和大的泡沫体积。所以在制作蛋白酥皮、糕点、蛋奶酥等含糖泡沫食品时，应先搅打起泡，形成稳定的界面膜后再加糖，糖可增加泡沫结构中薄层液体的黏度而提高泡沫的稳定性。

（3）脂类 脂类对蛋白质的起泡和泡沫的稳定性都不利。当蛋白质被低浓度（0.1%）脂类污染时，脂类物质将会严重损害起泡性能，因此，无磷脂的大豆蛋白质制品、不含蛋黄的鸡蛋蛋白质、“澄清的”乳清蛋白或低脂乳清蛋白离析物与它们的含脂对应物相比，其起泡性能更好。这可能是由于脂类具有比蛋白质更好的表面活性，以竞争的方式在界面上取代蛋白质，减少了膜的厚度和黏结性，使泡沫稳定性下降。食品工业上常使用的消泡剂大多属于极性脂类，如硅油、甘油二酯等。

（4）蛋白质的变性 蛋白质加热部分变性，可以改善其起泡性。因此在产生泡沫前，适当加热处理可提高大豆蛋白（70～80℃）、乳清蛋白（40～60℃）、卵清蛋白（卵清蛋白和溶菌酶）等蛋白质的起泡性能，热处理虽然能增加膨胀量，但会使泡沫稳定性降低。若用比上述更剧烈的条件热处理则会损害起泡能力。

（5）其他 蛋白质浓度为 2%～8%时，起泡效果最好，除此之外还与搅拌时间、强度、方向等有关。要想形成足够量的泡沫，必须使搅动的持续时间和强度适合于蛋白质的充分伸展和吸附。但过度强烈搅拌会降低膨胀量和泡沫的稳定性，搅打卵清蛋白或白蛋白超过 6～8min 可引起蛋白质在空气-水界面发生聚集-絮凝。这些不溶解的蛋白质在界面不能被完全吸附，使液体薄片的黏性不能满足泡沫高度稳定性的要求。

大多数蛋白质是复合蛋白，因此，它们的起泡性质受吸附在界面上的蛋白质组分之间相互作用的影响。例如，蛋清之所以具有优良的起泡性能，是与它的蛋白质组成有关。酸性蛋白质如果适当与碱性蛋白结合，则可提高起泡性，蛋白质的乳化能力和起泡能力之间不存在紧密的相关性。塔塔粉（酒石酸氢钾）的主要用途是帮助蛋白打发及中和蛋白的碱性，颜色也会较雪白。

三、 黏度

蛋白质体系的黏度和稠度是流体食品如饮料、肉汤、沙司和奶油等的重要性质，蛋白质分散体系流动性质方面的特性对确定最佳操作条件具有实际意义，如在输送、混合、加热、冷却和喷雾干燥方面，蛋白质分散体系的流动性都影响到质和热的传递。

黏度反映了一种液体对流动的阻力，而影响蛋白质流体黏度性质的主要因素是分散的蛋白质分子或颗粒的表观直径。

四、 胶凝作用

凝胶是介于固体和液体之间的一个中间相，它是由聚合物经共价或非共价键交联而形成的一种网状结构，能截留水和其他低分子量的物质。

A gel consists of a three-dimensional lattice of large molecules or aggregates,capable of immobilizing solvent,sollutes,and filling materials. Protein gelation refers totransformation of a protein from the "sol" state to a "gel like" state. This transformation is facilitated by heat, enzymes, or divalent cations under appropriate conditions. All these agents induce the formation of a network structure. However, considering the types of covalent and noncovalent interactions involved, the mechanism of network formation can differ remarkably.

蛋白质的胶凝（gelation）与蛋白质的缔合、聚集、聚合、沉淀、絮凝和凝结等均是属于蛋白质分子在不同水平上的聚集变化，但相互之间也有一定区别。蛋白质的缔合（association）是指蛋白质在亚基或分子水平上发生的变化；聚合（polymerization）或聚集（aggregation）一般是指较大的聚合物的生成；沉淀（precipitation）是指由于蛋白质的溶解性部分或全部丧失而引起的聚集反应；絮凝（flocculation）是指蛋白质未变性时所发生的无序聚集反应；凝结（coagulation）是变性蛋白质所产生的无序聚集反应；胶凝（gelation）则是变性蛋白质发生的有序聚集反应。

蛋白质的胶凝作用（gelation）是指变性的蛋白质分子聚集并形成有序的蛋白质网络结构的过程，胶凝后形成的产物是凝胶。胶凝作用是某些蛋白质非常重要的功能性质，不仅可以用来形成固态黏弹性凝胶，而且可以增稠，提高吸水性和颗粒黏结、乳状液或泡沫的稳定性，在许多食品的制备中起着主要作用，包括豆腐、皮蛋、酸奶、奶酪、米粉、果冻、凝结蛋白、明胶凝胶、各种加热的肉糜或鱼糜制品、大豆蛋白凝胶和面包面团的制备等。

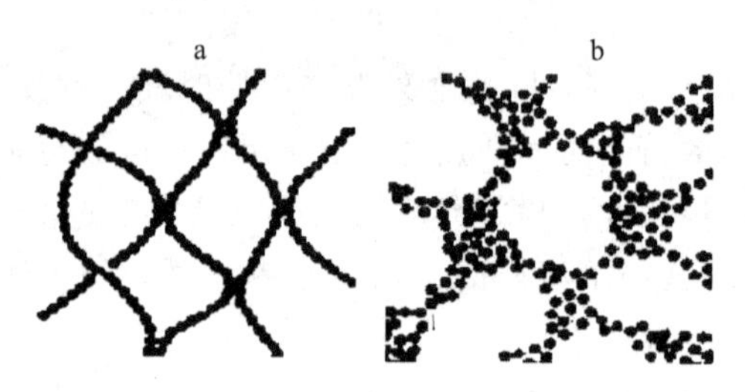

图 4-7　蛋白质的网络结构

蛋白质网络（图 4-7）的形成一般认为是蛋白质之间和蛋白质与溶剂（水）之间的相互作用及邻近的肽链之间的吸引力和排斥力产生平衡的结果。疏水相互作用、静电相互作用、氢键键合和二硫键等都可影响凝胶的形成。

蛋白质的胶凝过程一般可以分为两步：①蛋白质分子构象的改变或部分伸展，发生变性；②单个变性的蛋白质分子逐步聚集，有序地形成可以容纳水等物质的网状结构。

食品中的蛋白质因其结构和形成凝胶的条件，可分为可逆或不可逆凝胶。可逆凝胶通常靠氢键等非共价键相互作用形成，在加热时熔融，并且这种凝结-熔融可反复多次，为热可逆凝胶，如明胶形成的凝胶网络结构。不可逆凝胶如蛋清凝胶是靠疏水相互作用形成的凝胶网络结构，这种凝胶很多不透明；卵清蛋白和β-乳球蛋白形成的不可逆凝胶因为含半胱氨酸和胱氨酸，在加热时易形成二硫键；豆腐则是钙盐等二价离子盐形成的凝胶；皮蛋则是不加热而经部分水解或 pH 调整到等电点而形成的凝胶。

影响蛋白质凝胶化的因素包括内在因素及环境因素如下。

（1）蛋白质的种类　分子量大和疏水氨基酸含量高的蛋白质容易形成稳固的网络，原因在于蛋白质分子的解离和伸展，使反应基团更易暴露，有利于蛋白质与蛋白质的疏水相互作用。

（2）蛋白质的浓度　为了形成一个静止后自动凝结的凝胶网状结构，一个最低蛋白质浓度即最小浓度终点（least concentration endpoint，LCE）是必需的。大豆蛋白、蛋清蛋白和明胶的 LCE 分别是 8%、3%和 0.6%。

（3）pH、盐和其他添加剂　在等电点 pH 附近，蛋白质通常形成凝结块凝胶，在极端

pH，由于强烈的静电排斥作用，蛋白质形成了弱凝胶；对于大多数蛋白质，形成凝胶的最适 pH 为 7～8；大豆蛋白、乳清蛋白和血清蛋白可通过添加钙离子等盐类，提高胶凝速度和凝胶强度，但酪蛋白、血纤维蛋白等则只需适度酶解即可形成凝胶。

利用大豆蛋白制备豆腐是蛋白质凝胶的一个典型例子，大豆蛋白在 Ca^{2+} 和 Mg^{2+} 这样的二价离子作用下可形成网状的交联结构，将水分包裹于其中（图 4-8）。采用这种方法也可制备海藻酸盐凝胶以用于生产果冻、珍珠奶茶等产品。

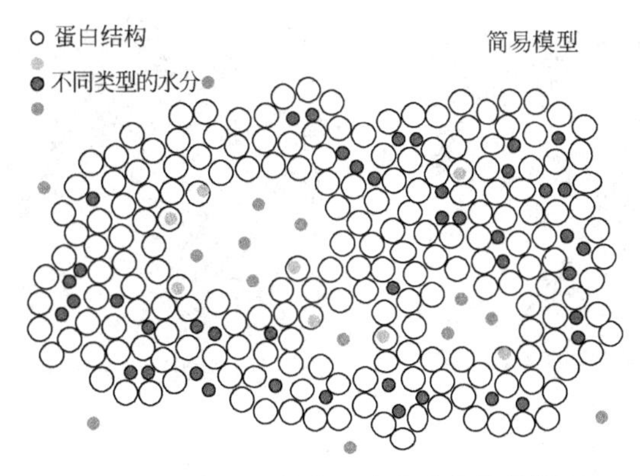

图 4-8　豆腐微观结构和水分分布简易模型

Divalent cations,such as Ca^{2+} and Mg^{2+}, can also be used to form protein gels. These ions form cross-links between negatively charged groups of protein molecules. A good example of this type of gel is tofu from soy proteins. Alginate gels also can be formed by this way.

在室温下一些特殊的酶催化蛋白质交联能导致凝胶网状结构的形成，常采用转谷氨酰胺酶制备大豆蛋白凝胶。它能催化蛋白质分子的谷氨酰胺和赖氨酰基之间形成 ε-(γ-谷氨酰胺)赖氨酰基交联。采用此酶催化交联可以在蛋白质浓度较低的情况下制备出高弹性和不可逆凝胶。

限制性的水解有时也可促进蛋白质凝胶的形成，干酪的制作就是一个典型的例子。在牛乳酪蛋白胶束中加入凝乳酶，导致凝结块凝胶的形成。

Formation of protein gels can sometimes be facilitated by limited proteolysis. A well-known example is cheese. Addition of chymosin(rennin)to casein micelles in milk results in the formation of a coagulum type gel.

五、 面团的形成

面团形成（dough formation）是指小麦粉和适当水在室温下混合（mixing）、揉搓（kneading），形成具有强内聚力和黏弹性的糊状物的过程。面团形成是利用面粉制作面包、馒头、拉面等面制品的基础，面团的性能直接决定着这些面制品的品质。一般来说，在各种谷物粉中，只有小麦粉能形成持气性（gas holding capacity）较好的面团，其他如大麦粉、荞麦粉、燕麦粉、玉米粉等谷物粉都无法形成面团，近年来的新品种糯小麦也具有形成面团的性质。

小麦粉能形成面团，主要源于其中的蛋白质。小麦面粉中的蛋白质分为可溶性和不溶性两类，其中可溶性蛋白大约占总蛋白的 20%，主要为白蛋白、球蛋白和少量的糖蛋白，它们对面团的形成无较大影响；占小麦总蛋白 80%的是水不溶性的面筋蛋白，主要包括麦醇溶蛋白（溶解于70%乙醇）和麦谷蛋白（不溶于水和乙醇但可溶于酸或碱）。麦粉面筋含量是衡量小麦加工品质的重要指标，也是衡量小麦营养品质和食用品质的主要指标。

面团形成过程是按一定顺序和操作工艺进行，各种配料充分混合，面筋吸水胀润，面团逐渐变软，黏性减弱，弹性增强，体积膨大。经过分散、吸水和结合三个阶段，最终形成一个均匀、完整，且气相、液相、固相按一定比例，富有弹性的面块。该面团可视为一个水合蛋白质网络基质，淀粉颗粒在其中以高浓度分散的形式存在，起着填料作用（图 4-9）。

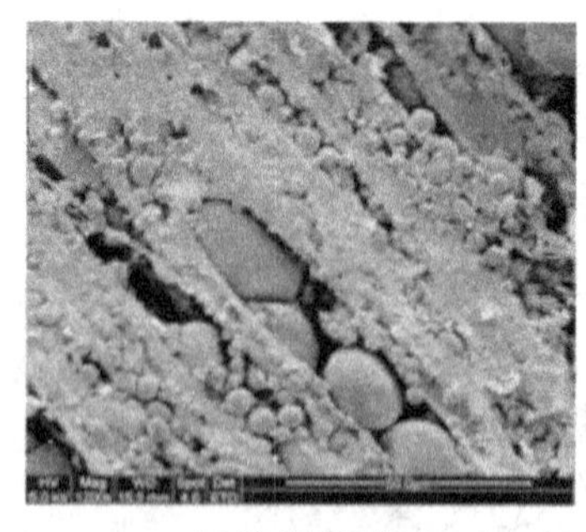

(a) 放大1200倍

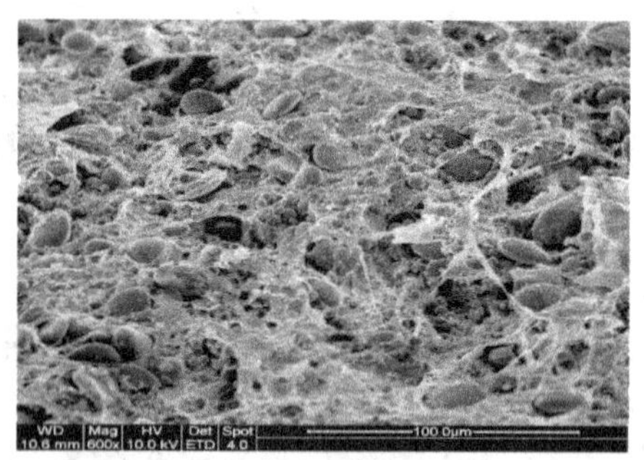

(b) 放大600倍

图 4-9 面团的微观结构

在分子结构特点方面，麦醇溶蛋白（也叫麦胶蛋白）是以单分子形式存在的，呈椭圆形，通过分子内二硫键稳定其结构，α-螺旋结构较多，β-折叠结构较少，分子十分致密，相对分子质量在 30000～45000；麦谷蛋白是通过分子内和分子间二硫键相互交联的亚基而组成的高分子量聚合物，聚合物的分子量范围广，由柱层析已推算出从十万至几百万。

面团的黏弹性和面团强度主要取决于麦谷蛋白和麦醇溶蛋白的不同比例，因而两种蛋白质适当的比例对于面包制作是很重要的。麦谷蛋白反映出面团的韧性、弹性、强度和抗拉伸阻力；麦醇溶蛋白则能促进面团的易流动性，反映出面团的延伸性和膨胀性。这两种蛋白质相互作用使面团既有合适的弹性、韧性，又有理想的延伸性。麦谷蛋白含量过多使面团韧性过大，会抑制发酵过程中截留的 CO_2 气泡膨胀、导致表皮鼓起和面包焙烤成型后空气泡的产生；麦醇溶蛋白含量过多则面团产生过大的伸长度，薄膜更易破裂并且可渗透，无法有效保留 CO_2，导致面包瘪塌，影响外观。所以要求面包专用粉不仅含两种蛋白质数量多，而且二者比例必须适当。

麦醇溶蛋白和麦谷蛋白都不溶于水，这是加水和面能形成面筋的关键，它们在面筋中呈干凝胶状。当遇水后就吸收膨胀彼此连接形成具有延伸性、韧性、弹性、可塑性的面筋。从面团流变学特性看，麦谷蛋白为面团提供强度和延伸阻力（筋力），而麦胶蛋白为面团提供流动性和延展所需的黏合性。是面粉在混合和揉搓的过程中，面筋蛋白质开始取向，排列成行和部分伸展，分子内和分子间形成的二硫键将增强疏水相互作用。当最初的面筋颗粒转化成薄膜时，此时形成三维空间的黏弹性蛋白质网络可起到截留淀粉粒和其他面粉成分的作用。

六、蛋白质的组织化

世界上提供营养的蛋白质中，动物来源的蛋白质一般占 20%，而植物来源的占 80%。植物蛋白主要来源于谷类（占 57%）和含油种子（占 16%）。在许多食品体系中，蛋白质是构成食品结构和质地的基础，无论是生物组织（鱼和肉的肌原纤维蛋白），还是配制食品（如面团、香肠、肉糜等）。许多植物蛋白呈球状结构，它们尽管可以大量获得，但在食品加工中仅能在有限范围内使用。20 世纪 50 年代中期取得的许多技术进展使这些蛋白质应用更为广泛，包括将球蛋白改性成纤维状结构。

所谓蛋白质的组织化（systematization）就是通过加工植物蛋白使其成为具有咀嚼性及持水性的纤维状产品，从而模拟肉产品或其替代品，有时也称为蛋白质结构化（structurisation）。

1. 组织化的原料

以下几种蛋白质源适于生产组织化产品：大豆；酪蛋白；小麦面筋；棉花种子、落花生、芝麻、向日葵、红花或菜子等含油种子；玉米胶质（玉米蛋白）等。

用于形成结构的蛋白质组成的适宜比例不同，但是分子质量应该在 10～50kDa。低于 10kDa 的蛋白质成纤维性不强，而高于 50kDa 的蛋白质由于高黏度以及在碱性 pH 值环境中易于成胶，也是不利的。为了提高分子间链的黏合，含极性链的氨基酸残基的比例应该高一点。庞大的侧链阻挠这些反应，所以带有复杂支链的氨基酸的量应该少一些。

2. 蛋白质组织化的方法

一般蛋白质组织化的方法主要有以下几种。

（1）热凝固（heat solidification）和薄膜形成（film formation） 豆浆在 95℃保持几小时，表面会形成一层薄膜，如腐竹的生产。一般工业化蛋白质成膜是在光滑的金属表面进行的。

（2）纤维形成 如纤维纺丝（spinning），可制成各种风味的人造肉。如大豆蛋白纺丝就是在 pH 10 时制备高浓度（10%～40%）的纺丝溶液→脱气→澄清→通过管芯板，每平方厘米 1000 孔，孔径为 50～150μm→酸性氯化钠溶液（等电沉淀或盐析）→压缩→成品。

（3）热塑挤压（cooking extrusion） 此方法可使植物蛋白变成干燥的纤维状颗粒或小快，复水时具有咀嚼性的质地。方法为使蛋白质中的含水量为 10%～30%，在高压（10～20MPa）下，高温（在 20～150s 内温度升高到 150～200℃）和强剪切力作用下转变成黏稠状态，快速地通过模具被挤出，在压差和温差的推动下，物料水分迅速蒸发并膨胀形成多孔结构，即所谓的组织化蛋白（俗称膨化蛋白）。它在吸收水后，变为纤维状、具有咀嚼性能的弹性结构［图 4-10(a)］。一般在蛋白质中加入淀粉可改善其质地。热塑挤压是目前植物蛋白组织化的主要方法，在食品中可应用于肉丸、馄饨、汉堡包等的肉替代物、填充物［图 4-10(b)］。

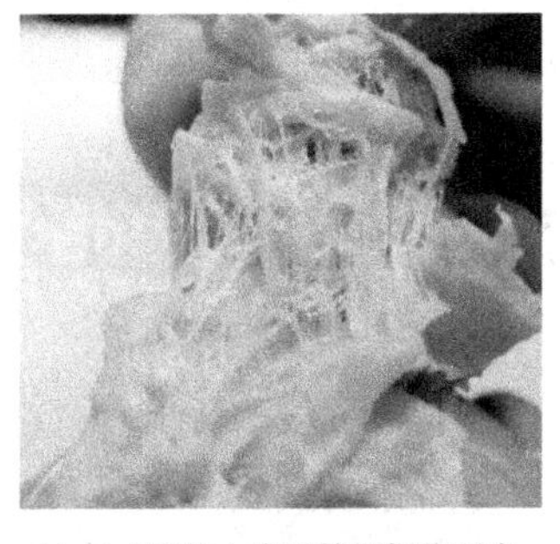

(a) 复水后的小麦面筋组织化蛋白

(b) 组织化蛋白替代肉丸制品

图 4-10 复水后的小麦面筋组织化蛋白和组织化蛋白替代肉丸制品

七、 蛋白质的风味结合作用

蛋白质风味结合作用（flavor binding）指蛋白质分子可与食品中的一些风味化合物发生结合而使后者持留在食品体系中的作用。蛋白质本身是没有气味的，然而它们可以结合风味化合物，因此影响食品的感官特性。蛋白质风味结合作用对食品有有利的方面也有不利的方面。蛋白质可通过风味结合作用与食品期望的香气成分结合而使其在食品加工或贮藏期间不散失，而当食品被消费时，这些风味物质能在口腔内迅速而不失真地释放产生食品特有的香气。但另一方面，某些蛋白质食品中本身有一些让人难以接受的异味（如豆腥味、膻味等），产生这些异味的风味物质也能够与蛋白质结合而使其难以被除去，使食品在入口被咀嚼时仍有异味。

还可用蛋白质作为风味载体，例如组织化植物蛋白可产生肉的风味，要使所有挥发性风味成分在贮藏和加工中能始终保持不变，并在口腔内迅速全部不失真地释放，只有通过对挥发性化合物与蛋白质结合的机理研究才能得到解决。

挥发性的风味物质与水合蛋白之间是通过疏水相互作用结合，因此，任何影响蛋白质疏水相互作用或表面疏水作用的因素，在改变蛋白质构象的同时，都会影响风味的结合，例如水分活度、pH、盐、化学试剂、水解酶、变性及温度等。

（1）水　水能促进蛋白质对极性风味化合物的结合而对非极性化合物则没有影响。在干燥的蛋白质中挥发物的扩散是有限的，加水就能提高极性挥发物的扩散速度和与结合部位结合的机会。脱水处理，如真空冷冻干燥，能使最初被蛋白质结合的挥发物质释放50%以上。

（2）pH　酪蛋白在中性或碱性pH时比在酸性pH溶液中结合的羧基、醇或脂类挥发性的物质更多，这是与pH引起的蛋白质构象变化有关。

（3）盐　凡能使蛋白质解离或二硫键断裂的盐类，都能提高蛋白质的风味结合能力；盐溶类盐由于使疏水相互作用去稳定，降低风味结合；而盐析类盐提高风味结合。凡能使蛋白质解离或二硫键裂开的试剂，均能提高对挥发物的结合。

（4）水解作用　蛋白质水解后其风味结合作用严重被破坏；如1kg大豆蛋白能结合6.7mg正己醛，但是用一种酸性细菌蛋白酶水解后只结合1mg。因此，蛋白质水解可减轻大豆蛋白的豆腥味，此外，用醛脱氢酶使被结合的正己醛转变成己酸也能减少异味。

（5）热变性　热变性一般会使蛋白质的风味结合作用有所加强；如10%的大豆蛋白离析物水溶液在有正己醛存在时于90℃加热1h或24h，然后冷冻干燥，发现其对己醛的结合量比未加热的对照组分别大3倍和6倍。

第四节　蛋白质在加工贮藏中的变化

透过现象看本质

4-17. 为什么大豆最好要经过热处理才能食用？

4-18. 烤面包时，为什么会产生金黄色至棕褐色的色泽？

4-19. 煎鸡蛋时，鸡蛋液为什么在油中加热会变成固态？

4-20. 为什么冷冻鱼肉解冻后又干又硬？

食品的加工常涉及加热、冷却、干燥、化学试剂处理、发酵、辐照或各种其他处理，这些处理方法能使微生物失活，使内源酶失活，以免食品在保藏中产生氧化和水解，也能使生的食品配料转变成卫生的和感官上吸引人的食品。某些处理能消除特定食物可能对人体造成的不良效应，如牛β-乳球蛋白、α-乳清蛋白和大豆蛋白产生的过敏反应。但是通过加工，食品蛋白质在产生上述有益效应的同时也会发生一些有害效应，损害了蛋白质营养价值和功能性质。

一、 热处理

在食品加工中，以热处理（thermal treatment）对蛋白质的影响较大，影响的程度取决于加热时间、温度、湿度以及有无还原性物质等因素。热处理涉及的化学反应有变性、分解、氨基酸氧化、氨基酸新键的形成等。

1. 蛋白质加热处理后的有益作用

蛋白质热处理后发生热变性，使原来折叠部分的肽链松散，容易受到消化酶的作用，有利于人体的消化和吸收。

蛋白质的热凝固有利于食品造型，大多数蛋白质在热处理达到凝固程度后可发挥食品的骨骼作用，从而赋予食品应有的形态和强度。烹制鸡蛋时，蛋清中的长链蛋白质分子展开后，与其他蛋白质分子以新的化学键连接成网状结构，并挤压出其中的水汽，因此蛋清凝固变为不透明物质。同时加热蛋白质的时间越长，网状结构越牢固，越紧密，食物就变得越坚硬。

蛋白质中的赖氨酸、精氨酸、色氨酸、苏氨酸和组氨酸等，在热处理过程中容易与还原糖（如葡萄糖、果糖、乳糖等）形成羰氨反应，即美拉德反应，使产品带有金黄色至棕褐色的焙烤特有色泽，这在糖果、焙烤、熏制食品等的热加工过程中有广泛的应用。

适当的热处理会产生一定的风味物质，有利于食物感官质量的提高。

植物组织中存在的大多数抗营养因子或蛋白质毒素，可通过加热变性或钝化，如生大豆中的胰蛋白酶抑制剂、细胞凝集素等。

蛋白质经适当热处理后可抑制有害酶活性，赋予食品特殊的色、形和味，如生豆浆中产生豆腥味的脂肪氧化酶等。

2. 蛋白质热加热处理后的不利作用

长时间的加热导致蛋白质发生氧化、交联反应或形成新的酰胺键等，造成蛋白质的过度变性，从而难以被消化酶水解，造成消化迟滞，营养价值降低，同时食品的风味也随之降低。

蛋白质氨基酸中以胱氨酸对热最敏感，在没有糖类化合物存在的条件下，蛋白质在115℃加热27h，将有50％～60％的胱氨酸被破坏，并产生硫化氢。在强烈加热过程中，赖氨酸的ε-氨基容易与天门冬氨酸或谷氨酸之间发生交联反应（cross-linking reaction），形成交联肽键，这些反应既可以在同一肽链中发生，也可以在邻近的肽链中发生。粮谷在加工中，经膨化或烘烤能使蛋白质中的赖氨酸因形成新的肽键而受到损失或者变得难以消化，从而影响蛋白质的营养价值。

二、 低温处理

1. 冷却（cooling）

将食品的贮藏温度控制在略高于食品的冻结温度，此时微生物的繁殖受到抑制，蛋白质较稳定，对食品风味的影响较小。

2. 冷冻（freezing）

食品冷冻贮存，能抑制微生物的繁殖、酶活性及化学变化，从而延缓或防止蛋白质的腐败。然而冰冻肉类时，肉组织会受到一定程度的破坏。解冻时间过长，会引起相当量的蛋白质降解，而且水-蛋白质结合状态被破坏，代之以蛋白质-蛋白质之间的相互作用，形成不可逆的蛋白质变性。这些变化导致蛋白质持水力丧失。例如，冰冻鱼类时，由于肌球蛋白不稳定，容易变性，使肌肉硬化，肌肉的持水力降低，因此，解冻以后鱼体变得既干且韧，鱼肉的质构劣变。

关于冷冻使蛋白质变性的原因，主要是由于蛋白质质点分散密度的变化而引起的。由于温度下降，水结晶逐渐形成，同时一部分结合水发生冻结，使蛋白质分子中的水化膜减弱甚至消失，蛋白质侧链暴露出来，同时加上在冻结中形成的水结晶的挤压，使蛋白质质点互相靠近而结合，致使蛋白质质点凝集沉淀。这种作用主要与冻结速度有关，冻结速度越快，水结晶越小，挤压作用也越小，变性程度就越小。根据这个原理，食品工业都采用快速冷冻法，以避免蛋白质变性，保持食品原有的质地。

三、 脱水与干燥

食品经过脱水干燥（dehydration）后便于贮存与运输。但干燥时，如温度过高、时间过长，蛋白质结构受到破坏，则引起蛋白质变性，因而食品的复水性降低，硬度增加，风味变劣。目前最好的干燥方法是冷冻真空干燥，使蛋白质的外层水化膜和蛋白质颗粒间的自由水在低温下结成冰，然后在高真空下升华除去水分而达到干燥保存的目的。使用真空干燥法，不仅蛋白质变性极少，还能保持食品原来的色、香、味。

四、 碱处理

对食品进行碱处理，主要目的是植物蛋白的助溶、油料种子去黄曲霉毒素、煮玉米加强人体对B族维生素的利用率。但该过程对蛋白质影响较大，尤其是伴随有加热的过程。蛋白质经过碱处理后，能发生很多变化，生成各种新的氨基酸。能引起变化的氨基酸有丝氨酸、赖氨酸、胱氨酸和精氨酸等。如大豆蛋白在pH值12.2、40℃条件下加热4h后，胱氨酸、赖氨酸逐渐减少，形成脱氢丙氨酸残基（DHA），而DHA是反应活性很高的物质，可与蛋白质分子中的ε-氨基、δ-氨基、巯基反应，形成蛋白质的交联；交联反应导致必需氨基酸的损失，降低蛋白质消化率并生成有毒的赖氨基丙氨酸，如在小白鼠的喂养中发现300mg/kg的赖氨基丙氨酸可致肾病变、腹泻等。常见的食品如玉米片、椒盐卷饼、浓炼乳、UTH奶、脱脂炼乳、人造干酪、蛋清粉、酪蛋白酸钠、水解植物蛋白、大豆分离蛋白、酵母抽提物等中都含有一定水平的赖丙氨酸。碱处理还可使精氨酸、胱氨酸、色氨酸、丝氨酸和赖氨酸等发生构型变化，由天然的L-型转变为D-型，降低了营养价值。

五、辐射

辐射（radiation）技术是一种利用放射线对食品进行杀菌、抑制酶的活性、减少营养损失的加工保藏方法。辐射处理后，蛋白质有轻度的辐射分解。肉类食品在射线作用下最易发生脱氨、脱羧、硫基氧化、交联、降解等作用，即所谓“辐照臭”，使食品风味有所降低。蛋白质受辐射破坏的程度依据蛋白质本身的性质及辐射状况而异，能与水发生自由基反应的物质存在越多，蛋白质受损就越少。胱氨酸是最易被破坏的，其次是酪氨酸和组氨酸。一般来说，辐射对氨基酸和蛋白质的营养价值无多大影响（营养价值约降低9%），与一般加热消毒差不多，但往往使得颜色、风味及组织发生变化。

六、氧化

在食品加工时为了各种目的（杀菌、漂白、除去残留农药等）常常使用一定量的氧化剂，如使用H_2O_2灭菌等。各种氧化剂会导致蛋白质中的氨基酸残基发生氧化反应。最易被氧化的是蛋氨酸、半胱氨酸、胱氨酸、色氨酸等，在较高温度下或脂质自动氧化较甚时，几乎所有的氨基酸均能遭受损伤。蛋氨酸氧化的主要产物为亚砜、砜，亚砜在人体内还可以还原被利用，但砜就不能被利用。半胱氨酸的氧化产物按氧化程度从小到大依次为次磺酸半胱氨酸、亚磺酸半胱氨酸与磺酸半胱氨酸。胱氨酸的氧化产物亦为砜类化合物，色氨酸的氧化产物由于氧化剂的不同而不同，其中已发现的氧化产物之一，甲酰犬尿氨酸是一种致癌物。为防止这类反应的发生，可采取加抗氧剂、除氧等措施防止蛋白质被氧化。

第五节　食品中的蛋白质

透过现象看本质

4-21. 五花肉在放置长时间后，色泽会出现哪些变化？其原因是什么？

4-22. 为什么小麦粉可以制作出面包？

4-23. 为什么经过腌制以后的鸡肉，经过熟化以后的产品更加弹力十足？

食品蛋白质可以分为动物源和植物源两大类（也有微生物来源的蛋白质）。动物蛋白质（如肉类、乳、蛋、水产品中的鱼类）和谷物蛋白质（在东方则还包括大豆蛋白质）是所谓的传统食品蛋白质，在人类的日常消费中最为重要，也是食品加工中重要的食品成分或配料。

一、 动物蛋白

1. 乳蛋白

Milk proteins have found various applications in formulated foods,such as meatextenders. The proteins of cow' s milk can be divided into two groups:caseins,which are phosphoproteins and comprise 80 percent of the total weight and milk serum proteins,which make up about 20 percent of the total weight. The latter group includes β-lactoglobulin(8. 5 percent), α-lactalbumin(5. 1 percent),immune globulins(1. 7 percent),and serum albumins. In addition, about 5 percent of milk' s total weight is nonprotein nitrogen(NPN)-containing substances, which include peptides and amino acids. Milk also contains very small amounts of enzymes, including peroxidase,acid phosphatase,alkaline phosphatase,xanthine oxidase,and amylase.

牛乳蛋白质（milk proteins）主要由酪蛋白（casein）和乳清蛋白（whey）两大类组成，其中酪蛋白约占总蛋白的80%，包括αs1-酪蛋白、αs2-酪蛋白、β-酪蛋白和κ-酪蛋白；乳清蛋白约占总蛋白的20%，包括β-乳球蛋白和α-乳白蛋白；此外，牛乳中还含有一些其他的生物活性蛋白、肽类等，如免疫蛋白、乳铁蛋白、溶菌酶、其他的酶类等。

牛奶蛋白质中氨基酸组成与人乳较相近且含有人体不能合成的8种必需氨基酸，由于氨基酸构成的比例较平衡，氨基酸的利用率高，合成人体蛋白时生物效价也高。1L牛奶所含的蛋白质完全可以满足一个成年人一天所需要的必需氨基酸，而且牛奶蛋白质在人体内的消化速度比肉类、鸡蛋、鱼、粮食等都快。

牛奶蛋白质中赖氨酸含量丰富，而植物性食物如面粉、大米中赖氨酸的含量都较少，经常喝牛奶可以补充赖氨酸的不足，牛奶中的蛋氨酸有促进钙的吸收、预防感染的作用，也是人体必需的氨基酸。与植物性蛋白质相比，牛奶蛋白质的生物价值为85%，而谷物蛋白质生物价值只有60%～70%，牛奶蛋白质有极高的消化性，所以特别适合于婴幼儿、发育期的青少年、老年人和肝脏病患者的食用。牛奶蛋白质的不足之处是酪蛋白含量较高，消化吸收较慢。体重60kg的人，每天喝250g新鲜牛奶，能获得每天需要蛋白质的20%～25%（蛋白质摄入量为每千克体重0. 9g/d），氨基酸需要量的50%。

目前酪蛋白主要作为食品原料或微生物培养基使用，利用蛋白质酶促水解技术制得酪蛋白磷酸肽（CCP），其具有防止矿物质流失、预防龋齿，防治骨质疏松与佝偻病，促进动物体外受精，调节血压，治疗缺铁性贫血、缺镁性神经炎等多种生理功效，尤其是能促进常量元素（Ca、Mg）与微量元素（Fe、Zn、Cu、Cr、Ni、Co、Mn、Se）高效吸收，它可以和金属离子，特别是钙离子结合形成可溶性复合物，一方面可有效避免钙在小肠中性或微碱性环境中形成沉淀，另一方面也可在没有维生素D参与的条件下促进肠壁细胞对钙的吸收，所以CPP被认为是最有效的促钙吸收因子之一，为补钙制品的研发提供了一种新方法。

乳清蛋白中不同于酪蛋白，其粒子的水合能力强、分散性高，在乳中呈高分子状态。主要的乳清蛋白按含量递减依次为β-乳清蛋白、α-乳清蛋白和血清白蛋白。在天然或未变性时，乳清蛋白在pH 4. 6保持可溶状态；加工乳酪时，当酪蛋白从脱脂牛乳中凝结出来后，乳清蛋白可保留在乳清中；乳清蛋白加热可形成热诱导性凝胶，并保持大量水分。乳清蛋白每个分子中既有亲水基团又有疏水基团，这种结构赋予乳清蛋白极佳的表面活性和乳化稳定性。在糖果、烘焙食品和肉制品、色拉罐头、汤和沙司中得到广泛应用。

乳清蛋白在较宽的pH、温度和离子强度范围中具有良好的溶解度，甚至在等电点附近，即 pH 4～5 仍然保持溶解。乳清蛋白的表面性质和溶液经热处理后形成稳定凝胶的特性对于在食品中的应用非常重要。乳清蛋白较易被消化吸收，母乳中乳清蛋白含 60%，酪蛋白含 40%，故喝母乳的婴儿粪便较软，量也较少。另外，乳清中富含半胱氨酸和蛋氨酸，它们能维持人体内抗氧化剂的水平。还有许多实验研究都证明，服用乳清蛋白浓缩物能促进体液免疫和细胞免疫，刺激人体免疫系统，增强免疫力，阻止化学诱发性癌症的发生。

2. 肌肉蛋白

Meat contains three general types of proteins:soluble proteins,which can easily be removed by extraction with weak salt solutions(ionic strength ≤ 0. 1);contractile proteins;and stroma proteins of the connective tissue. The soluble proteins are classed as myogens and myoalbumins. The myogens are a heterogeneous group of metabolic enzymes. After extraction of the soluble proteins, the fibril and stroma proteins remain. They can be extracted with buffered 0. 6 M potassium chloride to yield a viscous gel of actomyosin.

肉类是人类最重要的食物，也是重要的蛋白质来源之一。肉制品的主原料通常指畜禽（牛、猪、马、羊、鸡）和兽（野猪、鹿）等。肉类蛋白质含量为 10%～20%，主要位于肌肉组织中，其中肌浆中蛋白质占 20%～30%，肌原纤维中占 40%～60%，间质蛋白占 10%～20%。肌肉组织的蛋白质主要可区分为三大类。

（1）肌原纤维蛋白质（myofibrillar protein） 肌原纤维蛋白亦称为肌肉的结构蛋白质，主要有肌球蛋白（肌凝蛋白）、肌动蛋白（肌纤蛋白）、肌动球蛋白（肌纤凝蛋白）和肌原球蛋白等。肌球蛋白的等电点为 5.4 左右，在温度达到 50～55℃时发生凝固，它具有 ATP 酶的活性。肌动蛋白的等点电为 4.7，与肌球蛋白可以结合为肌动球蛋白，可溶于盐溶液中。肌原纤维蛋白中的肌球蛋白、肌动蛋白间的作用决定了肌肉的收缩。肌原纤维蛋白质不溶于水，仅溶于高盐溶液。

（2）肌浆蛋白质（sarcoplasmic protein） 肌浆蛋白质位于肌肉细胞质中，是能量代谢功能有关的蛋白质。肌浆蛋白主要有肌红蛋白、清蛋白（肌溶蛋白）等。肌红蛋白为产生肉类色泽的主要色素，它的等电点为 6.8，性质不稳定，在外来因素的影响下所含的二价铁容易转化为三价铁，导致肉色泽的异常。存在于肌原纤维间的清蛋白（肌溶蛋白）性质也不稳定，50℃附近就可以变性。

（3）基质蛋白质（Stroma proteins） 基质蛋白质系构成肌肉细胞中结缔组织的蛋白质，占肌肉蛋白质的 10%～15%。基质蛋白质不溶于中性水溶液，成分以胶原蛋白（collagen）及弹性蛋白（elastin）为主，都属于硬蛋白类。胶原蛋白含有较多的甘氨酸、脯氨酸和羟脯氨酸，既具有分子内交联键，又具有分子间交联键，并且交联的程度随动物年龄的增加而加大。胶原蛋白的交联程度增大的结果就是导致胶原蛋白性质的稳定，从而影响到肉质的嫩度。胶原蛋白经过加热后逐步转化为明胶，而明胶的重要特性就是可以溶于热水中，并可以形成热可逆的凝胶，在食品加工中有应用价值。弹性蛋白不含羟脯氨酸和色氨酸，而含脯氨酸、甘氨酸、缬氨酸较多，可以抗拒胃蛋白酶、胰蛋白酶的水解，但是它可以被胰腺中的弹性蛋白酶水解。

对肉制品来讲，形成乳化分散系时盐溶性蛋白、肌纤维蛋白与碎片、结缔组织与碎片等对乳化体系的形成或稳定起作用；一般来讲，增加肌肉的斩拌时间，可以增加脂肪球上所吸附的蛋白质层的厚度，有利于改进乳化的稳定性。对于不同的肌蛋白质，以肌球蛋白的乳化性质最好。

(1) 肉的嫩化　嫩度(tenderness)是肉品的重要感官质量之一，是反映肉的质地的一项重要指标。一般意义上，嫩度是感觉器官对肌肉蛋白质性质的总体概括，它与肌肉蛋白质的结构、肌肉蛋白质的变性、聚集、分解等有关。对肉进行嫩化处理，一般是利用植物蛋白酶如木瓜蛋白酶、菠萝蛋白酶、无花果蛋白酶。酶可以通过注射的方式在宰前进入动物体，也可以在宰后处理肉时加入到肌肉组织中。菠萝蛋白酶对胶原蛋白有较强的亲和作用，对弹性蛋白和肌原纤维蛋白的亲和作用差一些；木瓜蛋白酶对肌原纤维蛋白有高度的亲和作用，对胶原蛋白只是稍有作用；无花果蛋白酶对肌原纤维蛋白和结缔组织蛋白均有好的作用。

处理时要严格控制酶的使用量和作用时间，如果蛋白质的水解程度过大，会导致嫩化作用过度，就会使得肉失去应有的质地，严重时还会产生不良的风味。三种酶的适宜作用温度为：木瓜蛋白酶60～80℃、菠萝蛋白酶30～60℃、无花果蛋白酶30～50℃。此外，利用胶原酶对肉质的嫩化处理也有研究，但还未在实际生产中应用。

(2) 凝胶性　肌肉盐溶蛋白质的胶凝能力是肉制品加工中重要的功能特性之一，它对产品质构和感官品质具有极其重要的作用。鸡胸肉肌原纤维蛋白的凝胶强度和保水性大，牛肉和猪肉肌原纤维蛋白的凝胶强度和保水性居中，鱼肉则最小。相同来源的不同部位也存在差异，从鸡胸肉中提取的肌原纤维蛋白质的凝胶特性与鸡腿肉不同，这种不同导致不同类型肌肉制品的工艺特性各异。

(3) 肉的保水性　肉类的保水性由肌肉蛋白决定，主要的水结合作用来自于肌动球蛋白，只有3%的水结合能力来自于可溶性肌浆蛋白。经测定，蛋白质含量在20%～22%的肌肉100g，可以结合74～76g的水，即相当于100g蛋白质可以结合350～360g的水，并且对于鱼类肌肉这个比例还可以提高。

肉类蛋白质的水结合能力受到pH的强烈影响，因为在等电点时由于肽链的过分靠近造成了蛋白质对水的保留能力下降；肌肉在成熟后其保水能力提高，同时一些盐类尤其是磷酸盐，可以大幅度地提高肌肉的保水能力。肉品加工中允许使用的磷酸盐类包括正磷酸盐(如磷酸钠、磷酸氢钠等)、焦磷酸盐(如焦磷酸钠)和偏磷酸盐(如六偏磷酸钠)。在与磷酸盐混合存在时，$MgCl_2$使鸡胸肉蛋白质凝胶的保水性提高程度最高，$CaCl_2$的作用次之，$ZnCl_2$最低。

3. 卵蛋白

The proteins of eggs are characterized by their high biological value and can be divided into the egg white and egg yolk proteins. Egg albumen is used in various food formulations because of its foaming properties and heat-gelling ability,while egg yolk serves as an emulsifying agent. The egg white contains at least eight different proteins,some of these proteins have unusual properties,for example,lysozyme is an antibiotic,ovoimucoid is a trypsin inhibitor,ovomucin inhibits hemagglutination,avidin binds biotin,and conalbumin binds iron. The antimicrobial properties help to protect the egg from the bacterial invasion.

鸡蛋蛋白质(egg protein)可分为蛋清蛋白质(albumen)和蛋黄蛋白质(yolk)，其中蛋清蛋白质能有效抑制微生物生长，保护蛋黄。蛋清蛋白质是一种蛋白质体系，蛋清中的蛋白质包括下面几种。①卵清蛋白：占蛋清蛋白总量的54%～69%，它属磷糖蛋白，耐热。如在pH 9和62℃下加热3.5min，仅3%～5%的卵清蛋白有显著改变。②伴清蛋白：即卵运铁蛋白，是一种糖蛋白，占蛋清蛋白的9%，在57℃加热10min后，40%的伴清蛋白变性。当pH为9时，在上述的条件下加热，伴清蛋白性质未见明显改变。③卵类黏蛋白：卵类黏蛋白占蛋清蛋白总量的11%，在糖蛋白质酸性和中等碱性的介质中能抵抗热凝结作用，但是在有溶菌酶存在的溶液中加热到60℃以上时，蛋白质便凝结成块。④溶菌酶：溶菌酶占蛋清蛋白总量的3%～4%。p*I* 10.7，比其他蛋清蛋白质的等电点高得多，而其相对分子质量（14600）却最低。⑤卵黏蛋白：卵黏蛋白是一种糖蛋白，占蛋清蛋白总量的2.0%～2.9%，卵黏蛋白有助于浓厚蛋清凝胶结构的形成。

蛋清的起泡能力与蛋清中球蛋白部分的表面变性有关。随着蛋清被搅打，蛋白质变性，变性蛋白质分子的聚集逐渐增加。聚集的蛋白质颗粒通过保持薄层中水分和提供刚性与弹性而对稳定蛋清泡沫起重要作用。蛋糕糊状物和布丁的热凝固，部分原因是鸡蛋白质的变性和凝结。

卵黄不仅结构复杂，其化学成分也极为复杂，仅含50%的水分，其余大部分为蛋白质和脂肪，二者比例为1∶2。卵黄是食品加工中重要的乳化剂，并很大程度上取决于脂蛋白。例如，比较卵黄蛋白、卵黄磷蛋白和脂蛋白的乳化性质，发现卵黄磷蛋白的乳化性质是最好的；卵黄中的低密度脂蛋白的乳化性质，也比相同蛋白质浓度的牛血清蛋白好得多，同时在卵黄低密度脂蛋白中加入磷脂后不影响其乳化能力。低密度脂蛋白的优良乳化能力是因为它的脂肪-蛋白质复合体而产生，使其具有高脂肪结合能力。除了卵清蛋白和卵黄蛋白外，鸡蛋中还含有一种特殊的蛋白质——过敏原蛋白。鸡蛋中的过敏原主要存在于卵白中，目前发现四种蛋白质成分能与人类血清结合而引起过敏反应，分别是卵类黏蛋白、卵白蛋白、卵转铁蛋白和溶菌酶。卵类黏蛋白是从卵白过敏病人血清中检测出的、致敏性最强的蛋白质。

二、植物蛋白

1. 大豆蛋白

Soybean proteins are used in a variety of traditional products,such as soymilk,defatted flour,grits. Soy protein is a good source of all the essential amino acids except methionine and tryptophan. The high lysine content makes it a good complement to cereal proteins, which are low in lysine. Soybean proteins have neither gliadin nor glutenin,the unique proteins of wheat gluten. As a result,soy flour cannot be incorporated into bread without the use of special additives that improve loaf volume. The soy proteins have a relatively high solubility in water or dilute salt solutions at pH values below or above the isoelectric point. This means they can be classified as globulins.

大豆蛋白质是大豆类产品所含的蛋白质，含量约为40%，是谷类食物的4～5倍。大豆蛋白质的氨基酸组成与牛奶蛋白质相近，除蛋氨酸略低外，其余必需氨基酸含量均较丰富，是植物性的完全蛋白质，在营养价值上，可与动物蛋白等同。FAO/WHO（1985）人类试验结果表明，大豆蛋白必需氨基酸组成较适合人体需要，对于两岁以上的人，大豆蛋白的生理效价为100。为了指导人们的膳食，世界各国结合本国实际情况分别制订出“推荐每日膳食营养素供给量（RDA）”。1999年，美国食品药品监督局（FDA）发表声明：每天摄入25g大豆蛋白，有减少患心脑血管疾病的风险。用大豆蛋白制作的饮品，被营养学家誉为“绿色牛奶”；大豆蛋白质对胆固醇有明显降低的功效；大豆蛋白饮品中的精氨酸含量比牛奶高，其精氨酸与赖氨酸的比例也较合理。

根据蛋白质的溶解性不同，大豆蛋白分为白蛋白和球蛋白。其中白蛋白占5%，球蛋白占90%左右。根据蛋白质生理功能分类法，大豆蛋白质分为贮藏蛋白和生物活性蛋白。贮藏蛋白为主体，约占蛋白质的70%左右，它与大豆制品的加工性质关系较密切；生物活性蛋白质包括胰蛋白酶抑制剂、β-淀粉酶、血球凝集素、脂肪氧化酶等，对大豆制品的质量起一定作用，所占比例较低。

2. 小麦蛋白质

Wheat proteins are unique among plant proteins and are responsible for bread-making properties. The classic method of fractionation based on solubility characteristic indicates the presence of flour main fractions:albumin,which is water-soluble and coagulated by heat; globulin,soluble in the neutral salt solution;gliadin,a prolamine soluble in the 60~ 70 percent ethanol;and glutenin,insoluble in alcohol but soluble in dilute acid or alkali.

谷物主要包括稻谷、小麦、玉米、大麦、燕麦等作物。谷物蛋白（cereal protein）可以根据其溶解性将其分为四大类：白蛋白（albumin，溶于水）、球蛋白（globulin，溶于中性稀盐溶液）、醇溶谷蛋白（prolamin，溶于60%～70%乙醇溶解）和谷蛋白（glutelin，溶于稀酸或稀碱溶）。小麦蛋白质是谷物蛋白质中最为重要的一种。

白蛋白和球蛋白占小麦胚乳蛋白质的10%～15%。它们含有游离的—SH和较高比例的碱性和其他带电氨基酸。麦醇溶蛋白（麦胶蛋白）和麦谷蛋白的总量超过小麦蛋白总量80%，两者共同构成了小麦中独一无二的面筋蛋白。这两种蛋白质的氨基酸组成都有这样的特征：谷氨酰胺和脯氨酸的含量最高，碱性氨基酸含量低，比如赖氨酸是小麦的第一限制氨基酸是众所周知的。另外面筋蛋白中含有少量含硫氨基酸，这对它们的分子结构和在面团中的功能性质是非常重要的。一般认为，白蛋白和球蛋白主要提供小麦的营养品质，而醇溶蛋白和谷蛋白则主要提供小麦的加工品质。

在各种谷物粉中，只有小麦粉能够制作出具有黏弹性和持气性的面团，从而生产出面包、馒头等松软可口的面制食品，这一特性主要就是由小麦中的蛋白质，特别是面筋蛋白质所决定的。麦胶蛋白通过分子内二硫键结合成紧密球状分子结构；麦谷蛋白通过分子间二硫键相结合，于是以大而伸展的纤维状存在，这两种蛋白组分在水的存在下相互作用，形成像海绵一样的网络结构，从而将淀粉及其他组分包裹于其中，形成面团，进而生产出各种各样的面制品（关于小麦蛋白质的更多知识可参考周惠明主编的《谷物科学原理》）。

第六节　食品中蛋白质的延伸阅读

一、 生物活性肽

食源性生物活性肽是一类从食物蛋白中获得的对生物机体的生命活动有益或有重要生理功能的活性物质。通过酶解，动物源、植物源蛋白质可以分解成许多具有活性的肽段，这些肽段具有降血压、抗菌、抗氧化、降血脂、提高免疫力、促进脑发育等活性。在食品加工中研究和应用最多的是生物活性肽的分离提取、结构鉴定和功能的研究。人们已经从各种乳蛋白、大豆蛋白、玉米蛋白、鱼贝类蛋白、胶原蛋白等食物蛋白的酶解产物或发酵制品中分离得到了多种生物活性肽。

二、 蛋白组学

蛋白组学（proteome）一词源于蛋白质（protein）与基因组（genome）两个词的组合，指由基因组表达产生的所有相应的蛋白质。2001 年的“Science”杂志已把蛋白组学列为六大研究热点之一。蛋白质组学本质上即以蛋白质组为研究对象，应用相关研究技术，从整体水平上来认识蛋白质的存在及活动方式（表达、修饰、功能、相互作用等）。蛋白组学能够提供参与决定食品种属、品质、功能与安全性的各种生理机制过程中的蛋白质的结构和功能等方面的更多信息，作为专门的技术体系已广泛用于食品科学研究领域，为食品科学研究提供了崭新的思路和技术。包括相关食品安全检测及品质分析，食品蛋白质的组成与活性分析、膳食营养素对人体基因代谢的影响以及对一些慢性病（糖尿病、高血压、肥胖、心血管疾病）的预防治疗方面。作为一门新兴的学科，蛋白组学为研究食品成分的功能、安全性及食品营养组分提供了理论和基础，并极大地拓展了食品科学的研究领域和促进了食品科学的快速发展，将成为食品品质研究的一个高通量、高灵敏度、高准确性的研究平台。

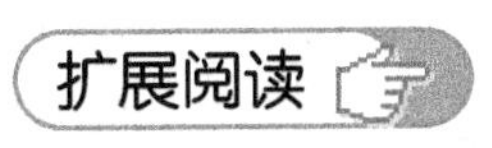

思考题

1. 分别解释蛋白质的胶凝作用和风味结合作用。

2. 什么叫蛋白质变性？试述使蛋白质变性的因素，举出几个利用蛋白质变性进行食品加工的例子。试述蛋白质形成凝胶的机理。

3. 蛋白质的功能性质有哪些？举例说明蛋白质功能性质在食品工业的应用。

4. 蛋白质在加工和贮藏中会发生哪些物理、化学和营养变化？在食品加工和贮藏中如何利用和防止这些变化？

第五章 »

脂　类

1. 掌握油脂的结晶特性、油脂的塑性等物理性质。
2. 掌握乳浊液失稳的机制。
3. 掌握油脂氧化的机理及影响因素，抗氧化剂的抗氧化机理。
4. 掌握油脂在加工贮藏中会发生的化学变化。

第一节　概　　述

5-1. 在日常生活中，为什么脂肪含量高的食品不易保藏而易变质？

5-2. 油脂在食品中有何应用？

一、概念和分类

Lipids consist of a broad group of compounds that are generally soluble in organic solvents including hexane,acetone,chloroform and petroleum ether,but not in water. Glycerol esters of fatty acids,which make up to 99% of the lipids of plant and animal origin,have been traditionally called fats and oils. The term oils and fats describe triacyglycerols,formerly known as triglycerides,in liquid and solid state respectively.

脂类（lipids）是生物体内一大类不溶于水而溶于大部分有机溶剂的疏水性物质。脂类通常具有以下共同特征：①不溶于水而溶于乙醚、石油醚、氯仿、丙酮等有机溶剂。②大多数具有酯的结构，并以脂肪酸形成的酯最多。③均由生物体产生，并能被生物体利用（与矿物油不同）。但也有例外，如卵磷脂微溶于水而不溶于丙酮；鞘磷脂和脑苷脂不溶于乙醚。

分布于天然动植物体内的脂类物质主要为三酰基甘油酯（triacylglycerol），占99%左右，俗称为油脂或脂肪。一般室温下呈液态的称为油（oil），呈固态的称为脂（fat），油和脂在化学上没有本质区别。

脂类化合物的分类方法很多，通常按其结构和组成分为简单脂类（simple lipids）、复合脂类（complex lipids）和衍生脂类（derivative lipids）三大类（表5-1）。

表5-1 脂类化合物的分类

主类	亚类	组 成
简单脂类	酰基甘油酯	甘油+脂肪酸 长链脂肪醇+长链脂肪酸
复合脂类	磷酸酰基甘油	甘油+脂肪酸+磷酸盐+含氮基团
	鞘磷脂类	鞘氨醇+脂肪酸+磷酸盐+胆碱
	脑苷脂类	鞘氨醇+脂肪酸+糖
	神经节苷脂类	鞘氨醇+脂肪酸+碳水化合物
衍生脂类		类胡萝卜,类固醇,脂溶性维生素等

二、 脂类在食品中的应用

人类可食用的脂类是食品中重要的组成成分和人类的营养成分，也是一类高热量化合物，每克油脂能产生39.58kJ的热量；油脂能提供给人体必需的脂肪酸（亚油酸、亚麻酸和花生四烯酸）；油脂是脂溶性维生素（维生素A、维生素D、维生素K和维生素E）的载体；油脂能溶解风味物质，赋予食品良好的风味和口感。但是过多摄入油脂也会对人体产生不利影响，如引起肥胖，增加心血管疾病发病率，这也是近几十年来研究和争论的热点。

食用油脂所具有的物理和化学性质对食品的品质有十分重要的影响。油脂在食品加工时，如用作热媒介质（煎炸食品、干燥食品等），不仅可以脱水，还可产生特有的香气；如用作赋形剂，可用于蛋糕、巧克力或其他食品的造型。但含油食品在贮存过程中极易氧化，对食品的贮藏带来诸多不利因素。

三、 油脂的结构与组成

（一）油脂的组成

Food oil(fat)is composed oftriacyglycerol(95%～99%),it is obvious that the diversity of triacyglycerol comes from the diversity of fatty acids. Even numbered, straight-chain saturated and unsaturated fatty acids make up the greatest proportion of the fatty acids of natural fats.

过去把甘油与脂肪酸形成的酯叫甘油三酰酯，现在则称之为三酰（基）甘油（triacylglycerol）。

1. 甘油

甘油（图5-1）可与有机酸或无机酸发生酯化反应，构成多种脂类物质；同一种酸与不同位置的甘油羟基发生酯化反应形成的酯，其理化性质略有差别。

2. 脂肪酸

（1）脂肪酸的结构　脂肪酸按其碳链长短可分为长链脂肪酸（14碳以上），中链脂肪酸（含6～12碳）和短链（5碳以下）脂肪酸；按其饱和程度可分为饱和脂肪酸（saturated

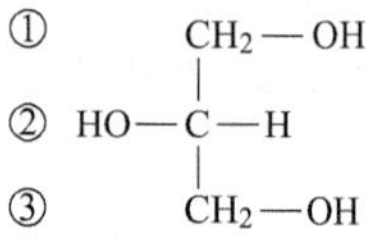

① $CH_2—OH$
② $HO—C—H$
③ $CH_2—OH$

图 5-1 甘油的结构

fatty acid，SFA）和不饱和脂肪酸（unsaturated fatty acid，USFA）。脂肪酸的饱和程度越高，碳链越长，脂肪的熔点也越高。动物脂肪中含饱和脂肪酸多，故常温下是固态；植物油脂中含不饱和脂肪酸较多，故常温下呈现液态。棕榈油和可可籽油虽然含饱和脂肪酸较多，但因碳链较短，故其熔点低于大多数的动物脂肪。

① 饱和脂肪酸：天然食用油脂中存在的饱和脂肪酸主要是长链（碳数>14）、直链、偶数碳原子的脂肪酸，奇碳链或具支链的极少，但短链脂肪酸在乳脂中有一定量的存在。

② 不饱和脂肪酸：天然食用油脂中存在的不饱和脂肪酸常含有一个或多个烯丙基（$—CH═CH—CH_2—$）结构，两个双键之间夹有一个亚甲基。

不饱和脂肪酸由于双键两边碳原子上相连的原子或原子团的空间排列方式不同，有顺式脂肪酸（cis-fatty acid）和反式脂肪酸（trans-fatty acid）之分，见图 5-2，脂肪酸的顺、反异构体的物理与化学特性都有差别，如顺油酸的熔点为 13.4℃，而反油酸的熔点为 46.5℃。天然脂肪酸除极少数为反式外，大部分都是顺式结构。在油脂加工和贮藏过程中，部分顺式脂肪酸会转变为反式脂肪酸。多不饱和脂肪酸有共轭（conjugated fatty acid）和非共轭之分，天然脂肪中以非共轭脂肪酸为多，共轭的为少。

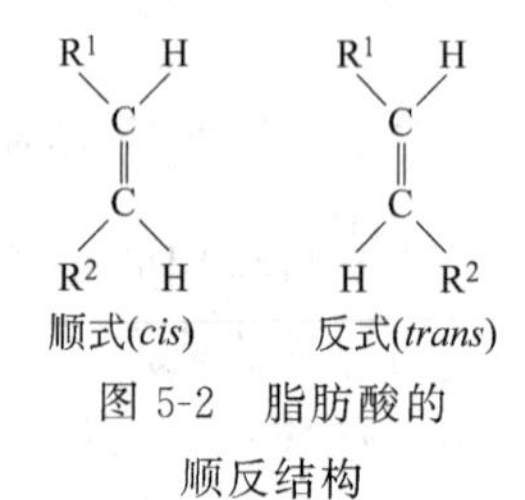

图 5-2 脂肪酸的顺反结构

在天然脂肪酸中，还含有其他官能团的特殊脂肪酸，如羟基酸、酮基酸、环氧酸等，它们仅存在于个别油脂中。

（2）脂肪酸的命名

① 系统命名法：选择含羧基和双键的最长碳链为主链，从羧基端开始编号，并标出不饱和键的位置，例如亚油酸命名如下。

$$CH_3(CH_2)_4CH═CHCH_2CH═CH(CH_2)_7COOH$$

9,12-十八碳二烯酸

② 数字缩写命名法：缩写为碳原子数∶双键数（双键位）。

如 $CH_3CH_2CH_2CH_2CH_2CH_2CH_2CH_2CH_2COOH$ 可缩写为 10∶0。

$CH_3(CH_2)_4CH═CHCH_2CH═CH(CH_2)_7COOH$ 可缩写为 18∶2 或 18∶2（9,12）。

双键位的标注有两种表示法：其一是从羧基端开始记数，如 9,12-十八碳二烯酸两个双键分别位于第 9、10 碳原子和第 12、13 碳原子之间，可记为 18∶2（9,12）；其二是从甲基端开始编号记作 n-数字或 ω 数字，该数字为编号最小的双键的碳原子位次，如 9,12-十八碳二烯酸从甲基端开始数第一个双键位于第 6、7 碳原子之间，可记为 18∶2（n-6）或 18∶2ω6。但此法仅用于顺式双键结构和五碳双烯结构，即具有非共轭双键结构，其他结构的脂肪酸不能用 n 法或 ω 法表示。有时还需标出双键的顺反结构及位置，c 表示顺式，t 表示反式，位置从羧基端编号，如 5t，9c-18∶2。

③ 俗名或普通名：许多脂肪酸最初是从天然产物中得到的，故常常根据其来源命名。如月桂酸（12∶0）、肉豆蔻酸（14∶0）、棕榈酸（16∶0）等。

④ 英文缩写：用一英文缩写符号代表一个酸的名字，如月桂酸为 La、肉豆蔻酸为 M、棕榈酸为 P、硬脂酸为 St、油酸为 O、亚油酸为 L 等。

（二）油脂的结构和命名

天然脂肪是甘油与脂肪酸的一酯、二酯和三酯，分别称为一酰基甘油、二酰基甘油和三酰基甘油。食用油脂中最丰富的是三酰基甘油类，是动物脂肪和植物油的主要成分。

1. 酰基甘油酯的结构

中性的酰基甘油是由一分子甘油与三分子脂肪酸酯化而成（图 5-3）。

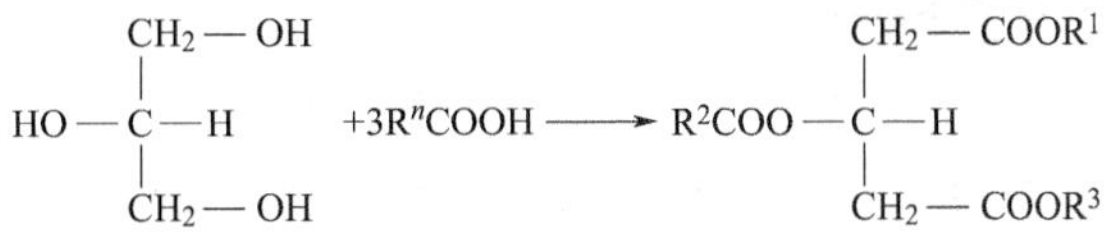

$$\begin{array}{c} CH_2-OH \\ | \\ HO-C-H \\ | \\ CH_2-OH \end{array} + 3R^nCOOH \longrightarrow \begin{array}{c} CH_2-COOR^1 \\ | \\ R^2COO-C-H \\ | \\ CH_2-COOR^3 \end{array}$$

图 5-3　生成酰基甘油酯的反应

如果 R^1、R^2 和 R^3 相同则称为单纯甘油酯，橄榄油中有 70％以上的三油酸甘油酯；当 R^n 不完全相同时，则称为混合甘油酯，天然油脂多为混合甘油酯。当 R^1 和 R^3 不同时，则 C-2 原子具有手性，天然油脂多为 L-型。

2. 三酰基甘油的命名

三酰基甘油的命名通常按赫尔斯曼（Hirschman）提出的立体有择位次编排命名法（stereospecific numbering，Sn）命名，规定甘油的费歇尔（Fisher）平面投影式第二个碳原子的羟基位于左边（图 5-4），并从上到下将甘油的三个羟基定位为 Sn-1、Sn-2、Sn-3。如图 5-5 的分子结构式，可命名为 Sn-甘油-1-硬脂酸-2-油酸-3-肉豆蔻酸酯，也可采用脂肪酸的代号或脂肪酸的缩写法命名。

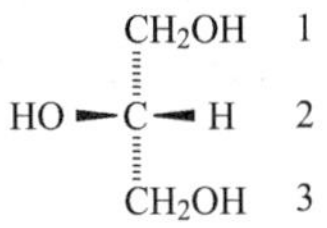

$$\begin{array}{cc} CH_2OH & 1 \\ HO-C-H & 2 \\ CH_2OH & 3 \end{array}$$

图 5-4　甘油的 Fisher 平面投影

$$\begin{array}{c} CH_2OOC(CH_2)_{16}CH_3 \\ | \\ CH_3(CH_2)_7CH=CH(CH_2)_7COO-C-H \\ | \\ CH_2OOC(CH_2)_{12}CH_3 \end{array}$$

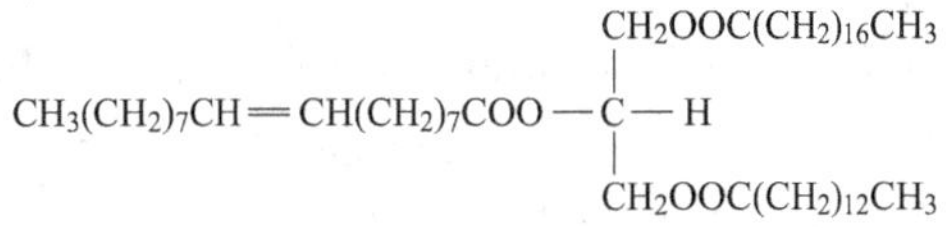

图 5-5　一种三酰基甘油

3. 三酰基甘油的分类

根据三酰基甘油酯的来源和脂肪酸组成，常见油脂分为以下 7 类：油酸-亚油酸类、亚麻酸类、月桂酸类、植物脂类、动物脂肪类、脂类、海生动物油类，其中海生动物油类含有大量的长链多不饱和脂肪酸，双键数目可多达 6 个，由于它们的高度不饱和性，所以比其他动植物油更易氧化。

第二节　油脂的物理性质

透过现象看本质

5-3. 巧克力表面常出现“白霜”，这是为什么？

5-4. 豆奶在贮藏过程中，表面为什么会出现一层油圈？

5-5. 食品加工中常用的塑性脂肪有哪些？有何作用？

一、 油脂的一般物理性质

(一) 气味

多数油脂无挥发性，因此纯净脂肪是无色无味的。但是日常生活中，我们接触不同的油脂都有其特征气味，很容易通过这些气味来分辨它们。这些气味主要由数量少但种类很多的挥发性非脂成分引起。如芝麻油的香气是由乙酰吡嗪引起的，椰子油的香气是由壬基甲酮引起的，而菜籽油受热时产生的刺激性气味，则是由其中所含的黑芥籽苷分解所致。油脂的气味可以反映油脂的品质变化，如不饱和脂肪酸受到高温、氧气、光、金属和其他氧化剂的影响，油脂就会因为氧化分解而产生异味。油脂的气味除了与油料本身的特性有关，还与油脂提取工艺、精炼加工、成品的贮存状况、使用情况等因素有关。

(二) 熔点和沸点

The melting point is the temperature at which a kind of lipid transforms from the solid to the liquid state. The melting temperature for fats is generally broad since fats are a blend of different triacyglycerols. The melting point of a kind of fat is determined by the type of fatty acid constituents and their position on the glycerol backbone. The melting point of a fatty acid increases with the chain length and with increasing degrees of saturation. Geometric isomerism also affects the melting point, with trans fatty acids possessing higher melting points compared to their cis isomers.

天然的油脂没有确定的熔点（melting），仅有一定的熔点范围。三酰基甘油酯中脂肪酸的碳链越长，饱和度越高，则熔点越高；反式结构的熔点高于顺式结构，共轭双键结构的熔点高于非共轭双键结构。油脂的熔点和其消化性密切相关。当油脂的熔点低于人体温度37℃时，消化率达96%以上；熔点高于37℃越多，越不容易消化。

油脂的沸点与其组成的脂肪酸有关，一般在180～200℃，沸点随脂肪酸碳链增长而增高，但与饱和程度关系不大。油脂在贮藏和使用过程中，随游离脂肪酸增多，油脂变得容易冒烟，发烟点低于沸点。

二、 油脂的同质多晶现象

Polymorphism refers to the existence of more than one crystal form in fat, and the results from different patterns of molecular packing in fat crystals.

同质多晶（polymorphism）指的是具有相同的化学组成，但具有不同的结晶晶型，在熔化时可得到相同的液相，不同形态的固态晶体称为同质多晶体。各种同质多晶体的稳定性不同，稳定性较低的亚稳态会自发的向稳定性高的同质多晶体转化（不必经过熔化过程），并且这种转变是单向的。当同质多晶体的稳定性均较高时，发生的转化是多向的，与温度有关。由于脂类是长碳链化合物，在其温度处于凝固点以下时，通常以一种以上的晶型存在，即脂类具有同质多晶现象。同质多晶型物的形成与纯度、温度、冷却速率、晶核的存在以及溶剂的类型等因素有关。

Fat may occur in the basic polymorphs designated β (beta)、β′ (beta prime) and α (alpha). The

α form is the least stable and has the lowest melting point;the β form is the most stable and has the highest melting point; the β′ form is the intermediate in stability and the melting point. Polymorphic transformations occur from α to β′ to β and are irreversible.

三酰基甘油的X射线衍射和红外光谱均表明，三酰基甘油中主要存在β型、β′型和α型三种不同的晶型（图5-6）。三斜堆积常称为β型，所有亚晶胞的取向都是一致的，故在这三种堆积方式中是最稳定的。正交堆积也被称为β′型，位于中心的亚晶胞取向与4个顶点的亚晶胞取向互相垂直，所以稳定性不如β型。具有β型和β′型的油脂，熔点高、密度大。六方型堆积被称为α型，当烃类快速冷却到刚刚低于熔点以下时往往会形成六方形堆积。分子链随时定向，并绕着它们的长垂直轴而旋转。同质多晶型物中α型是最不稳定的，熔点低、密度小。

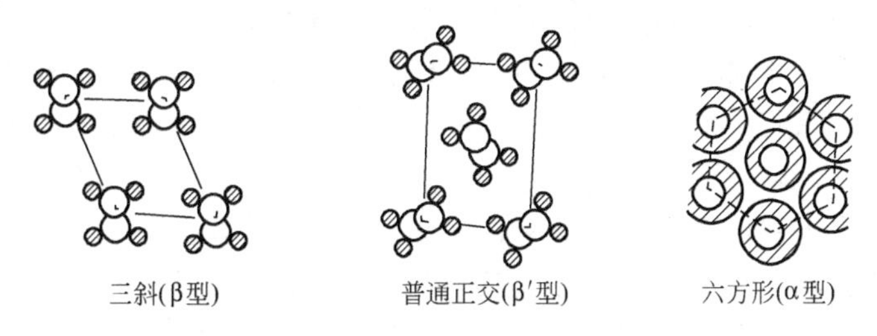

图5-6　脂肪的亚晶胞最常见的堆积方式

一个同酸三酰基甘油酯（如StStSt，St为硬脂酸）从熔化状态开始冷却，它首先结晶成密度最小和熔点最低的α型。α型进一步冷却，分子链更紧密缔合逐步转变成β型。如果将α型加热到它的熔点，能快速转变成最稳定的β型。通过冷却熔化物和保持在α型熔点以上的温度，也可直接得到β′型，当β′型加热到它的熔点，也可转变成稳定的β型。

When a fat is cooled rapidly,the α polymorph is produced,which is usually converted to the β′ form quickly. In commercial fat produces such as shortenings and margarines, β′ is the desirable form because β′ crystals are small and result in smooth texture and good functionalities. Depending on fatty acid and glyceride composition,fats may remain stable in the β′ form or may convert to the β form. The latter will result in a large increase in crystal size and grainy texture.

天然油脂的同质多晶性质会受到酰基甘油中脂肪酸组成及其位置分布的影响。一般来说，同酸三酰甘油易形成稳定的β结晶；不同酸三酰基甘油由于碳链长度不同，易停留在β′型。天然油脂中倾向于结晶成β型的脂类有豆油、花生油、玉米油、橄榄油、可可脂和猪油。而棉籽油、棕榈油、菜籽油、牛油倾向于形成β′晶型，该晶体可以持续很长时间。在制备起酥油、人造奶油以及焙烤产品时，期望得到β′型晶体，因为它能使固化的油脂软硬适宜，有助于大量的空气以小的空气泡形式被搅入，从而形成具有良好塑性和奶油化性质的产品。

同质多晶现象在食品加工中有重要的应用价值。如人造奶油生产时，油脂先经过急冷形成α型晶体，然后再保持在略高的温度继续冷冻，使之转化为熔点较高的β′型结晶。

再如，可可脂含有三种主要甘油酯POSt（40%）、StOSt（30%）和POP（15%）以及六种同质多晶型（Ⅰ～Ⅵ）。Ⅰ型最不稳定，熔点最低。Ⅴ型最稳定，能从熔化的脂肪中结晶出来，也是所期望的结构，能使巧克力的外表具有光泽。Ⅵ型比Ⅴ型熔点高，但不能从熔化的脂肪中结晶出来，它仅以很缓慢的速度从Ⅴ型转变而成。在巧克力贮存期间，Ⅴ-Ⅵ型转变特别重要，这是因为这种晶型转变同被称为“巧克力起霜”的外表缺陷的产生有关。这种缺陷通常使巧克力失去期望的光泽，产生白色或灰色斑点的暗淡表面。但也有人认为，熔化的巧克力脂肪移动到表面，一旦冷却时，产生重结晶，造成不期望的外表。由于可可脂的同质多晶性质在起霜中起了重要的作用，为了推迟外表起霜，采用适当的技术固化巧克力是必需的。这可通过调温过程完成：可可脂-糖-可可粉混合物加热至50℃，加入稳定的晶种，当温度下降到26～29℃，通过连续搅拌慢慢结晶，然后将它加热到32℃。如不加稳定的晶种，一开始就会形成不稳定的晶型，这些晶型很可能会熔化、移动并转变成较稳定晶型（起霜）。此外，乳化剂也可推迟巧克力外表起霜的现象。

三、 油脂的塑性

室温下呈固态的油脂如猪油、牛油实际是由液体油和固体脂两部分组成的混合物，通常只有在很低的温度下才能完全转化为固体。这种由液体油和固体脂均匀融合，并经一定加工而成的脂肪称为塑性脂肪。油脂的塑性是指在一定压力下，脂肪具有抗变形的能力，可保持一定形状。

油脂的塑性取决于一定温度下固液两相之比、脂肪的晶型、熔化温度范围和油脂的组成等因素。①固液两相比。当油脂中固液比适当时，塑性好。而当固体脂过多时，则过硬；液体油过多时，则过软，易变形，塑性均不好。②熔化温度范围。从开始熔化到熔化结束的温度范围越大，油脂的塑性越好。③油脂的晶型：油脂为β′型时，塑性最好，因为β′型在结晶时会包含大量的小气泡，从而赋予产品较好的塑性；β型结晶所包含的气泡大而少，塑性较差。

塑性脂肪（plastic fats）具有良好的涂抹性（涂抹黄油等）和可塑性（用于蛋糕的裱花）。用在焙烤食品中，则具有起酥作用。在面团揉制过程加入塑性脂肪，可形成较大面积的薄膜和细条，使面团的延展性增强，油膜的隔离作用使面筋彼此不能粘合成大块面筋，降低了面团的吸水率，使制品起酥；塑性脂肪的另一作用是在面团揉制时能包含和保持一定数量的气泡，使面团体积增加。在饼干、糕点、面包生产中专用的塑性脂肪称为起酥油（shortening），具有在40℃不变软、在低温下不太硬、不易氧化的特性。

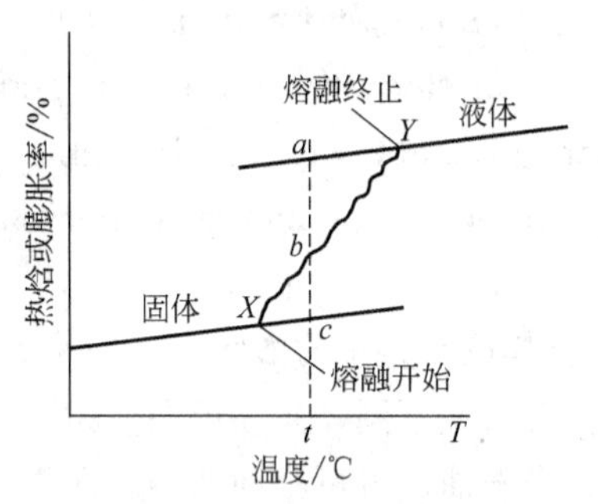

图5-7　混合甘油酯的热焓或膨胀熔化曲线

脂肪在熔化时体积膨胀，在同质多晶型物转变时体积收缩，因此，将其比体积的改变（膨胀度）对温度作图可以得到熔化膨胀曲线（图5-7）。固体在 X 点开始熔化，在 Y 点全部熔化为液体，曲线 XY 代表体系中固体组分的逐步熔化，曲线 b 点是固-液混合物，ab/ac 代表固体部分，bc/ac 代表液体部分，固液比称为固体脂肪指数（SFI）。如果脂肪熔化温度范围很窄，熔化曲线的斜率是陡的。相反，如果熔化开始与终了的温度相差很大，则该脂肪具有“大的塑性范围”。因此，脂肪的塑性范围可以通过在脂肪中加入高熔点或低熔点组分进行调节。

四、 乳浊液与乳化剂

（一）乳浊液

1. 乳浊液的定义

An emulsion is a heterogeneous system,consisting of one immiscible liquid intimately

dispersed in another one, in the form of droplets with a diameter generally between 0.1～50μm. These systems have a minimal stability, which can be enhanced by surface-active agents and some other substances. Emulsion usually contain two phases, oil and water. If water is the continuous phase and oil is the disperse phase, the emulsion is of the oil in water(O/W)type. In the reverse case, the emulsion is of the water in oil(W/O)type.

乳浊液（emulsion）是互不相溶的两种液相组成的体系，其中一相以液滴形式分散在另一相中，液滴的直径为0.1～50μm。以液滴形式存在的相称为“内相”或“分散相”，液滴以外的另一相就称为“外相”或“连续相”。食品中油水乳浊液有两类：O/W型表示油分散在水中，水为连续相（水包油，oil-in-water）；W/O型表示水分散在油中，油为连续相（油包水，water-in-oil）。在食品乳浊液中，O/W型是最普通的形式，如牛奶及其乳制品、稀奶油、蛋黄酱等；黄油、人造黄油、人造奶油等则属于W/O型乳浊液。

2. 乳浊液不稳定的类型及原因

Emulsions can undergo several types of physical change as illustrated in Fig. 5-8. The figure pertains to O/W emulsions, the difference with W/O emulsions is that downward sedimentation rather than creaming would occur. Aggregation greatly enhances creaming and if this occurs, creaming further enhances aggregation rate, and so on. Coalescence can only occur when the droplets are close to each other(i. e., in an aggregate or in a cream layer). If the cream layer is more compact, which may occur when fairly large separate droplets cream, coalescence will be faster. If partial coalescence occurs in a cream layer, the layer may assume characteristics of a solid plug. It is often desirable to establish the kind of instability that has occurred in an emulsion. Coalescence leads to large drops, not to irregular aggregates or clumps. Clumps due to partial coalescence will coalesce into large droplets when heated sufficiently to melt the fat crystals. Alight microscope can be used to establish whether aggregation, coalescence, or partial coalescence has occurred. It is fairly common that coalescence or partial coalescence leads to broad size distributions, and then the larger droplets or clumps cream very rapidly.

乳浊液在热力学上是不稳定的，在一定条件下可以发生多种物理变化，失去稳定性，出现分层、絮凝、甚至聚结（图5-8）。

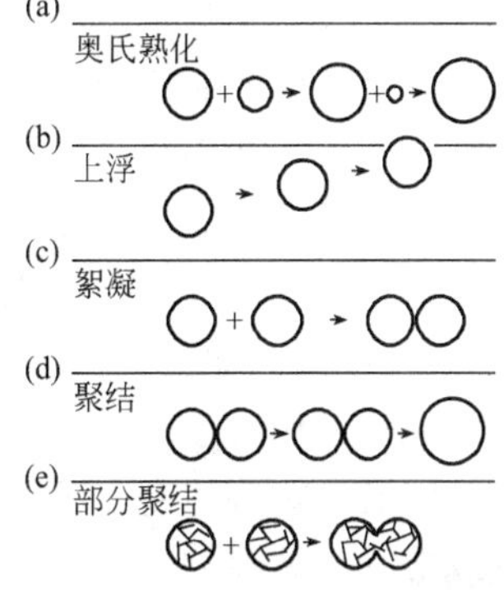

图5-8　O/W乳浊液体系不稳定类型的示意
（e）中粒子内的短线段代表三酰基甘油晶体

乳浊液发生上述物理变化的原因主要如下。

① 由于两相界面具有自由能，会抵制界面积增加，导致液滴聚结而减少分散相界面积的倾向，从而最终导致两相分层（破乳），因此需要外界施加能量才能产生新的表面（或界面）。液滴分散得越小，两液相间界面积就越大，需要外界施加的能量就越大。

② 重力作用导致分层（creaming）。重力作用可导致密度不同的相上浮、沉降或分层。

③ 分散相液滴表面静电荷不足导致聚集（aggregation）。分散相液滴表面静电荷不足，则液滴与液滴之间的排斥力不足，液滴之间相互接近而聚集，但液滴的界面膜尚未破裂。

④ 两相间界面膜破裂导致聚结（coalescence）。两相间界

面膜破裂，液滴与液滴结合，小液滴变为大液滴，严重时会完全分相。

⑤ W/O 型乳浊液，由于连续相在分散相中有一定的溶解度，可能出现奥氏熟化现象（Ostwald ripening）。如在柑橘汁中，若体系中使用了香精油，因为某些香精油在水中溶解度相当大，导致较小的油滴慢慢地消失。通过在水相中加入适当的溶质（即不溶于油的溶质）可防止这种现象。O/W 型乳浊液一般不会发生奥氏熟化。

（二）乳化剂与乳化作用

1. 乳化剂

A third material or combination of several materials is required to confer stability upon the emulsion. These are surface-active agents called emulsifiers. The action of emulsifiers can be enhanced by the presence of stabilizers. Emulsifiers are surface-active compounds that have the ability to reduce the interfacial tension between air-liquid and liquid-liquid interfaces. This ability is the result of an emulsifier' s molecular structure:molecules contain two distinct sections,one having polar or hydrophilic character,and the other having non-polar or hydrophobic properties.

由于界面张力是沿着界面的方向（即与界面相切）发生作用以阻止界面的增大，所以具有降低界面张力的物质会自动吸附到相界面上，降低体系总的自由能，这一类物质统称为表面活性剂（surfactant）。食品体系中可通过加入乳化剂（emulsifying agents）来稳定乳浊液。乳化剂绝大多数是表面活性剂，在结构特点上具有两亲性，即分子中既有亲油的基团，又有亲水的基团。它们中的绝大多数既不全溶于水，也不全溶于油，其部分结构处于亲水的环境（如水或某种亲水物质）中，而另一部分结构则处于疏水环境（如油、空气或某种疏水物质）中，即分子位于两相的界面，因此降低了两相间的界面张力，从而提高了乳浊液的稳定性。

2. 乳化剂的乳化作用

（1）减小两相间的界面张力　乳化剂可浓集在水-油界面上，亲水基与水作用，疏水基与油作用，从而降低了两相间的界面张力，使乳浊液稳定。

（2）增大分散相之间的静电斥力　有些离子表面活性剂可在含油的水相中建立起双电层，导致小液滴之间的斥力增大，使小液滴保持稳定，适用于 O/W 型体系。

（3）形成液晶相　乳化剂分子由于含有极性和非极性部分，故易形成液晶态。它们可在油滴周围形成液晶多分子层，这种作用使液滴间的范德华力减弱，为分散相的聚结提供了一种物理阻力，从而抑制液滴的聚集和聚结。

（4）增大连续相的黏度或生成弹性的厚膜　明胶和许多树胶能使乳浊液连续相的黏度增大，蛋白质能在分散相周围形成有弹性的厚膜，可抑制分散相聚集和聚结，适用于泡沫和 O/W 型体系。如牛乳中脂肪球外有一层酪蛋白膜起乳化作用。

此外，比分散相尺寸小得多的且能被两相润湿的固体粉末，在界面上吸附，会在分散相液滴间形成物理位垒，阻止液滴聚集和聚结，起到稳定乳浊液的作用，如碱金属盐、黏土和硅胶等。

3. 乳化剂的选择

To make the proper selection of the emulsifier for a given application,the so-called HLB (hydrophile-lipophile balance)system was developed. It is anumerical expression for the relative simultaneous attraction of an emulsifier for water and for oil. The HLB of an emulsifier

is an indication of how it will behave but not how efficient it is. Emulsifiers with low HLB tend to form W/O emulsions,those with intermediate HLB form O/W emulsions,and those with high HLB are solubilizing agents.

表面活性剂的一个重要特性是它们的 HLB 值。HLB（hydrophile-lipophile balance）是指一个两亲物质的亲水-亲油平衡值。一般情况下，疏水链越长，HLB 值就越低，表面活性剂在油中的溶解性就越好；亲水基团的极性越大（尤其是离子型的基团），或者是亲水基团越大，HLB 值就越高，在水中的溶解性也越高。当 HLB 为 7 时，意味着该物质在水中与在油中具有几乎相等的溶解性。表面活性剂的 HLB 值在 1～40。HLB＞7 时，表面活性剂一般适于制备 O/W 乳浊液；而 HLB＜7 时，则适于制造 W/O 乳浊液。在水溶液中，HLB 高的表面活性剂适于做清洗剂。表 5-2 中列出了不同 HLB 值及其适用性。乳化剂的 HLB 值具有代数加和性。通常混合乳化剂比具有相同 HLB 值的单一乳化剂的乳化效果好。

表 5-2　HLB 值及其适用性

HLB 值	适用性	HLB 值	适用性
1.5～3	消泡剂	8～18	O/W 型乳化剂
3.5～6	W/O 型乳化剂	13～15	洗涤剂
7～9	湿润剂	15～18	溶化剂

第三节　油脂在贮藏加工过程中的化学变化

透过现象看本质

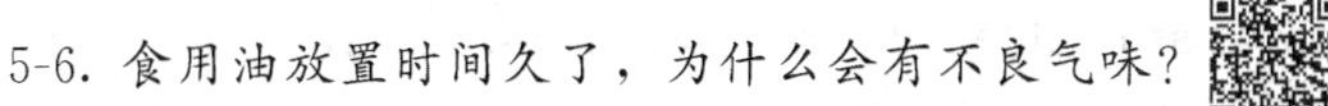
5-6. 食用油放置时间久了，为什么会有不良气味？

5-7. 为什么自由基对人体健康有危害？

5-8. 为什么维生素 E 和类胡萝卜素具有抗氧化的作用？

5-9. 通常动物脂中饱和脂肪酸含量高，植物油中不饱和脂肪酸含量高，但为什么动物脂比植物油货架期要短？

5-10. 哪些情况会导致油脂中产生反式脂肪酸？反式脂肪酸对人体有何危害？

一、脂解反应

油脂在有水存在的条件下以及加热或脂酶的作用下，可发生水解反应（hydrolysis），生成游离脂肪酸，使油脂酸化。反应过程如下。

$$三酰基甘油 \xrightarrow[湿、热]{脂解酶} 二酰基甘油+游离脂肪酸$$
$$\longrightarrow 单酰基甘油+游离脂肪酸$$
$$\longrightarrow 甘油+游离脂肪酸$$

在有生命的动物脂肪中，不存在游离脂肪酸，但动物宰后，通过酶的作用能生成游离脂肪酸，因此动物宰后应尽快炼油。成熟的油料种子，由于脂酶的作用，油被水解，产生大量的游离脂肪酸，因此，植物油需“脱酸”精炼。鲜奶可因脂解产生短链脂肪酸导致哈味的产生。此外，各种油中如果含水量偏高，就有利于微生物的生长繁殖，微生物产生的脂酶同样可加快脂解反应。

食品在油炸过程中，食物中的水进入油中，导致油脂在湿热情况下发生脂解而产生大量的游离脂肪酸，使油炸用油不断酸化，一旦游离脂肪酸含量超过0.5%～1.0%时，水解速度更快，因此油脂水解速度往往与游离脂肪酸的含量成正比。如果游离脂肪酸的含量过高，油脂的发烟点和表面张力降低，从而影响油炸食品的风味。此外，游离脂肪酸比甘油脂肪酸酯更易氧化。

通常用“酸价（acidity value）”衡量油脂脂解的程度，酸价越大，说明油脂脂解程度越大。油脂脂解严重时可产生不正常的嗅味，主要来自于游离的短链脂肪酸，如丁酸、己酸、辛酸具有特殊的汗嗅气味和苦涩味。脂解反应游离出的长链脂肪酸虽无气味，但易造成油脂加工中不必要的乳化现象。

通常，人们采取一定的工艺措施降低油脂的水解，但有时也会增加脂解，如生产某种“干酪风味”，加入微生物和乳脂酶；面包和酸奶生产时，选择性的脂解反应可以产生该类食品特有的风味。

二、 脂质氧化

Lipid oxidation is one of the major causes of food spoilage. The key intermediates are hydroperoxides,which degrade to volatile aldehydes and ketones with strong off-flavors and off-odors generally called rancid(oxidative rancidity). Lipid oxidation renders these foods less acceptable. In addition,oxidative reactions can decrease the nutritional quality of food, and certain oxidation products are potentially toxic. On the other hand,under certain conditions,a limited degree of lipid oxidation is sometimes desirable,as in aged cheeses and some fried foods. In food,the lipids can be oxidized by both enzymatic and non-enzymatic mechanisms.

脂质氧化（oxidation）是食品变质的主要原因之一。油脂在食品加工和贮藏期间，由于空气中的氧、光照、微生物、酶、金属离子等的作用，产生不良风味和气味（氧化哈败）、降低食品营养价值，甚至产生一些有毒性的化合物，使食品不能被消费者接受。但在某些情况下（如陈化的干酪或一些油炸食品中），油脂的适度氧化对风味的形成是必需的。

脂质的氧化包括非酶氧化与酶促氧化，前者主要包括自动氧化和光敏氧化。

1. 自动氧化反应

（1）自动氧化反应的特征

It is generally agreed that autoxidation,the reaction with molecular oxygen via a self-catalytic mechanism,is the main reaction invovled in oxidative deterioration of lipids. The

process is a free radical chain reaction. The unsaturated bonds that present in all fats and oils may react with oxygen.

油脂自动氧化反应（autoxidation）是脂质与分子氧的反应，是脂质氧化变质的主要原因。油脂自动氧化反应遵循典型的自由基反应历程，其特征如下：①光和产生自由基的物质能催化脂质自动氧化；②凡能干扰自由基反应的物质一般都能抑制自动氧化反应的速度；③用纯底物时，自动氧化反应存在较长的诱导期；④反应的初期产生大量的氢过氧化物。

（2）自动氧化反应的主要过程

The autoxidaton reaction can be divided into the following three stages:initiation,propagation,and termination.

一般油脂自动氧化主要包括引发（诱导）期、链传递和终止期三个阶段。

In the initiation stage,hydrogen is abstracted from an olefinic compound to yield a free radical. The removal of hydrogen takes place at the carbon atom next to the double bond and can be brought about by the action of,for instance,light and metals.

① 引发（诱导）期：酰基甘油中的不饱和脂肪酸，受到光线、热、金属离子和其他因素的作用，在邻近双键的亚甲基（α-亚甲基）上脱氢，产生自由基（R·），如用 RH 表示酰基甘油，其中的 H 为亚甲基上的氢，R·为烷基自由基，该反应过程一般表示如下。

$$RH \xrightarrow{hv} R\cdot + H\cdot$$

由于自由基的引发通常所需活化能较高，所以这一步反应相对较慢。一般的，光照、金属离子或氢过氧化物分解引发自动氧化的开始。

Once a free radical has been formed,it will combine with oxygen to form a peroxy-free radical,which can in turn abstract hydrogen from another unsaturated molecule to yield a peroxide and a new free radical,thus starting the propagation reaction. This reaction may be repeated up to several thousand times and has the nature of a chain reaction.

② 链传递：R·自由基与空气中的氧相结合，形成过氧化自由基（ROO·），而过氧化自由基又从其他脂肪酸分子的 α-亚甲基上夺取氢，形成氢过氧化物（ROOH），同时形成新的 R·自由基，如此循环下去，使大量的不饱和脂肪酸氧化。由于链传递过程所需活化能较低，故此阶段反应很快，产生大量的氢过氧化物。

$$R\cdot + O_2 \longrightarrow ROO\cdot$$

$$ROO\cdot + RH \longrightarrow ROOH + R\cdot$$

The propagation can be followed by termination if the free radicals react with themselves to yield non-active products. The hydroperoxides formed in the propagation stage of the reaction are the primary oxidation products.

③ 终止期：各种自由基和过氧化自由基互相聚合，形成环状或无环的二聚体或多聚体等非自由基产物，至此反应终止。

$$ROO\cdot + ROO\cdot \longrightarrow ROOR + O_2$$

$$ROO\cdot + R\cdot \longrightarrow ROOR$$

$$R\cdot + R\cdot \longrightarrow R\text{-}R$$

（3）氢过氧化物（ROOH）的形成　位于脂肪酸烃链上与双键相邻的亚甲基在一定条件下容易均裂而形成游离基，由于自由基受到双键的影响，具有不定位性，因而同一种脂肪酸在氧化过程中产生不同的氢过氧化物。下面分别以油酸酯、亚油酸酯和亚麻酸酯的模拟体系说明简单体系中的自动氧化反应氢过氧化物的生成机制。

① 油酸酯：图 5-9 中只画出了油酸中包括双键在内的四个碳原子，首先 8 位或 11 位上脱氢，生成 8 位或 11 位两种烯丙基自由基中间物。由于双键和自由基的相互作用，可导致 9 位或 10 位自由基的生成。氧对每个自由基上的碳进攻，生成 8-、9-、10-及 11-烯丙基氢过氧化物的异构混合物。在 25℃时，8 位或 11 位氢过氧化物中，反式与顺式的量差不多，但 9 位与 10 位异构体主要是反式。

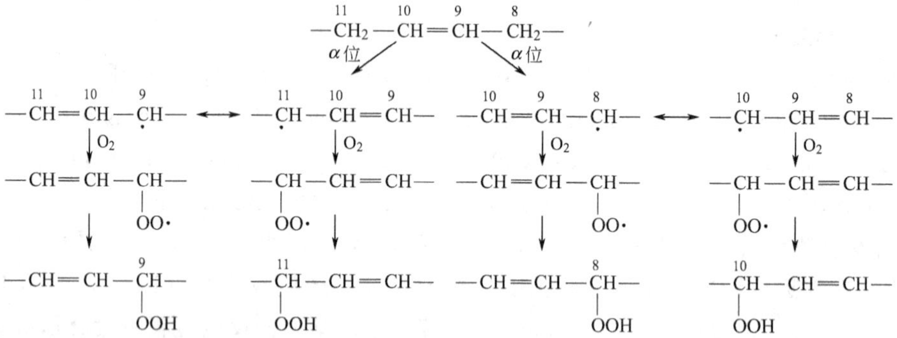

—CH_2(11)—CH(10)═CH(9)—CH_2(8)—（α位，α位）

—CH(11)═CH(10)—ĊH(9)— ⟷ —ĊH(11)—CH(10)═CH(9)—　　—CH(10)═CH(9)—ĊH(8)— ⟷ —ĊH(10)—CH(9)═CH(8)—

↓ O_2

—CH═CH—CH(OO·)—　　—CH(OO·)—CH═CH—　　—CH═CH—CH(OO·)—　　—CH(OO·)—CH═CH—

↓

—CH═CH—CH(9)(OOH)—　　—CH(11)(OOH)—CH═CH—　　—CH═CH—CH(8)(OOH)—　　—CH(10)(OOH)—CH═CH—

图 5-9　油酸酯产生的氢过氧化物

② 亚油酸酯：亚油酸酯的自动氧化速度是油酸酯的 10～40 倍，这是因为亚油酸中两个双键中间（11 位）的亚甲基受到相邻的两个双键双重活化非常活泼，所以只有一种自由基生成，并生成两种氢过过氧化物，9-与 13-氢过氧化物的量是相等的（图 5-10）。当油脂中油酸和亚油酸共存时，亚油酸可诱导油酸氧化，使油酸诱导期缩短。

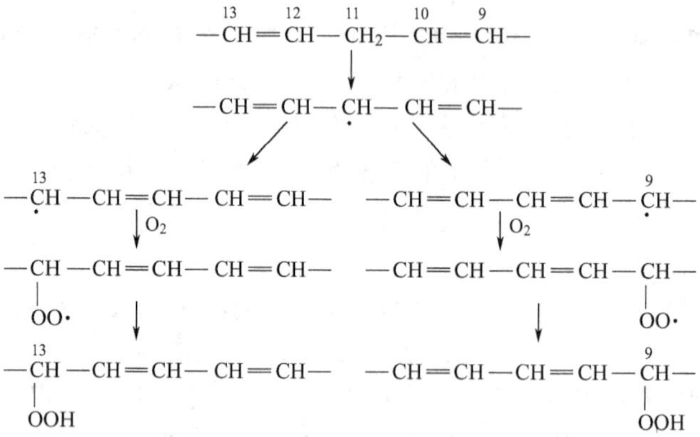

—CH(13)═CH(12)—CH_2(11)—CH(10)═CH(9)—

↓

—CH═CH—ĊH—CH═CH—

—ĊH(13)—CH═CH—CH═CH—　　—CH═CH—CH═CH—ĊH(9)—

↓ O_2

—CH(OO·)—CH═CH—CH═CH—　　—CH═CH—CH═CH—CH(OO·)—

↓

—CH(13)(OOH)—CH═CH—CH═CH—　　—CH═CH—CH═CH—CH(9)(OOH)—

图 5-10　亚油酸酯产生的氢过氧化物

③ 亚麻酸酯：亚麻酸中存在两个 1，4-戊二烯结构。碳 11 和碳 14 的两个活化的亚甲基脱氢后生成两个戊二烯自由基（图 5-11）。氧进攻每个戊二烯自由基的端基碳生成 9-、12-、13-和 16-氢过氧化物的混合物。反应中形成的 9-和 16-氢过氧化物的量大大超过 12-和 13-异构物，这是因为氧优先与碳 9 和碳 16 反应，且 12-和 13-氢过氧化物分解较快。

2. 光敏氧化

The light-induced oxidation or photo-oxidation results from the reactivity of an excited state of oxygen, known as the singlet oxygen. Ground-state or normal oxygen is the triplet

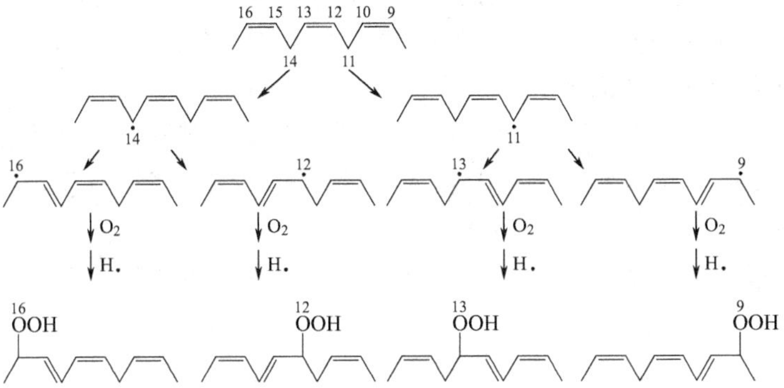

图 5-11　亚麻酸酯的自动氧化

oxygen. When oxygen is converted from the ground state to the singlet state,the oxygen is much more reactive. The singlet-state oxygen production requires the presence of a sensitizer. The sensitizer is activated by light,and can then either react directly with substrate or activate oxygen to the singlet state. In both cases,unsaturated fatty acid residues are converted into hydroperoxides. The light can be from the visible to ultraviolet region of the spectrum.

光敏氧化（photosensitized oxidation）是脂类的不饱和脂肪酸双键与单重态氧发生的氧化反应。光敏氧化可引发脂类的自动氧化反应。食品中存在的天然色素是光敏化剂，光敏化剂受到光照后吸收能量被激发，成为活化的分子。光敏氧化有两种途径，其一是光敏剂（sens）被激发后，直接与油脂作用，生成自由基，从而引发油脂的自动氧化反应。其二是光敏剂被光照激发后，通过与基态氧（三重态氧$^3O_2$）反应生成激发态氧（单重态氧$^1O_2$），高度活泼的单重态氧可以直接进攻不饱和脂肪酸双键部位上的任一碳原子，形成六元环过渡态，双键位移形成反式构型的氢过氧化物，生成的氢过氧化物种类数为 2 倍双键数。亚油酸酯的光敏反应机制如图 5-12。

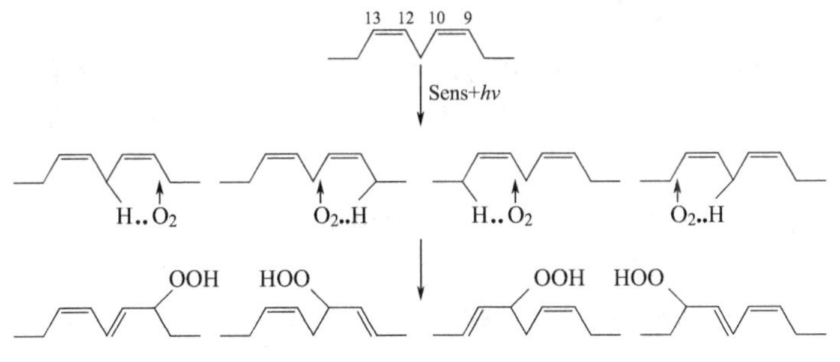

图 5-12　亚油酸酯光敏氧化机制

光敏氧化的特征包括：①不产生自由基，产物直接为氢过氧化物；②双键的顺式构型改变成反式构型；③没有诱导期；④光的影响远大于氧浓度的影响。

由于单重态氧$^1O_2$能量高，反应活性大，因此光敏氧化的速率比自动氧化快 1000 倍以上。光敏反应产生的氢过氧化物裂解生成自由基，可引发脂类的自动氧化反应。

单重态氧可以由多种途径产生，最主要的是由食品中的天然色素经光敏氧化产生，如叶绿素、脱镁叶绿素、血卟啉和肌红蛋白、合成色素赤藓红等都是很有效的光敏化剂。与此相反，β-胡萝卜素则是最有效的$^1O_2$淬灭剂，生育酚也有一定的淬灭效果，合成物质丁基羟基茴香醚（BHA）和丁基羟基甲苯（BHT）也是有效的$^1O_2$淬灭剂。

3. 氢过氧化物的分解及聚合

（1）氢过氧化物的分解　各种氧化途径产生的氢过氧化物只是一种反应中间体，非常不稳定，可裂解产生许多分解产物，其中产生的小分子醛、酮、酸等具有令人不愉快的气味即哈喇味，导致油脂酸败。

一般氢过氧化物的分解首先是在氧—氧键处均裂，生成烷氧自由基和羟基自由基。

$$R^1-\underset{\underset{\underset{OH}{|}}{O}}{\overset{}{CH}}-R^2COOH \longrightarrow R^1-\underset{\underset{\cdot}{O}}{\overset{}{CH}}-R^2COOH + \cdot OH$$

其次，烷氧自由基在与氧相连的碳原子两侧发生碳—碳键断裂，生成醛、酸、烃和含氧酸等化合物。

$$R^1-\underset{\underset{\cdot}{O}}{CH}-R^2COOH \longrightarrow \begin{cases} \underset{\text{醛}}{R^1\overset{O}{\overset{\|}{C}}-H} + \underset{\text{酸}}{\cdot R^2COOH} \\ \underset{\text{烃}}{R\cdot} + \underset{\text{含氧酸}}{\underset{\underset{\cdot}{O}}{CH}-R^2COOH} \end{cases}$$

此外，烷氧自由基还可通过下列途径生成酮、醇化合物。

$$R^1-\underset{\underset{\cdot}{O}}{CH}-R^2COOH \begin{cases} \xrightarrow{R^3O\cdot} R^1-\overset{O}{\overset{\|}{C}}-R^2COOH + R^3OH \\ \xrightarrow{R^4H} R^4\cdot + R^1-\underset{OH}{\underset{|}{CH}}-R^2COOH \end{cases}$$

其中生成的醛类物质的反应活性很高，可再分解为分子量更小的醛，典型的产物是丙二醛。小分子醛还可缩合为环状化合物，如己醛可聚合成具有强烈臭味的环状三戊基三噁烷。

（2）二聚物和多聚物的生成　二聚化和多聚化是脂类在加热或氧化时的主要反应，一般伴随着碘值的降低和相对分子质量、黏度以及折射率的增加。如双键与共轭二烯的 Diels-Alder 反应生成四代环己烯（图 5-13）。

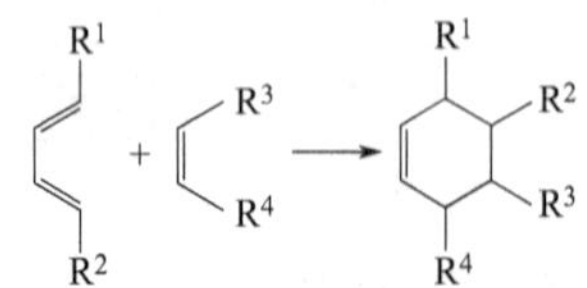

图 5-13　亚油酸的二聚化

4. 酶促氧化

脂肪在酶参与下所发生的氧化反应，称为酶促氧化（enzymtic oxidation）。

脂肪氧合酶（lipoxygenase：Lox）专一性地作用于具有 1，4-顺，顺-戊二烯结构的多不饱和脂肪酸（如 18：2、18：3、20：4），在 1,4-戊二烯的中心亚甲基处（即 ω8 位）脱氢形成自由基，然后异构化使双键位置转移，同时转变成反式构型，形成具有共轭双键的 ω6 和 ω10 氢过氧化物（图 5-14）。

此外，我们通常所说的酮型酸败也属酶促氧化，是由某些微生物繁殖时所产生的酶（如脱氢酶、脱羧酶、水合酶）的作用引起的。该氧化反应多发生在饱和脂肪酸的β-碳位上，因而又称为β-氧化作用，且氧化产生的最终产物酮酸和甲基酮具有令人不愉快的气味，故称为酮型酸败。

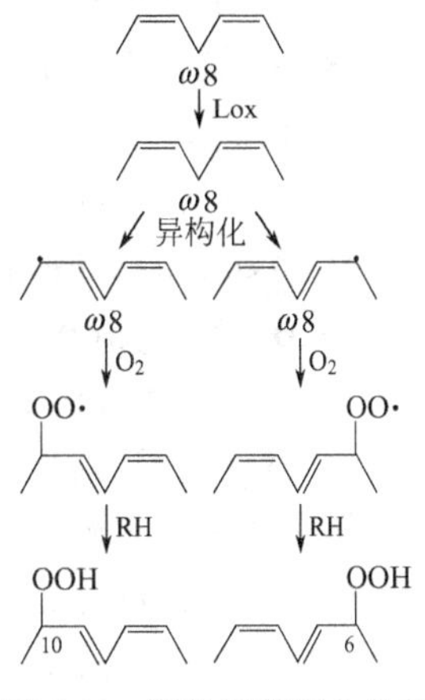

图 5-14 脂肪酶促氧化机理

5. 影响油脂氧化速率的因素

（1）油脂中的脂肪酸组成　油脂中的饱和脂肪酸和不饱和脂肪酸都能发生氧化反应，但饱和脂肪酸的氧化必须在特殊条件下才能发生，如有霉菌的繁殖，或有酶存在，或有氢过氧化物存在等，饱和脂肪酸能发生β-氧化作用而形成酮酸和甲基酮。但饱和脂肪酸的氧化速率往往只有不饱和脂肪酸的1/10。不饱和脂肪酸的氧化速率与本身双键的数量、位置、几何形状有关。花生四烯酸、亚麻酸、亚油酸与油酸氧化的相对速度约为40∶20∶10∶1。顺式酸比它们的反式酸易于氧化，而共轭双键比非共轭双键的活性强。游离脂肪酸与酯化脂肪酸相比，氧化速度要高一些。

（2）水分　纯净的油脂中要求含水量很低，以确保微生物不能在其中生长，否则会导致氧化。研究表明油脂氧化速度主要取决于水分活度。水分活度＜0.1的干燥食品中，油脂的氧化速度很快；当水分活度增加到0.3时，可阻止脂类氧化，使氧化速率降低，这可能由于水可降低金属催化剂的催化活性，同时可淬灭自由基，促进非酶褐变反应（产生具有抗氧化作用的化合物），阻止氧同食品接触；当水分活度再增高（0.3～0.7）时，氧化速度加快，可能与氧的溶解度增加、催化剂的流动性增加、分子暴露出更多的反应位点有关。水分活度＞0.8时，由于催化剂、反应物被稀释，脂肪的氧化反应速率降低。

（3）氧气　在非常低的氧气压力下，氧化速度与氧压力近似成正比，如果氧的供给不受限制，那么氧化速度与氧压力无关。氧化速度还与油脂暴露于空气中的表面积成正比，如膨松食品（方便面）中的油比纯净的油易氧化。因而可采取排除氧气，如真空或充氮包装、使用透气性低的包装材料来防止含油脂食品的氧化变质。

（4）金属离子　凡具有合适氧化还原电位的二价或多价过渡金属（如铝、铜、铁等）都可促进自动氧化反应。不同金属对油脂氧化反应的催化作用的强弱是：铜＞铁＞铬、钴、锌、铅＞钙、镁＞铝、锡＞不锈钢＞银。

食品中的金属离子主要来源于加工、贮藏过程中所用的金属设备，因而在油的制取、精制与贮藏中，最好选用不锈钢材料或高品质塑料。

（5）光敏化剂　光敏化剂是一类能够接受光能并把该能量转给分子氧的物质，大多数为有色物质，如叶绿素与血红素。与油脂共存的光敏化剂可使其周围产生过量的$^1O_2$而导致氧化加快。动物脂肪中含有较多的血红素，所以促进氧化；植物油中因为含有叶绿素，同样也促进氧化。

（6）温度　一般来说，氧化速度随温度的上升而加快，因为高温既能促进自由基的产生，也能促进氢过氧化物的分解与聚合。

（7）光和射线　可见光、不可见光（紫外线）和γ射线是有效的氧化促进剂，这主要是由于光和射线不仅能够促进氢过氧化物分解，而且还能引发未氧化的脂肪酸产生自由基，其中以紫外线和γ射线辐照能最强，因此，油脂和含油脂的食品宜用有色或遮光容器包装。在食品的辐照杀菌过程中，应注意由此引发的油脂的自动氧化问题。

(8) 抗氧化剂　抗氧化剂能减慢或延缓油脂自动氧化的速率。

6. 抗氧化剂

(1) 抗氧化剂的作用机理

Antioxidants can be very effective in slowing down oxidation and increasing the induction period. Many foods contain natural antioxidants,and tocopherols are the most important one. They are present in greater amounts in vegetable oils than in animal fats,which may explain the former' s greater stability. Synthetic antioxidants may be added in foods.

凡能延缓或减慢油脂自动氧化的物质称为抗氧化剂。抗氧化剂种类繁多，其作用机理也不尽相同，因此可分为自由基清除剂（酶与非酶类），单重态氧淬灭剂、金属螯合剂、氧清除剂、酶抑制剂、过氧化物分解剂、紫外线吸收剂等。

① 非酶类自由基清除剂：主要包括天然成分维生素 E、维生素 C、β-胡萝卜素和还原型谷胱甘肽（GSH），合成的酚类抗氧化剂丁基羟基茴香醚（BHA）、二丁基羟基甲苯（BHT）、没食子酸丙酯（PG）、叔丁基对苯二酚（TBHQ）等，它们均是优良的氢供体或电子供体。若以 AH 代表抗氧化剂，则它与脂类（RH）的自由基反应如下。

$$R\cdot + AH \longrightarrow RH + A\cdot$$

$$ROO\cdot + AH \longrightarrow ROOH + A\cdot$$

$$ROO\cdot + A\cdot \longrightarrow ROOA$$

$$A\cdot + A\cdot \longrightarrow A_2$$

由上述反应可知，此类抗氧化剂可以与油脂自动氧化反应中产生的自由基反应，将之转变为更稳定的产物，而抗氧化剂自身生成较稳定的自由基中间产物（A·），并可进一步结合成稳定的二聚体（A_2）和其他产物（如 ROOA 等），导致 R·减少，使得油脂的氧化链式反应被阻断，从而阻止了油脂的氧化。但须注意的是将此类抗氧化剂加入到尚未严重氧化的油中是有效的，但将它们加入到已严重氧化的体系中则无效，因为高浓度的自由基掩盖了抗氧化剂的抑制作用。

② 单重态氧淬灭剂：与单重态氧作用，使其转变成三重态氧，所以含有许多双键的类胡萝卜素是较好的$^1O_2$淬灭剂。其作用机理是激发态的单重态氧将能量转移到类胡萝卜素上，使类胡萝卜素由基态（^{1}类胡萝卜素）变为激发态（^{3}类胡萝卜素），而后者可直接放出能量恢复到基态。

$$^1O_2 + {}^1\text{类胡萝卜素} \longrightarrow {}^3O_2 + {}^3\text{类胡萝卜素}$$

此外，$^1O_2$淬灭剂还可使光敏化剂由激发态恢复到基态。

$$^1\text{类胡萝卜素} + {}^3Sen^* \longrightarrow {}^3\text{类胡萝卜素} + {}^1Sen$$

③ 金属离子螯合剂：食用油脂通常含有微量的金属离子、重金属，尤其是那些具有两价或更高价态的重金属可缩短自动氧化反应诱导期的时间，加快脂类化合物氧化的速度。金属离子（M^{n+}）作为助氧化剂起作用，一是通过电子转移，二是通过下列反应从脂肪酸或氢过氧化物中释放自由基。

$$ROOH + M^{(n+1)+} \longrightarrow M^{n+} + H^+ + R\cdot$$

$$ROOH + M^{n+} \longrightarrow RO\cdot + OH^- + M^{(n+1)+}$$

$$ROOH + M^{(n+1)+} \longrightarrow ROO\cdot + M^{n+} + H^+$$

柠檬酸、酒石酸、抗坏血酸（维生素 C）、EDTA、磷酸衍生物等物质对金属具有螯合作用而使它们钝化，从而起到抗氧化的作用。

④ 氧清除剂：氧清除剂通过除去食品中的氧而延缓氧化反应的发生，可作为氧清除剂的化合物主要有抗坏血酸、抗坏血酸棕榈酸酯、异抗坏血酸、异抗坏血酸盐等。在清除罐头和瓶装食品的顶隙氧方面，抗坏血酸的活性强一些，而在含油食品中则以抗坏血酸棕榈酸酯的抗氧化活性更强，这是因为其在脂肪层的溶解度较大。此外，抗坏血酸与生育酚结合可使抗氧化效果更佳，这是因为抗坏血酸能将脂类自动氧化产生的氢过氧化物分解成非自由基产物。

(2) 增效作用

Food systems usually contain endogenousmulticomponent antioxidant systems. In addition,exogenous antioxidants can be added to processed foods. The presence of multiple antioxidants will enhance the oxidative stability of the product owing to interactions between antioxidants. Synergism is often used to describe antioxidant interactions. For antioxidant interactions to be synergistic,the effect of the antioxidant combination must be greater than the sum of the two individual antioxidants. However,in most cases the effectiveness of antioxidant combinations often is equal to or less than their additive effect. While antioxidant combinations can be used to effectively increase the shelf-life of foods,caution should be used in claiming synergistic activity.

在实际应用抗氧化剂时，常同时使用两种或两种以上的抗氧化剂，几种抗氧化剂之间产生协同效应，导致抗氧化效果优于单独使用一种抗氧化剂，这种效应被称为增效作用。其增效机制通常有两种。

① 两种游离基受体中，其中增效剂的作用是使主抗氧化剂再生，从而引起增效作用。如同属酚类的抗氧剂 BHA 和 BHT，前者为抗氧化剂，它将首先成为氢供体，而 BHT 由于空间阻碍只能与 ROO· 缓慢地反应，BHT 的主要作用是使 BHA 再生。

② 增效剂为金属螯合剂。如酚类+抗坏血酸，其中酚类是主抗氧化剂，抗坏血酸可螯合金属离子，此外抗坏血酸还可作为氧清除剂，也具有使酚类抗氧化剂再生的作用，两者联合使用，抗氧化能力更强。

7. 氧化脂质的安全性

油脂氧化是自由基链反应，自由基的高反应活性，可导致机体损伤、细胞破坏、人体衰老等；油脂氧化过程中产生的过氧化脂质几乎能和食品中的所有成分反应，导致食品的外观、质地和营养质量的劣变，甚至会产生突变的物质。

① 油脂自动氧化过程中产生的氢过氧化物及其降解产物可与蛋白质反应，导致蛋白质溶解度降低（蛋白发生交联），颜色变化（褐变），营养价值降低（必需氨基酸损失）。

$$RO\cdot + Pr \longrightarrow Pr\cdot + ROH$$

$$Pr\cdot + Pr\cdot \longrightarrow Pr\text{-}Pr + Pr\cdot \longrightarrow Pr\text{-}Pr\text{-}Pr + \cdots$$

② 油脂自动氧化过程中产生的氢过氧化物几乎可与人体内所有分子或细胞反应，破坏 DNA 和细胞结构。例如，酶分子中的—NH_2与丙二醛发生交联反应而失去活性，蛋白质交联后丧失生物功能，这些破坏了的细胞成分被溶酶体吞噬后，又不能被水解酶消化，在体内积累产生老年色素（脂褐素）。

③ 油脂自动氧化过程中产生的醛可与蛋白质中的氨基缩合，生成席夫碱后继续进行醇醛缩合反应，生成褐色的聚合物和有强烈气味的醛，导致食品变色，并且改变食品风味，这

也是导致鱼蛋白在冷冻贮藏后溶解度降低，鱼肉质变硬的原因之一。

O　O ⇌ O　O $\xrightarrow{2PrNH_2}$ Pr—N　NH—Pr

三、 油脂的热解

油脂在高温下会发生聚合、缩合、氧化和分解等反应，生成低级脂肪酸、羟基酸、酯、醛以及产生二聚体、三聚体，使脂类的品质下降，如色泽加深，黏度、酸价增高，碘值下降，折光率改变，还会产生刺激性气味，同时营养价值也有所下降。在高温条件下，油脂中的饱和脂肪酸与不饱和脂肪酸反应情况不一样，二者在有氧和无氧的条件下有不同反应，反应情况如图 5-15 所示。

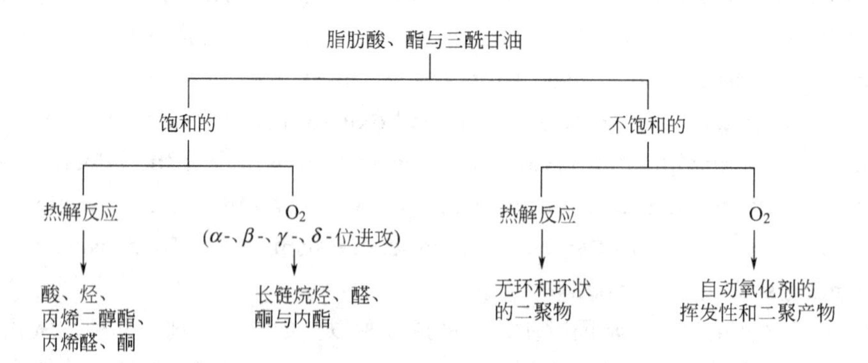

图 5-15　脂类热分解

1. 饱和油脂在无氧条件下的热解反应

一般来说，饱和脂肪酸酯必须在高温条件下加热才产生显著的非氧化反应。同酸三酰基甘油酯在真空条件下加热后，其分解产物中主要为 n 个碳（与原有脂肪酸相同碳数）的脂肪酸、$2n-1$ 个碳的对称酮、n 个碳的脂肪酸羰基丙酯，另外还产生一些丙烯醛、CO 和 CO_2，因而，无氧热解反应是从脱酸酐开始的。

2. 饱和油脂在有氧条件下的热氧化反应

饱和脂肪酸酯在空气中加热到 150℃以上时会发生氧化反应，其产物主要为不同分子量的醛和甲基酮，也有一定量的烷烃与脂肪酸，少量的醇与 γ-内酯。一般认为在这种条件下，氧优先进攻离羰基较近的 α-、β-、γ-碳原子，形成氢过氧化物，然后再进一步分解。例如，当氧进攻 β-位碳原子时，生成的产物见图 5-16。

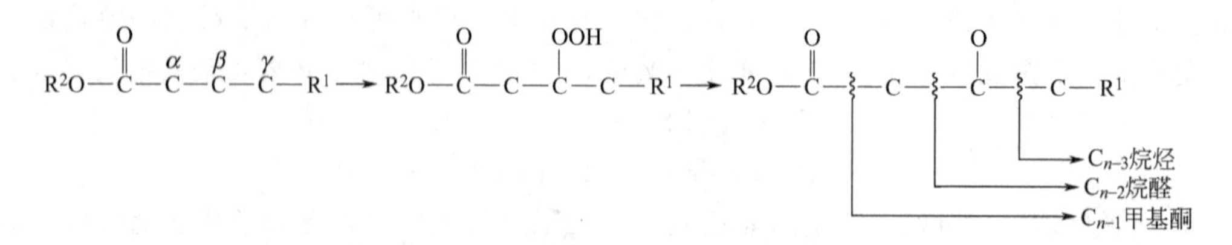

图 5-16　饱和油脂在 β-位的氧化热解

3. 不饱和油脂在无氧条件下的热聚合

不饱和油脂在隔氧（如真空、二氧化碳或氮气的无氧）条件下加热至高温（低于 220℃），油脂在邻近烯键的亚甲基上脱氢，产生自由基，但是该自由基并不能形成氢过氧化物，它进一步与邻近的双键作用，断开一个双键又生成新的自由基，反应不断进行下去，最终产生各种二聚化合物。热聚合可发生在一个酰基甘油分子中的两个酰基之间，形成分子内的环状聚合物，也可以发生在两个酰基甘油分子之间。

不饱和油脂在高于220℃，无氧条件下加热时，除了有聚合反应外，还会在烯键附近断开C-C键，产生低分子量的物质。

4. 不饱和油脂在有氧条件下的热氧化与聚合反应

不饱和油脂在空气中加热至高温时能引起氧化与聚合反应，其氧化的主要途径与自动氧化反应相同，但是反应速率要快得多。

油脂在加热时的热分解会引起油脂的品质下降，并对食品的营养和安全方面带来不利影响。但这些反应也不一定都是负面的，油炸食品香气的形成与油脂在高温条件下的某些产物有关，如羰基化合物（烯醛类）。

四、 油炸用油的化学变化

与其他食品加工或处理方法相比，油炸引起脂肪的化学变化是最大的，而且在油炸过程中，食品吸收了大量的脂肪，可达产品重的5%～40%（如油炸马铃薯片的含油量为35%）。油脂在油炸过程中发生了一系列变化，如①水连续地从食品中释放到热油中。这个过程相当于水蒸气蒸馏，将油中挥发性氧化产物带走，释放的水分也起到搅拌油和加速水解的作用，并在油的表面形成蒸汽层，从而可以减少氧化作用所需的氧气量。②在油炸过程中，由于食品自身或食品与油之间相互作用产生一些挥发性物质，例如，马铃薯油炸过程中产生硫化合物和吡嗪衍生物。③食品自身也能释放一些内在的脂类（例如鸡、鸭的脂肪）进入到油炸用油中，因此，新的混合物的氧化稳定性与原有的油炸用油就大不相同，食品的存在加速了油变暗的速度。

第四节　脂肪的延伸阅读

一、 核磁共振测定固体脂肪

用膨胀法测定固体脂肪（SFI）比较精确，但比较费时，而且只适用于测定低于50%的SFI。现已大量地采用宽线核磁共振（NMR）法代替膨胀法测定固体脂肪，该法能测定样品中固体的氢核（固体中H的衰减信号比液体中的H快）与总氢核数量比，即为NMR固体百分含量。现在，普遍使用自动的脉冲核磁共振，比宽线NMR技术更为精确。近来提出使用超声技术代替脉冲NMR或者辅助脉冲NMR，它的依据是固体脂肪的超声速率大于液体油。

二、 脂肪替代物

脂肪为人体营养所必需，能提供人体活动的一部分热量。它作为食品主要组成之一，提供了风味、口感及香气，使产品具备肥满可口、柔滑细腻的特性。但脂肪摄入过多，会给人体健康带来危害，如导致肥胖、心血管疾病等。近年来美国、日本以及欧洲一些国家纷纷致力于脂肪替代物的研制和开发，以期制造低脂肪、高品质的食品，脂肪替代物也应运而生。

脂肪替代物主要有两大类型，代脂肪（fat substitutes）和模拟脂肪（fat mimics）。代脂肪，通常为大分子化合物，是以脂肪酸为基础的酯化产品，具有类似油脂的物理性质，可部分或完全替代食品中的脂肪，在冷却及高温条件下稳定。模拟脂肪以碳水化合物（树胶、淀粉、果胶、纤维素等）或蛋白质（如牛乳、乳清、大豆、明胶以及小麦谷蛋白等）为基础成分，原料经过物理方法处理，能模拟出脂肪润滑细腻的口感特性，但是不耐高温处理。

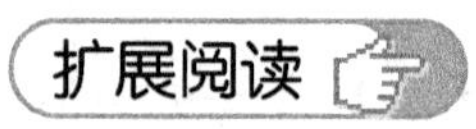

▶▶ 思考题

1. 什么叫同质多晶？常见同质多晶型有哪些？各有何特性？

2. 油脂的塑性受哪些因素影响？如何通过化学改性获得塑性脂肪？

3. 油脂自动氧化的历程是怎样的？影响油脂氧化的因素有哪些？如何评价油脂氧化的程度和安全性？

4. 高温、长时间加热的油主要发生哪些化学变化？其安全性如何？

5. 什么叫乳浊液？决定乳浊液性质的因素有哪些？乳化剂稳定乳浊液的机理如何？如何根据 HLB 值选择乳化剂？

6. 抗氧化剂的抗氧化原理是什么？

第六章 »

维生素和矿物质

本章提要

1. 掌握维生素在食品贮存、处理、加工中所发生的物理化学变化，以及对食品品质所产生的影响。

2. 掌握矿物质在食品贮存、处理、加工中所发生的变化，以及对食品品质所产生的影响。

人体在生长、发育过程中，不仅需要充足的蛋白质、脂肪、碳水化合物等营养物质，而且还需要摄入一些其他有机物、无机物，否则机体也会出现营养缺乏的症状。这些有机物或无机物主要是维生素和矿物质，它们在体内不提供能量，机体对其需要量通常在毫克（mg）或微克（μg）水平。维生素在生物体中的含量低，但是具有非常重要的生物活性。矿物质在机体中无法合成，必须从食物中摄入，摄入不足可导致疾病，过量摄入则可能导致中毒。目前，因缺乏维生素、矿物质而导致的疾病或死亡不多见，但即使在最发达的国家，一些人群仍然存在缺乏症问题。本章主要介绍维生素和矿物质在食品加工和保藏过程中的变化及其对食品品质的影响。

第一节 维 生 素

透过现象看本质

6-1. 长时间在阳光下放置的水果和蔬菜，其维生素会被破坏吗？

6-2. 谷物加工的精度越高，其营养价值越高吗？

6-3. 热烫是水果和蔬菜加工中不可或缺的一种处理方法，这种加工方法对保持果蔬中的维生素有利吗？

6-4. 为什么牛奶在日光下暴晒会产生日光臭味？ 

一、 概述

Vitamins are minor but essential constituents of food. They are required for the normal growth,maintenance and functioning of the human body. Hence,their preservation during the storage and processing is important. Vitamin losses can occur through chemical reactions which lead to inactive products,or by extraction or leaching,as in the case of water-soluble vitamins during blanching and cooking.

维生素（vitamins）是活细胞为了维持正常生理功能所必需的但需要量极微的天然有机物质的总称。目前已发现的维生素有 20 多种，但这些维生素大部分不能在人体内合成，或者是合成量不足，不能满足人体的需求，所以必须从食物中摄入（虽然在人类肠道中微生物可以合成一些维生素，但是这些微生物一般存在于大肠中，而在这一部位维生素的吸收量很低）。现在维生素中有一部分可通过化学反应人工合成，还有一部分人工合成比较困难，此外一些有机化合物在人体内可以通过一定的途径或方式转化为某种维生素，例如色氨酸可以转化为尼克酸、β-胡萝卜素可以转化为维生素 A，这些有机物可以看成是维生素的前体（维生素原）。

Vitamins are usually divided into two general classes:the fat-soluble vitamins,such as A, D,E and K,and the water-soluble vitamins,B_1,B_2,B_6,nicotinamide,pantothenic acid,biotin,folic acid,B_{12} and C.

根据维生素的溶解特征，通常分为两大类：脂溶性维生素和水溶性维生素。从维生素的稳定性、机体吸收方式等方面来看，水溶性维生素在食品的加工过程中较容易损失（如维生素 C），而脂溶性维生素在机体中的吸收通常与机体对脂类化合物的消化吸收有关。表 6-1 给出了各种维生素的生理功能作用及其主要的食物来源。

表 6-1　主要维生素的分类、生理功能及来源

分类		名称	俗称	生理功能	主要来源
水溶性维生素	B 族	维生素 B_1	硫胺素	维持神经传导，预防脚气病	酵母、谷类、肝脏、胚芽
		维生素 B_2	核黄素	促进生长，预防唇舌炎、溢脂性皮炎	酵母、肝脏
		维生素 B_5	烟酸、尼克酸	预防癞皮病、皮炎、舌炎	酵母、胚芽、肝脏、米糠
		维生素 B_6	吡哆醛	与氨基酸代谢有关	酵母、胚芽、肝脏、米糠
			叶酸	预防恶性贫血、口腔炎	肝脏、植物叶
		维生素 B_{12}	钴胺素	预防恶性贫血	肝脏
		维生素 H	生物素	促进脂类代谢，预防皮肤病	肝脏、酵母
			泛酸	促进代谢	肉类、谷类、新鲜蔬菜
	C 族	维生素 C	抗坏血酸	预防及治疗坏血病，促进细胞间质生长	蔬菜、水果
脂溶性维生素		维生素 P	芦丁	维持血管正常通透性	柠檬
		维生素 A	视黄醇	预防表皮细胞角化，防治干眼病	鱼肝油、绿色蔬菜
		维生素 D	骨化醇	调节钙磷代谢，预防佝偻病	鱼肝油、牛奶
		维生素 E	生育酚	预防不育症	谷类胚芽及其油
		维生素 K	止血维生素	促进血液凝固	肝脏、菠菜

二、 维生素在食品加工和贮藏中的变化

食品中的维生素在加工与贮藏过程中受各种因素的影响，其损失程度取决于各种维生素的稳定性。食品中维生素损失的因素主要有食品原料本身的性质，如品种、成熟度、加工前的预处理、加工方式、贮藏时间和温度等。此外，维生素的损失与原料栽培的环境、植物采后或动物宰后的生理也有一定的关系。因此，在食品加工与贮藏过程中应最大限度地减少维生素的损失，并保证产品的安全性。表 6-2 总结了维生素在不同条件下的稳定性。

表 6-2 维生素的稳定性

维生素	光	热	氧化剂	还原剂	酸	碱	烹调损失率/%
维生素 A	+++	++	+++	+	++	+	40
维生素 D	+++	++	+++	+	++	++	40
维生素 E	++	++	++	+	+	++	55
维生素 K	+++	+	++	+	+	+++	5
维生素 C	+	++	+++	+	++	+++	100
维生素 B_1	++	++	+	+	+	+++	80
维生素 B_2	+++	+	+	++	+	+++	75
烟酸(尼克酸)	+	+	+	++	+	+	75
维生素 B_6	++	+	+	+	++	++	40
维生素 B_{12}	++	++	+	+++	+++	+++	10
泛酸	+	++	+	+	+++	+++	50
叶酸	++	+	+++	+++	++	++	100
生物素	+	+	+	+	++	++	60

注：+几乎不敏感；++敏感；+++高度敏感。

(一) 食品原料本身的影响

1. 成熟度

果蔬中的维生素含量随着成熟期、生长地、气候的变化而异。在果蔬的成熟过程中，维生素的含量由其合成与降解速率决定。如番茄成熟前，维生素 C 的含量最高（表 6-3）；但辣椒在成熟期，维生素 C 含量最高。

表 6-3 成熟度对番茄中维生素 C 含量的影响

开花期后周数	平均重量/g	色泽	维生素 C 含量/(mg/100g)
2	33.4	绿	10.7
3	57.2	绿	7.5
4	102	黄～绿	10.9
5	146	红～绿	20.7
6	160	红	14.6
7	168	红	10.1

2. 不同组织部位

植物不同组织部位的维生素含量不同，一般根部维生素含量最低，其次是果实和茎，维生素含量最高的部位是叶片。对于水果，一般表皮中维生素的含量最高，而核芯的维生素含量最低。

3. 采后或宰后

食物原料从采收或屠宰后到加工前的这段时间内，其维生素含量会发生很大变化。由于内源酶的作用，会使某些维生素的存在形式发生变化，如从辅酶状态转变为游离态。脂肪氧

合酶和维生素C氧化酶的作用直接导致维生素的损失。如豌豆从收获、运输到加工30min后，维生素C的含量有所降低；新鲜蔬菜在室温下贮存24h，就会引起维生素C的损失，如果在采后立即进行冷藏，维生素C氧化酶被抑制，维生素损失量减少。因此，加工时应尽可能选用新鲜原料或将原料及时冷藏处理，以减少维生素的损失。

（二）食品加工过程

1. 研磨

碾磨是谷物所特有的加工方式。谷类的维生素主要分布在谷物的胚及皮层中。谷物制粉时，碾磨和分级过程中要除去糠麸（种皮）和胚芽，因而会造成维生素的损失。通常，谷物碾磨的越精细，维生素的损失越多。例如，大米中的硫胺素，在标准米中损失41%，中白米为57%，上白米为62%。目前，世界上发达国家已普遍使用维生素强化米面食品，以保证其一定的维生素含量。

2. 切分、去皮

食品中水溶性维生素损失的一个主要途径是经切口或易受损的表面流失。植物原料在加工前，一般要经过修整或切分处理，会造成维生素的损失。如苹果皮中抗坏血酸的含量比果肉高，胡萝卜表皮层的烟酸含量比其他部位高。在一些食品去皮的过程中由于使用强烈的化学物质（如碱液处理），既会破坏表层组织中的维生素，又会因为溶解而损失水溶性维生素。植物不同部位也存在着营养素含量的差异，因而在摘除蔬菜的叶、茎部分时，也会造成部分营养素的损失。

动植物产品经切分或其他处理而使组织损伤，遇水后会造成水溶性维生素的损失。

3. 漂洗

漂洗会导致部分水溶性维生素的损失。如大米经漂洗后B族维生素的损失率为60%，总维生素为47%；而且漂洗的次数越多，大米的B族维生素损失越多。这是因为B族维生素主要存在于米粒表面的细米糠中。

4. 热处理

(1) 热烫处理　热烫是水果和蔬菜加工中不可或缺的处理方法，这种处理可以钝化酶类、减少微生物污染、除去空气，有利于食品贮存期间保持维生素的稳定。但这种处理方式也会导致水溶性维生素的损失，其原因主要有两方面：一是维生素发生热降解而被破坏，二是维生素在水中的溶解而流失。通常，短时间的高温烫漂可以减少维生素的损失（破坏一些酶的活性），烫漂时间越长，维生素损失越大。如小白菜在100℃的水中烫2min，维生素C损失率高达65%；烫10min以上，维生素C几乎消失殆尽。再如，食品切分越细，单位质量表面积越大，水溶性维生素的损失越大。不同烫漂类型对维生素影响的顺序为：沸水＞蒸汽＞微波。此外，热处理后的冷却方法对维生素的损失也有影响，以空气冷却时的损失较小，而以水冷却时则会由于水溶性维生素在水中的溶解量增加而增加损失量。

(2) 脱水干燥　脱水干燥是保藏食品的主要方法之一，但会导致维生素的大量损失。如脱水可使牛肉、鸡肉中的生育酚损失36%～45%，胡萝卜中的类胡萝卜素损失35%～47%。干燥温度低可以减少维生素的损失，如冷冻干燥。

(3) 加热　加热是延长食品保藏期最重要的方法，也是食品加工中应用最多的方法之一。热加工有利于改善食品的某些感官性质，提高营养素在体内的消化和吸收，但会造成维生素不同程度的损失。高温可加快维生素的降解，pH、金属离子、溶氧浓度、维生素的存在形式影响降解速率，如隔绝氧气、除去某些金属离子可提高维生素C的存留率。

为了提高食品的安全性和货架寿命，常采用加热灭菌以杀死其中的微生物。高温短时杀菌不仅能有效杀死有害微生物，而且可以最大程度的减少维生素的损失（表6-4）。

表 6-4 不同热处理时牛乳中维生素的损失 %

处理	维生素B_1	维生素B_2	维生素B_6	维生素B_5	泛酸	叶酸	维生素H	维生素B_{12}	维生素C	维生素A	维生素D
63℃,30min	10	0	20	0	0	10	0	10	20	0	0
70℃,15s	10	0	0	0	0	10	0	10	10	0	0
超高温杀菌	10	10	20	0	Δ	<10	0	20	10	0	0
瓶装杀菌	35	0	*	0	Δ	50	0	90	50	0	0
浓缩	40	0	*	Δ	Δ	Δ	10	90	60	0	0
加糖浓缩	10	0	0	0	Δ	Δ	10	30	15	0	0
滚筒干燥	15	0	0	Δ	Δ	Δ	10	30	30	0	0
喷雾干燥	10	0	0	Δ	Δ	Δ	10	20	20	0	0

注：* 表示维生素损失率大于90%；Δ表示维生素的损失率小于1%。

5. 烹调

烹调方法不当，会造成食品中维生素特别是水溶性维生素的严重损失。例如小白菜切段，旺火快炒2min，抗坏血酸可保留60%～70%，切丝则保留49%；若炒后再熬煮10min，则抗坏血酸仅保留20%左右。又如猪肝炒3min，硫胺素和核黄素的损失仅为1%，而卤猪肝的损失增加到37%。由此可见，烹调时间长，原料切得细小，维生素的损失就大。加水量多，溶于汤水中的水溶性维生素就越多，损失也越大。另外，原料先切后洗也会导致水溶性维生素的大量损失。

（三）贮藏过程

食品在贮藏期间，维生素的损失是不可避免的。如维生素A、维生素B_2、维生素B_6、维生素E、维生素K对光不稳定；维生素B_1、维生素C、叶酸、泛酸对热不稳定。在有氧条件下，尤其是伴随有氧化酶和微量金属时，易于氧化的维生素A、维生素E、维生素C会严重破坏或完全损失。

收获的水果和蔬菜在常温下长时间存放会造成维生素的损失。有研究表明，在23℃下贮藏2个月的马铃薯片，生育酚损失77%，抗坏血酸损失15%～20%。苹果在常温下贮藏2～3个月，抗坏血酸的含量减少60%。绿色蔬菜损失更为严重，在室温下贮藏只要几天抗坏血酸就几乎全部损失。

维生素含量的减少与贮藏温度有直接的关系。降低温度一般会提高维生素的稳定性。例如将杏子、番茄汁、橙汁在38℃下贮藏12个月，硫胺素的损失分别为65%、40%、22%；而在1.5℃下贮藏同样长的时间，损失分别降至28%、0%、0%。因此对食品进行冷冻冷藏能较好地保存维生素。

冷冻保藏的食品维生素损失主要包括贮存过程中的化学降解和解冻过程中的水溶性维生素的流失。由于维生素C和B族维生素是最容易发生降解的水溶性维生素，常被用作衡量食品中其他维生素损失情况的指标。例如，蔬菜类经冷冻后会损失37%～56%的维生素，肉类食品经冷冻后泛酸的损失为21%～70%。又如，在－18℃贮存6～12个月的条件下，甘蓝、菜花、菠菜的维生素损失率分别为49%、50%和65%。水果及其产品经冷冻后，维生素的损失较复杂，与许多因素有关，如种类、品种、汁液固体比、包装材料等。

辐射保藏主要用于肉类食品的杀菌防腐和蔬菜水果的保藏。例如，采用^{60}Co的γ射线辐照保藏洋葱、土豆、苹果、草莓，不但延长了保藏期，而且改善了商品质量。射线辐照对B族维生素的影响取决于辐射温度、辐射剂量和辐射率。与传统的热灭菌方法相比，它可以减少B族维生素的损失和降解，对维生素B_2和尼克酸的影响较小。

（四）食品的化学变化

食品在加工贮藏过程中不仅风味会发生变化，而且营养成分也会损失或受到破坏，食品中脂类的氧化作用导致氢过氧化物、过氧化物和环过氧化物的生成，它们会使胡萝卜素、维生素C和维生素E氧化，也会使其他易氧化的叶酸、生物素、维生素B_{12}及维生素D等受到损失。此外，过氧化物也可以导致维生素B_1、维生素B_6和泛酸等的破坏。碳水化合物的非酶褐变反应所生成的高度活泼的羰基化合物（还原酮）也可破坏共存的维生素。

（五）食品添加剂

食品加工中为了防止食品的腐败变质或提高食品的感官质量等，常需添加一些食品添加剂，有的食品添加剂对维生素有一定的影响。如氧化剂通常对维生素A、维生素C和维生素E有破坏作用，所以在面粉中使用漂白剂等氧化剂往往会降低这些维生素的含量。亚硫酸盐（或SO_2）常用来防止水果、蔬菜的酶促褐变和非酶促褐变以改善感官质量，它作为还原剂时也可以保护维生素不被氧化，但是作为亲核试剂则可破坏维生素B_1；为了改善肉制品的颜色，往往添加硝酸盐或亚硝酸盐，而有些蔬菜本身如菠菜、甜菜中也有浓度很高的亚硝酸盐，食品中的亚硝酸盐不但与维生素C能快速反应，而且还会破坏胡萝卜素、维生素B_1和叶酸等。烹调中使用的碱性发酵粉使pH值近于9，在此条件下，硫胺素、抗坏血酸、泛酸类维生素被破坏的可能性增加。

三、食品加工中主要维生素的变化

（一）维生素A

维生素A是一类具有生物活性的不饱和烃，包括维生素A_1（视黄醇，retinol）及其衍生物（酯、醛、酸），维生素A_2（即3-脱氢视黄醇）；另外，植物中的天然色素——类胡萝卜素，在体内可经过代谢转化为维生素A，也称为维生素A原。见图6-1。

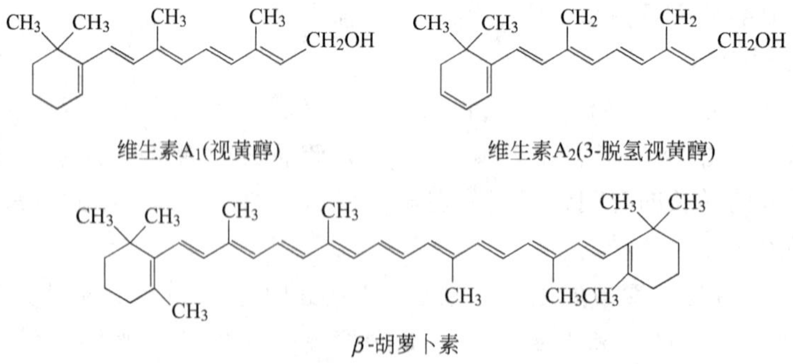

维生素A_1(视黄醇)　　维生素A_2(3-脱氢视黄醇)

β-胡萝卜素

图6-1　维生素A和β-胡萝卜素的化学结构

在贮存过程中，大多数食品中的维生素A或类胡萝卜素的降解速度非常缓慢，尤其是低温、短时间贮存。

由于维生素A分子结构的高度不饱和，所以很容易被空气或氧化剂所氧化。凡是促进脂类氧化的因素如氧气、自由基、氧化剂、脂肪氧合酶等都会加速维生素A的损失，光照可以加速其氧化反应，如牛乳加热时最好放在避光的容器中。维生素A和类胡萝卜素可在有氧条件下被氧化，也可受脂肪氧化所产生的自由基的影响而发生间接氧化。

一般的加热、碱性条件和弱酸性条件下，维生素A比较稳定，但在无机强酸中不稳定。在缺氧条件下，维生素A对热相当稳定。如无氧杀菌时，维生素A的总损失量取决于温度、时间和类胡萝卜素的性质，一般损失量在5%～50%。在有氧条件下，高温时维生素A可能会有一些损失。果、蔬、乳等食品中的维生素A对热烫、消毒、碱、冷冻预处理比较稳定。果蔬在冷冻贮藏前，先进行热烫对防止维生素维生素A的损失是有好处的。

若食品中含有磷脂、维生素E等天然抗氧化剂时，维生素A和维生素A原就比较稳定。

β-胡萝卜素的氧化、降解的途径如图6-2所示。

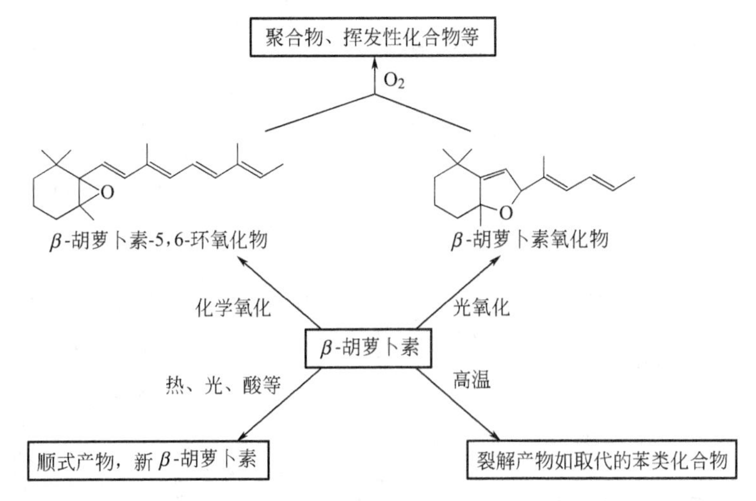

图6-2　β-胡萝卜素的氧化、降解的途径与产物

（二）维生素D

维生素D是一些具有胆钙化醇生物活性的类固醇的统称，主要包括维生素D_2即麦角钙化醇（ergocalciferol）和维生素D_3即胆钙化醇（cholecalciferol）两种。

维生素D比较稳定，在食品的加工和贮藏时很少损失。在中性和碱性溶液中，耐高温和氧化；在酸性溶液中，维生素D逐渐被分解。通常的食品消毒、煮沸和高压灭菌都不影响维生素D的活性。冷冻贮存对牛乳和黄油等食品中维生素D的影响不大。

维生素D对光敏感，易被紫外线照射而被破坏，在光照、有氧存在的条件下会被迅速破坏。在避光和无氧条件下，维生素D的损失不大，所以需保存于不透光的密闭容器中。

结晶态的维生素D对热稳定，但在油脂中容易形成异构体，油脂的氧化酸败也会使其所含的维生素D破坏。

（三）维生素E

维生素E又称生育酚，从其化学结构上看，它是6-羟基苯并二氢吡喃（母育酚）的衍生物，包括生育酚和生育三烯酚。

维生素E对热及酸稳定，即使加热至200℃亦不被破坏，但对氧、氧化剂不稳定，对强碱也不稳定，油脂酸败可加速维生素E的破坏，并且金属离子（如Fe^{2+}）的存在能促进维生素 E 的氧化。

食品在加工和贮藏过程均会引起维生素 E 的损失，这种损失或是由于机械作用而损失，或是由于氧化作用损失。例如，谷物脱胚后，维生素 E 损失约 80%，油炸马铃薯片在室温下贮存 2 周后几乎损失 50% 的维生素 E，罐头食品可导致肉和蔬菜中的维生素 E 损失 41%～65%。

维生素 E 易受分子氧和自由基的氧化（图 6-3）。如肉类腌制中，亚硝胺合成是通过自由基机制进行的；而维生素 E 有终止自由基的作用，因而被用来防止亚硝胺的合成。

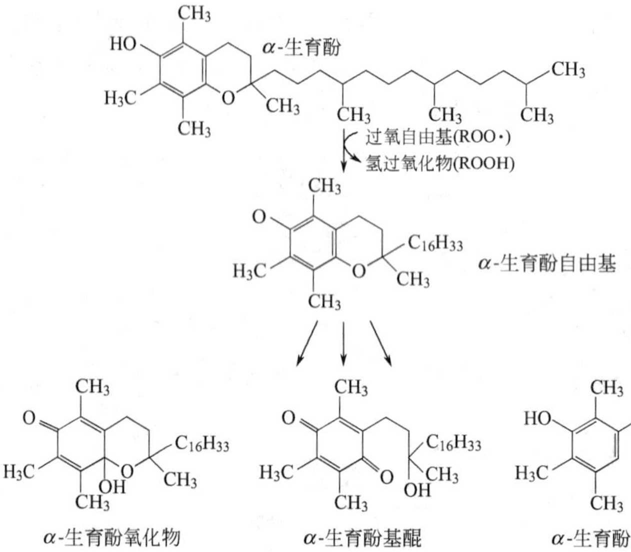

α-生育酚
过氧自由基(ROO·)
氢过氧化物(ROOH)
α-生育酚自由基
α-生育酚氧化物　α-生育酚基醌　α-生育酚基氢醌

图 6-3　α-生育酚的氧化降解历程

生育酚可作为良好的食品抗氧化剂，通过淬灭单线态氧而保护食品中其他成分。但在发挥这种作用时，一部分生育酚会发生降解，从而导致生育酚损失。

（四）维生素 C

维生素 C 又名抗坏血酸（ascorbic acid），是一个羟基羧酸的内酯，具有一个烯二醇基团（图 6-4），有较强的还原性。有 4 种异构体，D-抗坏血酸、D-异抗坏血酸、L-抗坏血酸、L-异抗坏血酸。

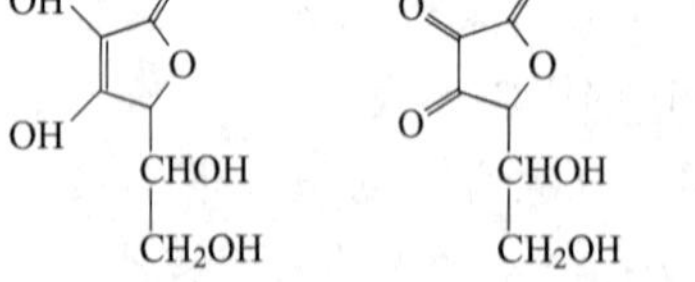

(a) L-抗坏血酸　(b) L-脱氢抗坏血酸

图 6-4　L-抗坏血酸及 L-脱氢抗坏血酸的结构

维生素 C 主要存在于水果和蔬菜中，如柑橘类、番茄、辣椒中维生素 C 含量较为丰富，刺梨、猕猴桃、番石榴中维生素 C 含量也非常高。动物性食品中只有牛奶和肝脏中含有少量维生素 C。

维生素 C 是最不稳定的维生素，对氧化非常敏感。光、金属离子（如 Cu^{2+}、Fe^{3+}）等加速其氧化；pH、氧浓度、水分活度等也影响其稳定性。如维生素 C 在干燥条件下比较稳定，但受潮、加热或光照时不稳定；在酸性溶液中（pH<4）中较稳定，但在中性以上的溶液中（pH>7.6）非常不稳定。因而，食品放置在有氧环境、在有氧时持续加热、暴露于光下或处于碱性条件，均会有维生素 C 的损失。

此外，含有 Fe 和 Cu 的酶，如抗坏血酸氧化酶、多酚氧化酶、过氧化物酶、细胞色素氧化酶等对维生素C也有破坏作用。水果受到机械损伤、腐烂或成熟会破坏细胞组织，导致酶促反应发生，使维生素C降解。用蒸汽热烫法或加热法可以钝化果蔬中的酶活性，脱气或低温下放置也可抑制酶的活性，因而可以降低维生素C的损失；某些金属离子螯合物（如花青素、苹果酸、柠檬酸等）对维生素C有稳定作用，亚硫酸盐对维生素C具有保护作用；在缺氧条件下，维生素C的降解不显著。维生素C的降解过程如图6-5所示。维生素C降解最终阶段的许多物质，如二羰基化合物，可参与风味物质的形成或非酶褐变。

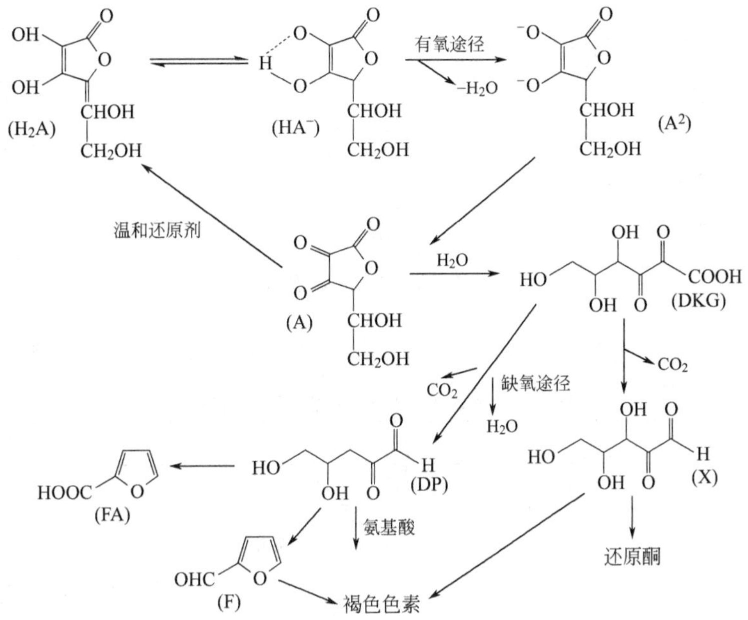

图6-5　抗坏血酸的降解反应

维生素C广泛用于食品，可保护食品中其他成分不被氧化。例如，维生素C可防止水果和蔬菜产品的酶促褐变和脱色；在脂肪、鱼及乳制品中可用作抗氧化剂，腌制肉品可促进发色、并抑制亚硝胺的形成；焙烤食品中可作为面团改良剂。

（五）维生素 B_1

维生素 B_1 又称硫胺素（thiamin）或抗脚气病维生素，是由取代基的嘧啶环通过亚甲基与噻唑环连接的一类化合物（图6-6），广泛存在于动植物组织中，其中在动物内脏、鸡蛋、马铃薯、全粒小麦中含量较丰富。

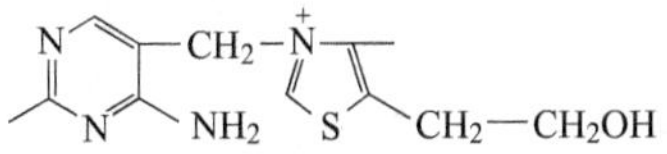

图6-6　硫胺素的化学结构

硫胺素是B族维生素中最不稳定的一种维生素。中性及碱性条件下易降解，酸性条件下较稳定，对光和热不敏感。食品中其他组分也会影响硫胺素的降解，如单宁能与硫胺素形成加成产物而使其失活；二氧化硫或亚硫酸盐对其有破坏作用；胆碱使其分子断裂而加速降解；蛋白质可与硫胺素的硫醇形成二硫化合物，从而阻止其降解。图6-7描述了硫胺素降解的过程。

食品在加工和贮藏中会有不同程度的损失。如在烹调时因为食物的清洗，硫胺素可大量损失；白面包烘烤时会破坏20%的硫胺素；牛奶巴氏消毒损失3%～20%，高温消毒损失30%～50%，喷雾干燥损失10%，滚筒干燥损失20%～30%；烹调肉时硫胺素的损失与切割的大小、脂肪的含量等有关，如煮沸损失15%～40%，油炸40%～50%，烤30%～

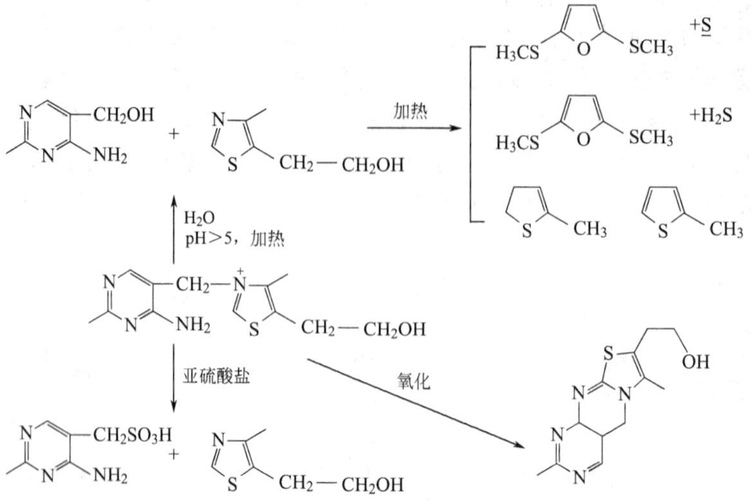

图 6-7　硫胺素的降解过程

60%，罐装 50%～75%。表 6-5 中给出了常见的食品在加工时硫胺素的损失情况。

表 6-5　食品加工处理后硫胺素的保留率

产品	加工处理方法	保留率/%
谷物	挤压烹调	48～90
土豆	在水中(Na_2SO_3溶液中)浸泡 16h 后油炸	55～60(19～24)
大豆	水中浸泡后在水中或碳酸盐中煮沸	23～52
粉碎的土豆	各种热处理	82～97
肉	各种热处理	83～94
蔬菜	各种热处理	80～95
冷冻、油炸鱼	各种热处理	77～100

由于在谷类食物中硫胺素与其他的维生素主要分布在谷物种子的糠麸部分，所以谷物在碾磨过程中硫胺素损失很大，在白面粉中 B 族维生素和维生素 E 的损失均很多。硫胺素不仅在碾磨过程中损失，而且在整粒种子贮藏过程中也会损失，而且这种损失与湿度有很大的关系。在正常湿度 12%时贮存 5 个月会损失 12%，湿度为 17%时可损失 30%，而在 6%时则完全没有损失。另外温度也是影响硫胺素稳定的一个重要因素，温度越高损失越大，表 6-6给出了几种食品的硫胺素在不同贮藏条件下的保留情况。

表 6-6　贮藏食品中硫胺素的保留率

食品	贮藏 12 个月后的保留率		食品	贮藏 12 个月后的保留率	
	38℃	1.5℃		38℃	1.5℃
杏	35	72	番茄汁	60	100
青豆	8	76	豌豆	68	100
利马豆	48	92	橙汁	78	100

在室温和低水分活度条件下，硫胺素显示出极好的稳定性，而在高水分活度和高温下长期贮存，损失较大。如在模拟谷类早餐食品中，当温度低于 37℃、水分活度为 0.1～0.65 时，硫胺素只有很少或几乎没有损失；但是当温度升至 45℃时，硫胺素的降解加快，特别是在水分活度为 0.5～0.65 时；当水分活度升至 0.65 以上时，硫胺素的降解速度下降。

（六）维生素 B_2

维生素 B_2 又称核黄素（riboflavin），是含有核糖醇侧链的异咯嗪衍生物。自然状态下常是磷酸化的，在机体代谢中起着辅酶的作用，它的一种形式为黄素单核苷酸（FMN），另一种形式为黄素腺苷酰二核苷酸（FAD），它们是某些酶如细胞色素 C 还原酶、黄素蛋白等的组成部分。

核黄素在酸性介质中稳定，中性介质中稳定性降低，在碱性介质中不稳定。核黄素对热稳定，不受空气中氧的影响，在食品加工、脱水和烹调中损失不大。牛乳制品进行加工时，巴氏杀菌对牛乳中核黄素破坏甚微，而奶粉贮存 16 个月后核黄素仍很稳定。引起核黄素降解的主要因素是光（尤其是紫外线）。在酸性条件下，核黄素光解成光色素（lumichrome）；中性或碱性条件下，可光解成光黄素（lumiflavin），见图 6-8。光黄素是一种强氧化剂，可催化破坏许多其他的维生素，尤其是抗坏血酸。若将牛乳在日光下暴晒 2h 后，可损失 50％以上的核黄素；放在透明玻璃瓶中也会产生一种不良的风味——“日光臭味”，导致营养价值降低。若改用不透明容器存放就可避免这种现象的发生。

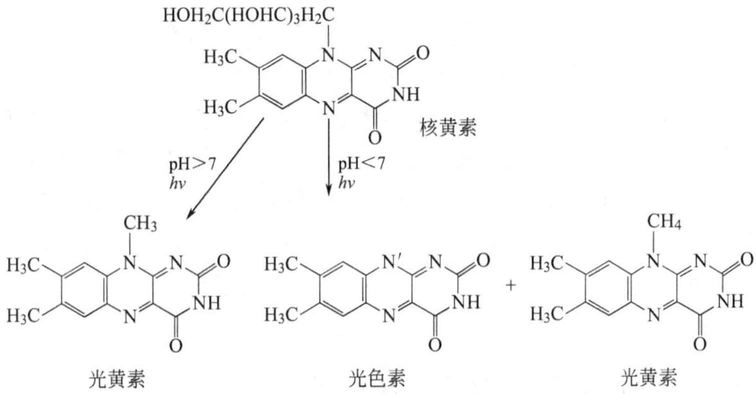

图 6-8　核黄素在碱性、酸性光照时的分解

第二节　矿物质在食品加工和贮藏过程中的变化

透过现象看本质

6-5. 菠菜营养丰富，但为什么吃得过多会引起人体锌和钙的缺乏？

6-6. 热烫对食品中的矿物质没有影响吗？

一、概述

While there is no universally accepted definition of ‘mineral’ as it applies to food and nutrition,the term usually refers to elements other than C,H,O,and N that are present in foods. Foods also contain other elements because living systems can accumulate nonessential as well as essential elements from their environment. Moreover,elements may enter foods as contaminants during harvesting,processing,and storage or they may be present in intentional food additives.

矿物质是动植物组织经灰化之后所余的成分，也称为灰分或无机盐。食品中的矿物质通常指食品中除C、H、O、N之外的无机元素，包括生物体进行正常生理活动所必需的矿物质，还包括在栽培、收获和加工过程中引入的食品添加剂，甚至环境污染物等。在天然食品中，矿物质通常可达干物质的1%以上。

Historically,minerals have been classified as either major or trace,depending on their concentrations in plants and animals. Major minerals include calcium, phosphorus, magnesium,sodium,potassium,and chloride. Trace elements include iron,iodine,zinc,selenium, chromium,copper,fluorine,and tin.

食品中的矿物质元素依据其在食品中含量的多少分为常量元素、痕量元素、超痕量元素。根据矿物质元素对人体的营养性可分为生命必需元素、潜在的有益元素或辅助元素、有毒元素等。稀土元素是一种潜在的有益元素或辅助元素。

常量元素又称为宏量元素，主要有钠（Na）、钾（K）、镁（Mg）、钙（Ca）、氯（Cl）、磷（P）等，它们属于人体必需的元素。痕量元素又称为微量元素，主要有铁（Fe）、铜（Cu）、锌（Zn）、锰（Mn）、铬（Cr）、硒（Se）、氟（F）、碘（I）等。超痕量元素，是指人体内含量$<1\mu g/g$的元素，包括铝（Al）、砷（As）、钡（Ba）、硼（B）、镉（Cd）、汞（Hg）、铅（Pb）、硅（Si）、锡（Sn）等22种元素。在这些超痕量元素中，有一些不是人体生理必需元素，其中砷、汞、铅、镉又常被称为有毒微量元素。

二、 矿物质在食品加工和贮藏过程中的变化

在相同的食物原料中，矿物质含量因基因和气候因素、种植条件、土壤组成和作物收获的成熟度及其他因素的影响有较大的波动。原料在加工过程中的矿物质含量也会发生变化，比如原料的热处理和筛选。食物加工中矿物质的损失见表6-7。

表6-7 食品加工过程中矿物元素的损失

原料	产品	损失/%						
		Cr	Mn	Fe	Co	Cu	Zn	Se
菠菜	罐藏		87		71		40	
豆类	罐藏						60	
番茄	罐藏						83	
胡萝卜	罐藏				70			
甜菜根	罐藏				67			
小麦	面粉		89	76	68	68	78	16
大米	抛光米	75	26			45	75	

1. 遗传与环境因素

食品中的矿物质在很大程度上受遗传因素和环境因素的影响，有些植物具有富集特定元素的能力；植物生长的环境如水、土壤、肥料、农药等也会影响食品中的矿物质。内地与沿海地区比较，食品碘的含量低。动物种类不同，其矿物质组成有差异，如牛肉中含量比鸡肉

高。同一种品种不同部位的矿物质含量也不同，如动物肝脏比其他器官和组织更容易沉积矿物质。

2. 预加工

食品加工最初的整理和清洗会直接带来矿物质的大量损失。例如，水果和蔬菜在加工中往往要进行去皮处理；芹菜、莴苣等蔬菜要进行去叶处理等，由于靠近皮的部分、外层叶片和所有绿叶往往是矿物质含量最高的部分，这些处理可能会引起矿物质的损失。

3. 烫漂、水煮、沥滤

溶水流失是矿物质在加工过程中的主要损失途径，其损失多少与矿物质的溶解度有关，溶水流失主要影响可溶性矿物质，如钠、钾、镁等元素。

但热烫也有有利的一面，如通过热烫可以除去蔬菜中的草酸，从而提高钙和镁的生物利用率；也可以除去硝酸盐，提高蔬菜的安全性。热烫对菠菜中矿物质损失的影响如表 6-8 所示。

表 6-8 热烫对菠菜中矿物质损失的影响（以 100g 计）

矿物质名称	矿物质损失量/g		损失/%
	未热烫	热烫	
钾	6.9	3.0	56
钠	0.5	0.3	43
钙	2.2	2.3	0
镁	0.3	0.2	36
磷	0.6	0.4	36
亚硝酸盐	2.5	0.8	70

4. 精制

精制是造成谷物中矿物质损失的主要因素，因为谷物中的矿物质主要分布在糊粉层和胚芽中，碾磨使矿物质含量减少，碾磨精度越高，损失越大。

5. 加工设备和包装材料

食品加工中设备、用水和包装都会影响食品中的矿物质。例如，牛乳中镍含量很低，但经过不锈钢设备处理后镍的含量明显上升；罐头食品中的酸与金属器壁反应，生成氢气和金属盐，则食品中的铁离子和锡离子的浓度明显上升（表 6-9）。

表 6-9 蔬菜罐头食品中痕量金属元素的分布

罐头制品名称	罐头包装类型	组分	金属元素含量/(g/kg)		
			铝	锡	铁
绿豆	涂漆罐头	液体	0.10	5	2.8
		固体	0.7	10	4.8
旱芹菜心	涂漆罐头	液体	0.13	10	4.0
		固体	1.50	20	3.4
甜玉米	涂漆罐头	液体	0.04	10	1.0
		固体	0.30	20	6.4
蘑菇	素铁罐头	液体	0.01	15	5.1
		固体	0.04	55	16

6. 烹调过程中食物的搭配

食品加工会导致食品中矿物质的大量流失，但有些加工也可能使矿物质含量增加。如水果、蔬菜加工中，钙可以增加组织的硬度，使产品中钙的含量提高；用含钙的卤水或石膏点卤生产的豆制品中含有丰富的钙元素；用亚硫酸盐或二氧化硫进行护色处理可能带来硫含量的上升；腌制会增加钠的含量；化学膨发剂可能带来钠、磷等元素的增加；添加磷酸盐类品质改良剂会增加磷的含量。

烹调中食物间的搭配对矿物质也有一定的影响，如含钙丰富的食物与草酸盐含量较高的食物共同煮制，就会形成复合物，大大降低钙在人体中的利用率。

▶▶ 思考题

1. 影响维生素C的降解因素有哪些？
2. 在食品加工中，热处理对维生素的影响如何？
3. 加工和贮藏过程中，食品中的矿物质会发生哪些变化？

第七章 »

食品中的内源酶

本章提要 

1. 掌握酶促褐变的机理、影响因素及控制方法。
2. 熟悉食品中内源酶对食品质量的影响以及酶在食品加工中的影响。

透过现象看本质

7-1. 人感冒发热时，常感到食欲不佳、体力不支，为什么？

7-2. 采用什么措施能使加酶洗衣粉达到最佳洗涤效果？ 

7-3. 对食品的杀菌消毒和保存分别应该采用什么样的温度？ 

7-4. 含淀粉类食物为什么能够用来酿酒？ 

7-5. 人体发热时会产生厌食，其主要原因是什么？ 

7-6. 为什么米饭或馒头会越嚼越甜？ 

Enzymes are proteins with powerful catalytic activity. They are synthesized by viable biological cells in all organisms, and involved in biochemical reactions related to the metabolism without being altered in the process. Therefore, enzyme-catalyzed reactions also proceed in many foods and thus enhance or deteriorate the food quality. Relevant to this phenomenon in the ripening of fruits and vegetables, the aging of meat and dairy products, and the processing steps involved in the making of dough from wheat or rye flours and the production of alcoholic beverages by the fermentation technology. Enzyme inactivation or changes in the distribution patterns of enzymes in subcellular particles of a tissue can occur during storages and thermal treatment in food. Since such changes are easily detected by analytical means, enzymes often act as suitable indicators for revealing food treatments.

酶是催化功能很强的蛋白质。它们存在于所有的生物体内，由活的生物细胞合成，参与生化反应相关的代谢过程，但酶自身在这个过程中不发生改变。同时，酶催化反应也会发生在许多食品加工中，从而增强或降低食品的质量。例如，在水果和蔬菜的成熟、肉类和奶制品的老化、由小麦和黑麦粉制作面团、发酵制作含酒精饮料的过程中都有所体现。

酶（enzyme）源于希腊文，原意为“在酵母中”，en 指“在……之内”，zyme 表示“酵母或酵素”。1979 年，Dixon 和 Webb 将酶定义为“具有催化性质的蛋白质，此种催化性质源于它特有的激活能力”。到目前为止，人们已基本达成共识，认为酶是由活的生命机体产生的具有催化活性的生物大分子物质。自从被发现以来，酶已经普遍使用在食品、发酵及日用化学等领域。

在食品加工及贮藏过程中涉及许多酶催化的反应，从而对食品的品质产生影响。在食品加工中可以利用原料中内源酶，达到人们所期望的加工品质。如茶叶生产时，利用茶鲜叶中的氧化酶可加工出红茶，但氧化酶的作用对绿茶加工不利。在加工及贮藏过程中也可利用外源酶来提高食品品质和产量。如牛乳中添加乳糖酶以解决人群中乳糖酶缺乏的问题。关于酶的本质和基础理论在生物化学中已有详细介绍，因此，本章着重介绍酶在食品加工和贮藏中的特点及作用以及与此相关的一些内容。

第一节　酶催化反应动力学

一、 影响酶催化反应速度的因素

Enzymes in food can be detected only indirectly by measuring their catalytic activity and, in this way, differentiate from other enzymes. This is the rationale for acquiring knowledge needed to analyze the parameters which influence or determine the rate of an enzyme-catalyzed reaction. The reaction rate depends on the concentrations of the components involved in the reaction, which means primarily the substrate and the enzyme. Also, the reaction can be influenced by the presence of activators and inhibitors. Finally, the pH, the ionic strength of the reaction medium, the dielectric constant of the solvent (usually water) and the temperature exert an effect.

食品中的酶只能通过测定酶活力而被间接地检测到，因此这类酶与其他酶是有区别的。这也是确定影响食品中的酶促反应速率因素的基本原理。酶促反应中，反应速率取决于反应组分的浓度，这里主要指底物和酶的浓度。同时，酶催化反应受到活化剂和抑制剂的影响。另外，pH、离子强度以及溶剂的介电常数和温度也对反应有影响。

酶催化反应动力学（kinetics of enzyme-catalyzed reactions）主要研究催化反应的速率以及影响催化反应速率的各种因素。控制这些因素对于在食品加工和保藏过程中控制酶的活力是非常重要的。下面讨论影响酶活力的因素，包括底物的浓度、酶的浓度、pH 值、温度、水分活度和其他重要的环境条件。

1. 底物浓度的影响

所有的酶促反应，其他条件保持不变，则反应速度取决于酶浓度和底物浓度；当酶浓度恒定，底物浓度增加时，反应速度随着增加，以矩形双曲线形式增加并达到最大速度（图7-1）。当底物浓度较低时，随着底物浓度的增加，酶反应速度大致呈线性增加；随着底物浓度的增大，反应速度不再是直线增加，在高浓度时达到一个极限速度。这时所有的酶分子已被底物所饱和，即酶分子与底物结合的部位已被占据，速度不再增加。这与米氏方程相符。

2. 酶浓度的影响

对大多数的酶促反应来说，在底物浓度过量而其他条件固定的条件下，酶反应速度至少在初始阶段与酶的浓度成正比（图7-2），这个关系是测定未知试样中酶浓度的基础。随着反应的进行，反应速度下降，下降的原因可能很多，其中最重要的是底物浓度下降和终产物对酶的抑制。

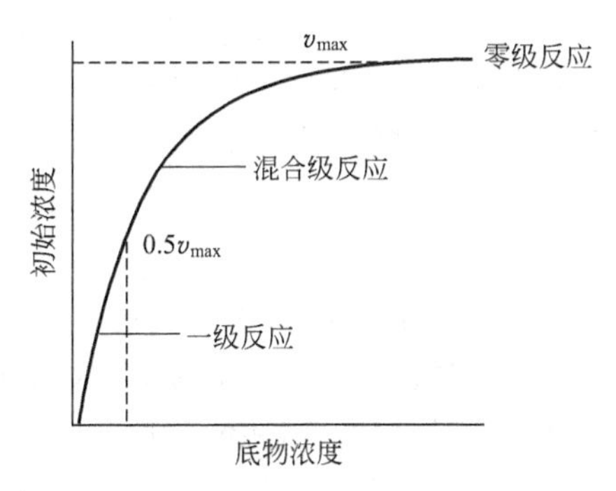

图7-1　反应速度-底物浓度关系曲线

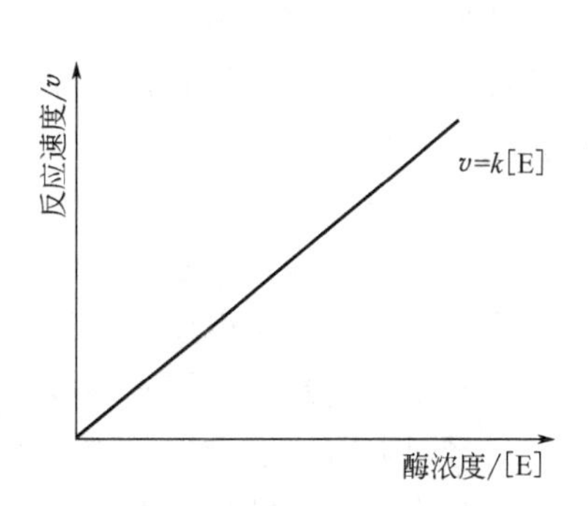

图7-2　反应速度与酶浓度的关系

3. 温度的影响

温度对酶反应的影响是双重的。一方面，随着温度的上升，酶催化反应速度加快，一般温度每升高10℃，酶反应速度增加1～2倍，直至达到最大反应速度为止；另一方面，高温时酶反应速度减小，这是酶本身变性所致。因此，低温时，随着温度升高，酶反应速度加快；随着温度的不断上升，酶的变性程度增加，尽管温度升高能使反应速度加快，但总体结果是反应速度下降。日常生活中，当人体发热时会产生厌食，主要就是体内的消化酶活力因体温升高而降低导致的。

在一定条件下每一种酶在某特定温度下才表现出最大的活力，这个温度称为该酶的最适温度（optimum temperature）。一般来说，动物酶的最适温度通常在37～50℃，而植物酶的最适温度较高，在50～60℃，大部分微生物酶的最适温度在60℃以下。温度对酶作用的影响如图7-3所示。

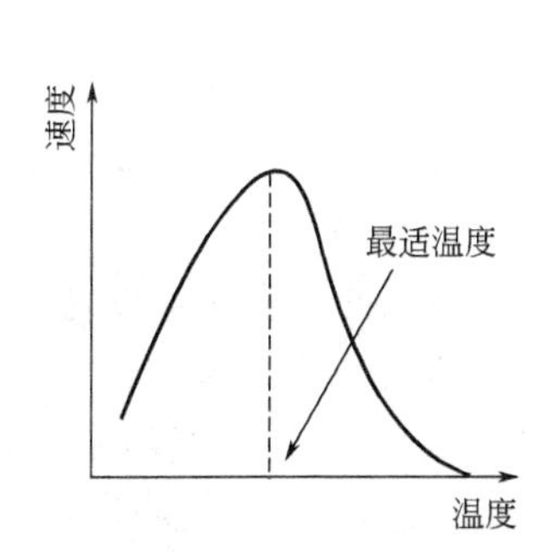

图7-3　温度对酶反应速度的影响

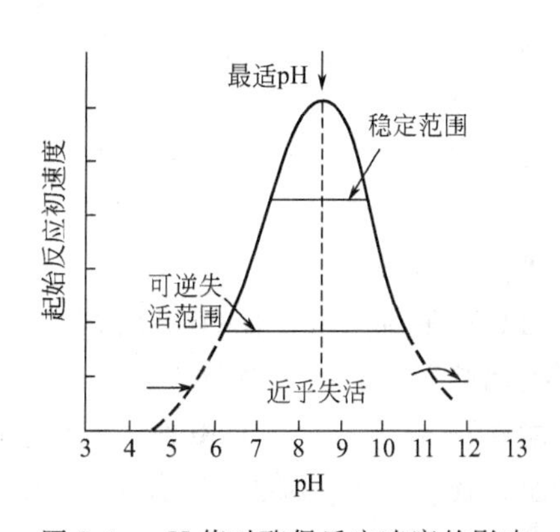

图7-4　pH值对酶促反应速度的影响

4. pH 的影响

大多数酶的活力都受环境 pH 的影响，每一种酶只能在一定 pH 值范围内表现出它的活性，酶的活性达到最高时的 pH 值称为最适 pH 值（optimum pH），一般在 5.5～8.0。酶的活性随着 pH 值变化而变化，在最适 pH 值的两侧酶活性骤然下降，所以酶促反应速度的 pH 值曲线一般呈钟形（图 7-4）。

在研究和使用酶时，必须了解酶的最适 pH 值范围。不同酶的最适 pH 值有较大差异，有些酶的最适 pH 在极端的 pH 处，如胃蛋白酶的最适 pH 值为 1.5～3，精氨酸酶的最适 pH 值为 10.6，因此需要具体情况具体对待。在食品中由于成分多且复杂，进行加工时对 pH 值的控制很重要。如果某种酶的作用是必需的，则可将 pH 值调节至该酶的最适 pH 值处，使其活性达到最高；相反的，如果要避免某种酶的作用，也可以通过改变 pH 值来抑制此酶的活性。例如，酚酶能导致酶促褐变，其最适 pH 值为 6.5，若将 pH 值降低到 3.0 时则可防止褐变产生。在水果加工时常添加酸度调节剂，如柠檬酸、苹果酸和磷酸等防止褐变，就是基于此原理。

5. 水分活度的影响

酶通常在含水的体系中发挥作用，但是酶在含水量相当低的条件下仍具有活性。例如，脱水蔬菜需在干制前热烫，否则会很快产生干草味，不宜贮藏。干燥的燕麦食品，如未能使酶失活，则经过贮藏后会产生苦味。面粉在低水分（14%以下）时，脂酶能很快使脂肪分解成脂肪酸和醇类。水分活度对酶促反应的影响是不一致的，不同的反应，其影响也不相同(参考第二章)。

二、 酶的抑制作用和抑制剂

许多化合物能与一定的酶进行可逆或不可逆的结合，从而使酶的催化作用受到抑制，这种化合物称为抑制剂（inhibitor），如药物、抗生素、毒物、抗代谢物等都是酶的抑制剂。酶的抑制作用可以分为两大类，即可逆抑制与不可逆抑制。可逆抑制又包括竞争性抑制和非竞争性抑制。

1. 不可逆抑制

不可逆抑制是指抑制剂通过非常牢固的共价键与酶的活性部位相结合而引起的酶活力丧失的作用。这个过程中形成的抑制剂-酶复合物是不能解离的，不能通过透析、超滤等物理方法除去抑制剂而恢复酶活性。有机磷化合物是活性中心含有丝氨酸残基的酶的不可逆抑制剂，例如，二异丙基氟磷酸（diisopropyl fluorophosphate，DIFP）能抑制乙酰胆碱酯酶。这种抑制作用会对生物体造成伤害。

2. 可逆抑制

可逆抑制是指抑制剂与酶的结合是可逆的，可采用透析或凝胶法去除抑制剂，恢复酶的活性。一般可逆抑制的反应是非常迅速的。可逆抑制又可分为竞争性抑制、非竞争性抑制和反竞争性抑制三类。

（1）竞争性抑制　有些化合物特别是那些结构上与底物相似的化合物可以与酶的活性中心可逆地结合，在反应中抑制剂可与底物竞争同一部位。在酶反应中，酶（E）与底物（S）形成酶底物复合物 ES，再由 ES 分解生成产物与酶。抑制剂（I）则与可逆的酶结合成酶-抑制剂复合物 EI。EI 不能与底物反应生成 EIS，因为 EI 的形成是可逆的，并且底物和抑制剂不断竞争酶分子上的活性中心，这种情况称为竞争性抑制作用（competitive inhibition）。竞争性抑制作用的典型例子为琥珀酸脱氢酶（succinate dehydrogenase）的催化作用。当有适当的氢受体时，此酶催化下列反应。

$$\text{琥珀酸}+\text{受体}\rightleftharpoons\text{反丁烯二酸}+\text{还原性受体}$$

（2）非竞争性抑制　有些化合物既能与酶结合，又能与酶-底物复合物结合，被称为非竞争性抑制剂。非竞争性抑制剂与竞争性抑制剂不同之处在于非竞争性抑制剂能与 ES 结合，而 S 又能与 EI 结合，都形成 EIS。高浓度的底物不能使这种类型的抑制作用完全逆转，因为底物并不能阻止抑制剂与酶相结合，这是由于该种抑制剂和酶的结合部位与酶的活性部位不同，EI 的形成发生在酶分子中不被底物作用的部位。

许多酶能被重金属离子如 Ag^{+}、Hg^{2+} 或 Pb^{2+} 等抑制，这些都是非竞争性抑制的例子。例如脲酶对这些离子极为敏感，微量重金属离子即起抑制作用。

（3）反竞争性抑制　反竞争性抑制剂不能与酶直接结合，只能与 ES 可逆结合成 EIS，其抑制原因是由于 EIS 形成后不能分解为产物。反竞争抑制剂对酶促反应的抑制程度随底物浓度的增加而增加。反竞争抑制剂不是一种完全意义上的抑制剂，它之所以造成对酶促反应的抑制作用，是因为它能使最大反应速度 v_{max} 降低。

第二节　酶促褐变

透过现象看本质

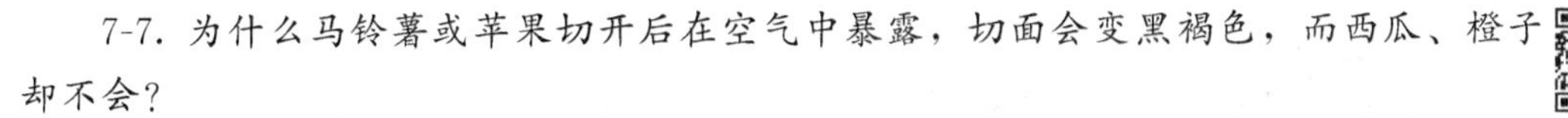

7-7. 为什么马铃薯或苹果切开后在空气中暴露，切面会变黑褐色，而西瓜、橙子却不会？

7-8. 切开的藕片为什么要保存在水中，怎样防止切开的苹果变黑褐色？

According to its occurrence mechanism, the browning effect in foods can be divided into enzymatic browning (oxidative browning) and non-enzymatic browning (non-oxidative browning). Enzymatic browning is caused by phenol oxidase catalyzing polyphenols to quinone and subsequently generating pigments. It occurs mainly in the process of storage and processing of fresh plant material, such as fruits and vegetables.

食品中的褐变作用按其发生机制分为酶促褐变（氧化褐变）及非酶褐变（非氧化褐变）两大类。食品的酶促褐变（enzyme browning）通常是指酚类氧化酶催化多酚类物质形成醌及其后续生成有色聚合物的反应。该类褐变反应主要发生在水果、蔬菜等新鲜植物原料的贮藏和加工过程中。对于浅色的水果和蔬菜，酶促褐变对产品的品质往往是不利的，如苹果、梨、莲藕、马铃薯等原料，在生产罐头、制汁、果蔬脆片时，如果不控制褐变会引起产品色泽严重下降；对于深色的果蔬，褐变对外观品质的损失较小，褐变对有些深色果蔬的加工还是有利的，例如，酶促褐变有助于改进梅干、黑葡萄干和茶叶的色泽和风味。掌握酶促褐变的机理和影响因素，结合食品的品质特征和要求，控制食品的贮藏和加工过程中的酶促褐变进，对生产优质的食品有实际意义。

一、 酶促褐变的机理

Enzymatic browning is a phenomenon which occurs in many fruits and vegetables, such as potatoes, mushrooms, apples, and bananas. When the tissue is bruised, cut, peeled, diseased, or exposed to any abnormal conditions, it rapidly darkens on exposure to air as a result of the conversion of phenolic compounds to brown melanins. Enzymatic browning is caused by enzymes collectively referred to as phenolase, phenoloxidase, polyphenol oxidase, catecholase, cresolase, and tyrosinase. These enzymes are widespread in microorganisms, plants, and animals, including humans where is action leads to skin pigmentation. Polyphenol oxidases catalyzes two types of reaction: cresolase activity and catecholase activity. The cresolase or monophenolase activity involves hydroxylation of monophenols to *o*-diphenols. The catecholase or diphenolase type of reaction is best illustrated by the oxidation of *o*-diphenols to *o*-benzoquinone.

酶促褐变发生在许多蔬菜和水果中，例如马铃薯、蘑菇、苹果以及香蕉等。当植物组织被擦伤、切割、剥皮或暴露于异常环境中时，就会发生酶促褐变。这是因为植物组织中含有酚类物质，在完整的细胞中作为呼吸传递物质，酚-醌之间保持着动态平衡，当细胞破坏以后，氧大量侵入，造成醌的形成与还原之间的不平衡，于是醌类物质积累，再进一步氧化聚合形成褐色色素，导致褐变（图 7-5）。酶促褐变需要酚类物质、多酚氧化酶和氧气共同参与，其中酚类物质被氧化为醌。多酚氧化酶能催化两种不同的反应，一类是一元酚羟基化，生成相应的邻二羟基化合物，即羟基化反应；第二类是邻二酚氧化，生成邻苯醌。无论是一元酚还是多酚，经酶促氧化后，最初产物均为邻苯醌。

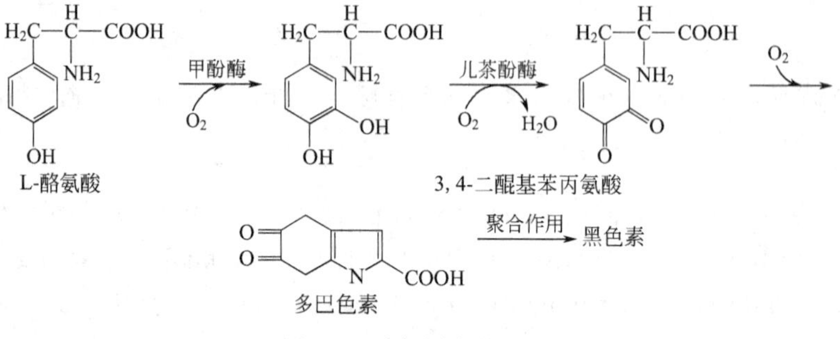

$H_2C-CH(NH_2)-COOH$ L-酪氨酸 → 甲酚酶 (O_2) → 儿茶酚酶 (O_2, H_2O) → 3, 4-二醌基苯丙氨酸 → (O_2)

多巴色素 → 聚合作用 → 黑色素

图 7-5 酶促褐变的机理

酚酶的系统命名是邻二酚：氧-氧化还原酶（E. C. 1. 10. 3. 1）。此酶以 Cu 为辅基，需以氧为受氢体，是一种末端氧化酶。酚酶的最适 pH 接近于 7，耐热性较好，依据来源不同，100℃下钝化需 2～8min。

对于不同的食品原料，引起酶促褐变的底物和催化酶具有较大的差异。马铃薯中酚酶作用的底物是其含量最高的酚类化合物——酪氨酸，该机制也是动物皮肤、毛发中黑色素形成的机制。在水果中，儿茶酚是分布非常广泛的酚类，在儿茶酚酶（catecholase）的作用下较容易氧化成醌。水果蔬菜中的酚酶底物以邻二酚类及一元酚类最丰富。一般说来，酚酶对邻羟基酚型结构的作用快于一元酚，对位二酚也可被利用，但间位二酚则不能作为底物，甚至还对酚酶有抑制作用。绿原酸（chlorogenic acid）是许多水果（如桃、苹果等）褐变的关键物质。香蕉中，主要的褐变底物也是一种含氮的酚类衍生物即3,4-二羟基苯乙胺（3,4-dihydroxyphenyl ethylamine）。氨基酸及类似的含氮化合物与邻二酚作用可产生颜色很深的复合物，其机理大概是酚先经酶促氧化成为相应的醌，然后醌和氨基发生非酶的缩合反应。白洋葱、大蒜、韭葱的加工中常有粉红色的形成，其原因概如上述。可作为酚酶底物的还有其他一些结构比较复杂的酚类衍生物，例如花青素、黄酮类、鞣质等，它们都具有邻二酚型或一元酚型的结构。

除了常见的多酚氧化酶引起食品的酶促褐变外，广泛存在于水果、蔬菜细胞中的抗坏血酸氧化酶和过氧化物酶也能引起酶促褐变。

二、 酶促褐变的控制

In foods, phenol oxidases are the cause of enzyme browning, which can be desirable in products such as raisins, prunes, cocoa beans, tea, coffee and apple cider. However, in most fruits and vegetables, especially minimally processed products, enzyme browning is associated with color quality loss. The presence of phenol oxidases in grains, such as wheat, is correlated with lack of "whiteness" in noodles, a quality detriment. The inactivation of enzymes is required to minimize product losses caused by browning. Heat treatment and addition of antibrowning agents are usually applied. Inhibitors of enzyme activity can be based on their mode of action, for example, the exclusion of reactants such as oxygen, denaturation of enzyme protein, interaction with the copper prosthetic group, and interaction with phenolic substrates or quinones.

食品加工中发生的酶促褐变少数是我们期望的，如葡萄干、可可豆、红茶、咖啡等的加工。大多数的酶促褐变会对食品加工造成不良影响，尤其是新鲜果蔬的色泽，因此必须加以控制。例如，谷物中的多酚氧化酶与面条的白度不足有关。可以利用酶的失活来减少由褐变引起的产品损失，这通常使用热处理或添加抗褐变剂的方法。可根据酶促反应的模式来确定抑制酶活力的方法，例如排除反应物（如氧气）、酶蛋白变性、与Cu辅基作用、与酚类和醌类等多酚结构类似物反应等。

实践中控制酶促褐变的方法主要从控制酶和氧两方面入手，主要途径有：钝化酚酶的活性（热烫、抑制剂等）；改变酚酶作用的条件（pH值、水分活度等）；隔绝氧气的接触；使用抗氧化剂（抗坏血酸、SO_2等）。

（1）热处理法　水煮和蒸汽处理是目前使用最广泛的热烫方法。在适当的温度和时间条件下加热新鲜果蔬，使酚酶及其他相关的酶失活，是最广泛使用的控制酶促褐变的方法。加热处理的关键是在最短时间内达到钝化酶的要求，否则过度加热会影响原料品质；相反，如果热处理不彻底，热烫只破坏了细胞结构，未钝化酶，这样反而会加强酶和底物的接触而促进褐变。例如，白洋葱、韭葱若热烫不足，变粉红色的程度比未热烫者更为厉害。一般情况下，70～95℃加热7s左右会使大部分酚氧化酶失去活性。微波能的应用为热力钝化酶活性提供了新的有力手段，这可使组织内外一致迅速受热，对食品质地和风味的保持极为有利。

（2）酸处理法　利用酸的作用控制酶促褐变也是广泛使用的方法。常用的酸有柠檬酸、苹果酸、磷酸、抗坏血酸等。一般来说，它们的作用是降低pH值以控制酚酶的活力，因酚酶的最适pH值在6～7，低于pH 3.0时几乎无活性。

柠檬酸是使用最为广泛的食用酸，对酚酶的作用表现在降低pH值与螯合酚酶的Cu辅基以降低其活性。但作为褐变抑制剂来说，单独使用的效果不大，通常需要与抗坏血酸或亚硫酸联用，切开后的水果常浸在这类酸的稀溶液中。苹果酸是苹果汁中的主要有机酸，在苹果汁中对酚酶的抑制作用要比柠檬酸强得多。

抗坏血酸是更为有效的酚酶抑制剂，高浓度时无异味，对金属无腐蚀作用，且是一种维生素。抗坏血酸在果汁中的抗褐变作用还可能是作为抗坏血酸氧化酶的底物，在该酶的催化下消耗了溶解于果汁中的氧。据报道，在每千克水果制品中加入 660mg 抗坏血酸，即可有效控制褐变并减少苹果罐头顶隙中的含氧量。也有人认为，抗坏血酸能使酚酶本身失活。

(3) 二氧化硫或亚硫酸盐处理　二氧化硫或常用的亚硫酸盐如亚硫酸钠（Na_2SO_3）、亚硫酸氢钠（$NaHSO_3$）、焦亚硫酸钠（$Na_2S_2O_5$）、连二亚硫酸钠即低亚硫酸钠（$Na_2S_2O_4$）等都是广泛应用于食品工业中的酚酶抑制剂。在蘑菇、马铃薯、桃、苹果等加工中已有应用。

用直接燃烧硫黄的方法产生 SO_2 气体处理水果蔬菜，SO_2 渗入组织较快，亚硫酸盐溶液的优点是使用方便。不管采取什么形式，实际起作用的是游离的 SO_2。SO_2 及亚硫酸盐溶液在微偏酸性（pH 6）条件下对酚酶的抑制效果好。

SO_2 对酶促褐变的控制机制现在尚无定论，有人认为是 SO_2 抑制了酶活性，有人认为是 SO_2 把醌还原为酚，还有人认为是 SO_2 和醌混合而防止了醌的聚合作用，这三种机制很可能都是存在的。

二氧化硫法的优点是使用方便，效力可靠，成本低，有利于维生素 C 的保存，残留的 SO_2 可用抽真空、炊煮或使用 H_2O_2 等方法除去。缺点是使食品失去原色而被漂白（花青素破坏）、腐蚀铁罐的内壁、有不愉快的嗅感与味感（残留浓度超过 0.064%即可感觉出来）、破坏维生素 B_1。

(4) 驱除或隔绝氧气　将去皮切开的水果、蔬菜浸没在清水、糖水或盐水中；浸涂抗坏血酸液，在表面上形成一层抗坏血酸隔离层；用真空渗入法把糖水或盐水渗入组织内部，驱出空气。苹果、梨等果肉组织间隙中具有较多气体的水果最适宜用此法。一般在 1.028×10^5Pa 真空度下保持 5～15min，然后突然破除真空，即可使汤汁渗入组织内部，驱出细胞间隙中的气体。

(5) 加酚酶底物类似物　用酚酶底物类似物如肉桂酸、对位香豆酸及阿魏酸等酚酸可以有效地控制苹果汁的酶促褐变。在这三种同系物中，以肉桂酸的效率最高。由于这三种酸都是水果蔬菜中天然存在的芳香族有机酸，在安全上无多大问题。肉桂酸钠盐的溶解性好，售价也便宜，控制褐变的时间长，可重点考虑使用。

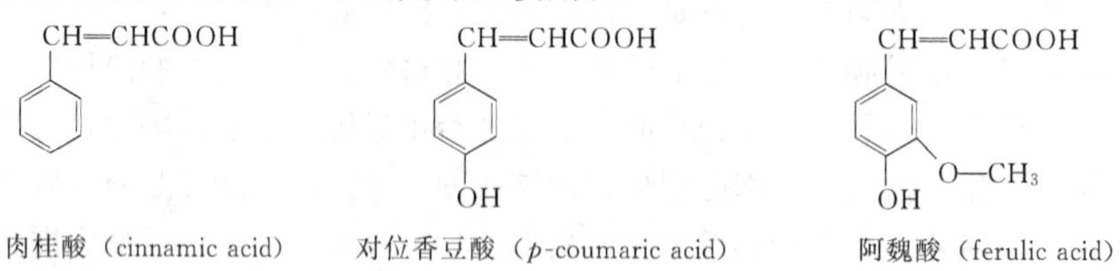

肉桂酸（cinnamic acid）　对位香豆酸（*p*-coumaric acid）　阿魏酸（ferulic acid）

第三节　食品原料中内源酶对食品品质的影响

对于任何一个生物体，酶参与了机体生长发育的每一个过程。食品原料的收获、贮藏和加工条件影响其中各类酶催化的反应。酶催化反应的结果大致有两类，要么加快食品变质的速度，要么提高食品的品质。参与食品原料中催化反应的酶除了存在于食品原料中的内源酶外，还包括因微生物污染而引入的酶。因此，控制酶的活力对于提高食品品质是至关重要的。本节将首先讨论内源酶对食品颜色、质地、风味和营养价值的影响。

一、对颜色的影响

透过现象看本质

7-9. 怎样判断肉类和蔬菜的新鲜程度？为什么？

7-10. 植物为什么会呈现绿色？

7-11. 红茶的颜色和特有香气是怎么来的？

食品的色泽是众多消费者首先关注的感官指标和是否接受的标准。任何食品，无论是新鲜的还是经过加工的，都具有代表自身特色和本质的色泽，多种原因乃至环境条件的改变，即可导致颜色的变化，其中酶是一个敏感的因素。

众所周知，新鲜瘦肉的颜色是红色，这是由于其中的氧合肌红蛋白所致。若氧合肌红蛋白转变成肌红蛋白，瘦肉则呈紫色；若氧合肌红蛋白和肌红蛋白中的 Fe^{2+} 被氧化成 Fe^{3+} 生成高铁肌红蛋白时，则瘦肉呈褐色。在肉中，酶催化的反应与其他反应竞争氧，这些反应产生的化合物能改变肉组织的氧化还原状态和水分含量，因而影响肉的颜色。

莲藕从白色变为粉红色后，其品质下降，这是由于莲藕中的多酚氧化酶和过氧化物酶催化氧化了莲藕中的多酚类物质。

绿色是许多新鲜蔬菜和水果的质量指标。有些水果当成熟时绿色减少而代之以红色、橘色、黄色和黑色。随着成熟度的提高，青刀豆和其他一些蔬菜中的叶绿素的含量下降。这些食品材料颜色的变化都与酶的作用有关。

导致水果和蔬菜中色素变化的三个关键性的酶是脂肪氧合酶、叶绿素酶和多酚氧化酶。

(1) 脂肪氧合酶　脂肪氧合酶可作用于不饱和脂肪酸产生自由基，从而影响食品的品质。有些影响是有益的：用于小麦粉的漂白，制作面团时形成二硫键等作用。也有些影响是不利的：破坏叶绿素和胡萝卜素，使色素降解而发生褪色；产生具有青草味的不良风味；破坏食品中的维生素和蛋白质类化合物；使食品中的必需脂肪酸，如亚油酸、亚麻酸和花生四烯酸遭受氧化性破坏。

(2) 叶绿素酶　叶绿素酶存在于植物和含叶绿素的微生物中，能催化叶绿素脱植醇，形成脱植叶绿素和脱镁脱植叶绿素，这两种叶绿素的衍生物易溶于水，在含水食品中，使其产生色泽变化。

(3) 多酚氧化酶　多酚氧化酶又称为酪氨酸酶（tyrosinase）、儿茶酚氧化酶（catechol oxidase）、多酚酶（polyphenolase）、酚酶（phenolase）、甲酚酶（cresolase）等，主要存在于植物、动物和一些微生物（主要是霉菌）中，能催化食品的褐变反应。在红茶发酵时，新鲜茶叶中多酚氧化酶的活性增大，催化儿茶素形成茶黄素和茶红素等有色物质，引起茶叶色泽的变化。

二、对风味的影响

透过现象看本质

7-12. 豆浆里为什么会有独特的豆腥味？

对食品风味作出贡献的化合物不计其数，酶对食品风味和异味成分的形成途径也是相当复杂的。食品在加工和贮藏过程中可以利用某些酶改变食品的风味，特别是风味酶的发现和应用，使之能更真实地让风味再现、强化和改变。例如，将奶油风味酶作用于含乳脂的巧克力、冰淇淋、人造奶油等食品，可增强这些食品的奶油风味。影响食品风味的酶主要有硫代葡萄糖苷酶（myrosinase）和过氧化物酶（peroxidase）。

在食品保藏期间，由于酶的作用可能使原有的风味减弱或失去，甚至产生异味。例如，青刀豆、豌豆、玉米和花椰菜等食品原料因热烫处理的条件不适当，在贮藏期间会形成明显的不良风味。其中脂肪氧合酶的作用是青刀豆和玉米产生不良风味的主要原因，而胱氨酸裂解酶（cystinelyase）的作用则是花椰菜产生不良风味的主要原因。

过氧化物酶广泛存在于植物和动物组织中。如果不采取适当的措施使食品原料（例如蔬菜）中的过氧化物酶失活，那么在随后的加工和保藏过程中，过氧化物酶的活力会损害食品的品质。未经热烫的冷冻蔬菜所具有的不良风味被认为与酶有关，相关的酶包括过氧化物酶、脂肪氧合酶、过氧化氢酶、α-氧化酶（α-oxidase）和十六烷酸-辅酶A脱氢酶等。即使经热处理后，当在常温下保存，过氧化物酶的酶活力仍能部分恢复。再生是过氧化物酶的重要特征之一，新鲜水果和蔬菜贮藏时应值得注意。目前对过氧化物酶导致食品不良风味形成的机制还不十分清楚，Whitaker 建议采用导致食品不良风味形成的主要酶作为判断食品热处理是否充分的指标。

此外，柚皮苷是葡萄柚和葡萄柚汁产生苦味的物质，可以利用柚皮苷酶处理葡萄柚汁，破坏柚皮苷而脱除苦味。柠檬苦酸 D-环内酯酶存在于柑橘属植物，破碎果实细胞时催化柠檬苦酸 D-环内酯水解产生强苦味的柠檬碱。蒜、葱中的风味前体物经蒜氨酸酶分解产生风味物。菜籽中有芥子酶，催化底物的β-葡萄糖硫苷键水解，产生芥子风味，但也可能产生有毒的致甲状腺肿素。

三、对质地的影响

透过现象看本质

7-13. 番茄、柿子等为什么会越放越软？

7-14. 怎样保持鱼肉肉质的新鲜？

质地是决定食品品质的一个非常重要的指标。水果和蔬菜的质地主要取决于所含有的一些复杂的碳水化合物：果胶物质、纤维素、半纤维素、淀粉和木质素。自然界存在着能作用于这些碳水化合物的酶，因而酶的作用会影响果蔬的质地，如水果成熟后变软。而对于动物组织和高蛋白植物性食物，蛋白酶作用会导致质地的软化。

1. 果胶酶

Three types ofpectic enzymes that act on pectic substances are well described. Two (pectinesterase and polygalacturonase) are found in higher plants and microorganisms and one type(the pectatelyases)is found in microorganisms, especially certain pathogenic microorganisms that infect plants. Pectinesterase hydrolyzes the methyl ester bond of pectin to give pectic acid and methanol. Polygalacturonase hydrolyzes the α-1, 4-glycosidic bond between the anhydrogalacturonic acid units. The pectatelyases split the glycosidic bond of both pectin and pectic acid, not with water, but by β-elimination. A fourth type of pectin-degrading enzyme, protopectinase, has been reported in a few microorganisms.

作用于果胶类物质的果胶酶（pectic enzymes）主要有四类。果胶酯酶和聚半乳糖醛缩酶主要存在于高等植物和微生物中。果胶裂解酶存在于微生物中，特别是某些能感染植物的致病微生物。原果胶酶是一种果胶降解酶，存在于少数的微生物中。

（1）果胶酯酶（pectinesterase）　可以水解果胶的甲酯键，生成果胶酸和甲醇。当有二价金属离子，如 Ca^{2+} 存在时，可与果胶酸的羧基发生交联，从而提高了食品的质地强度。果胶酯酶存在于细菌、真菌和高等植物中，在柑橘和番茄中含量非常丰富，它对半乳糖醛酸酯具有专一性。

（2）聚半乳糖醛酸酶（polygalacturonases）　主要作用于半乳糖醛酸之间的 α-(1→4) 糖苷键，使果胶酸水解，引起某些食品原料的质地变软，如番茄。聚半乳糖醛酸酶有内切和外切酶两种，外切型从聚合物的末端糖苷键开始水解，而内切型作用于分子内部。

（3）果胶酸裂解酶（transeliminase）　又称果胶转消酶（pectin transeliminase），通过β-消去反应裂解果胶和果胶酸的糖苷键。该酶是一种内切酶，存在于微生物中，在高等植物中没有发现。

（4）原果胶酶（protopectinase）　可水解原果胶生成果胶。

果胶酶是水果加工中最重要的酶。在澄清果汁的加工中，提高内源果胶酶活力或添加商品果胶酶可提高榨汁效率、出汁率和澄清效果。在浑浊型果汁生产中，果胶是一种保护性胶体，因此要设法减少果胶酶的作用，才有助于维持果汁中悬浮的不溶性颗粒的稳定性。在水果罐头加工中，切开的果块要先经热烫，这是一种钝酶措施，其中就包括钝化果胶酶，防止果肉在罐藏中过度软化。

2. 淀粉酶

Amylases, the enzymes that hydrolyze starches, are found not only in animals, but also in higher plants and microorganisms. Therefore, it is not surprising that some starch degradation occurs during the maturation, storage, and processing of our foods. Since starch contributes to viscosity and texture of foods in a major way, its hydrolysis during the storage and processing is a matter of importance. There are three major types of amylases: α-amylases, β-amylases, and glucoamylases. They act primarily on both starch and glycogen.

淀粉酶（amylases）普遍存在于动物、高等植物和微生物中，能够水解淀粉。由于淀粉是决定食品黏度和质构的一个主要成分，因此在食品保藏和加工期间淀粉被淀粉酶水解，将显著影响食品的品质。淀粉酶包括三个主要类型：α-淀粉酶、β-淀粉酶和葡萄糖淀粉酶。它们主要作用于淀粉和糖原。

（1）α-淀粉酶（α-amylases） α-淀粉酶（EC 3.2.1.1）是一种内切酶，它能将直链淀粉和支链淀粉两种分子从内部水解任意位置的 α-(1→4) 糖苷键，产物还原端葡萄糖残基为α-构型，故称α-淀粉酶。α-淀粉酶不能催化水解 α-(1→6) 糖苷键，但能越过 α-(1→6) 糖苷键继续催化水解其余的 α-(1→4) 糖苷键。此外，α-淀粉酶也不能催化水解麦芽糖分子中的 α-(1→4) 糖苷键。所以α-淀粉酶对直链淀粉的水解产物主要是α-葡萄糖、α-麦芽糖和很小的糊精分子，对支链淀粉的水解产物主要是α-葡萄糖、α-麦芽糖和α-极限糊精。工业上常用来自枯草芽孢杆菌（*Bacillus subtilis*）或地衣芽孢杆菌（*Bacillus licheniformis*）的耐高温α-淀粉酶对淀粉液化。

（2）β-淀粉酶（β-amylases） β-淀粉酶（EC 3.2.1.2）属于外切酶，主要存在于高等植物中，从淀粉分子的非还原性末端水解 α-(1→4) 糖苷键，产生β-麦芽糖。由于β-淀粉酶是端解酶，因此仅当淀粉中许多糖苷键被水解时，淀粉糊的黏度才会发生显著的改变。β-淀粉酶不能催化 α-(1→6) 糖苷键水解，当作用于支链淀粉时不能越过所遇到的第一个 α-(1→6) 糖苷键，而作用于直链淀粉时能将它完全水解。如果直链淀粉分子含偶数葡萄糖基，产物都是麦芽糖；如果淀粉分子含奇数葡萄糖基，产物中除麦芽糖外，还含有少量葡萄糖。β-淀粉酶单独作用于支链淀粉时，水解产物主要是β-麦芽糖和β-界限糊精。β-淀粉酶是一种巯基酶，用巯基化合物（如半胱氨酸）处理麦芽能提高它所含的β-淀粉酶的活力。

（3）葡萄糖淀粉酶（glucoamylases） 葡萄糖淀粉酶（EC 3.2.1.3）又名葡萄糖糖化酶，属于外切酶，从淀粉分子的非还原性末端水解 α-(1→4) 糖苷键生成葡萄糖，对支链淀粉中的 α-(1→6) 糖苷键的水解速率比水解直链淀粉的 α-(1→4) 糖苷键慢。葡萄糖淀粉酶不管作用于直链淀粉还是支链淀粉其最终产物全部是β-葡萄糖。工业上使用的葡萄糖淀粉酶常来自黑曲霉（*Aspergillus niger*）。但葡萄糖淀粉酶也会催化两分子葡萄糖形成异麦芽糖的复合反应。糖化酶在食品和酿造工艺上有着广泛的用途，如果葡糖浆的生产。

3. 纤维素酶

水果和蔬菜中含有少量纤维素，它们的存在影响着细胞的结构。纤维素酶是否在植物性食品原料（例如青刀豆）软化过程中起着重要作用至今仍存争议。由于在转化不溶性纤维素成葡萄糖方面具有潜在的重要性，对微生物纤维素酶已做了很多的研究。

4. 戊聚糖酶

戊聚糖酶存在于微生物和一些高等植物中，可水解木聚糖、阿拉伯聚糖和阿拉伯木聚糖，产生相对分子质量较低的化合物。半纤维素作为高等植物中木糖、阿拉伯糖或木糖和阿拉伯糖（还含有少量其他的戊糖和己糖）的聚合物，它的水解常涉及戊聚糖酶的使用。小麦中存在着浓度很低的戊聚糖酶，然而对它的性质了解甚少。目前学者们在微生物戊聚糖酶方面做了较多的研究工作，市场已能提供商品微生物戊聚糖酶制剂。

5. 蛋白酶

Texture of food products is changed by hydrolysis of proteins by endogenous and exogenous proteases. Gelatin will not gel when raw pineapples is added, because the pineapples contains bromelain, a protease. Action of intentionally added microbial proteases during aging of brick cheeses assists in development of flavors(flavors in Cheddar cheese vs. blue

cheese, for example). Protease activity on the gluten proteins of wheat bread doughs during rising is important not only in the mixing characteristics and energy requirements but also in the quality of the baked breads.

食品的质地会因蛋白质被内源性和外源性蛋白酶水解而发生改变。生菠萝的加入使得明胶不能形成凝胶，这是因为生菠萝中存在菠萝蛋白酶。添加的微生物蛋白酶在干酪砖老化过程中能促进风味的形成（例如切达干酪和蓝纹奶酪的不同风味）。蛋白酶（proteinase）活性对小麦面包面团起涨过程中面筋蛋白的作用是非常重要的，这不仅影响面团的混合特性及能量需求有，还影响面包的质量。

对于动物性食品原料，决定其质构的生物大分子主要是蛋白质。在蛋白酶作用下，蛋白质的结构会发生改变，从而导致食品原料质构发生变化；如果这些变化是适度的，食品会具有理想的质构。

(1) 组织蛋白酶（cathepsins）　组织蛋白酶存在于动物组织的细胞内。组织蛋白酶主要参与肉的成熟过程。当动物宰后组织的 pH 下降时，这些酶从肌肉细胞中释放出来，产生作用使肉成熟。据推测，这些蛋白酶透过组织，导致肌肉细胞中的肌原纤维以及胞外结缔组织（如胶原）分解；它们在 pH 2.5～4.5 具有最高的活力。

(2) 钙离子激活中性蛋白酶（calcium-activated neutral proteinases，CANP）　亦即钙活化中性蛋白酶。已经证实存在着两种钙活化中性蛋白酶，即 CANPⅠ和 CANPⅡ，它们都是二聚体。肌肉 CANP 以低浓度存在。肌肉 CANP 可能通过分解特定的肌原纤维蛋白质而影响肉的嫩化。这些酶很有可能是在宰后的肌肉组织中被激活，它们可能在肌肉成熟的过程中同溶菌体蛋白酶协同作用。

与其他组织相比，肌肉组织中蛋白酶的活力是很低的，如兔的心脏、肺、肝和胃组织蛋白酶活力分别是腰肌的 13 倍、60 倍、64 倍和 76 倍。正是由于肌肉组织中的低蛋白酶活力才会导致成熟期间死后僵直体肌肉以缓慢地有节制和有控制的方式松弛，这样产生的肉具有良好的质构。如果在成熟期间肌肉中存在激烈的蛋白酶作用，那么不可能产生理想的肉的质构。

(3) 乳蛋白酶　牛乳中主要的蛋白酶是一种碱性丝氨酸蛋白酶，它的专一性类似于胰蛋白酶。此酶水解 β-酪蛋白产生疏水性更强的 γ-酪蛋白，也能水解 α_s-酪蛋白。但不能水解 κ-酪蛋白。在奶酪成熟过程中乳蛋白酶参与蛋白质的水解作用。由于乳蛋白酶对热较稳定，因此，它的作用对于经超高温处理的乳的凝胶作用也有贡献。乳蛋白酶将 β-酪蛋白转变成 γ-酪蛋白，这对各种食品中乳蛋白质的物理性质有着重要的影响。

在牛乳中还存在着一种最适 pH 在 4 左右的酸性蛋白酶，但此酶较易热失活。

四、对营养价值的影响

食品在加工及贮藏过程中一些酶活性的变化对食品营养影响的研究已有报道。

脂肪氧合酶氧化不饱和脂肪酸，会导致食品中亚油酸、亚麻酸和花生四烯酸等必需脂肪酸含量降低，同时产生的自由基，能降低类胡萝卜素（维生素 A 的前体）、生育酚（维生素 E）、维生素 C 和叶酸的含量；自由基也会破坏蛋白质中半胱氨酸、酪氨酸、色氨酸和组氨酸残基，或引起蛋白质交联。一些蔬菜（如西葫芦）中的抗坏血酸氧化酶会导致抗坏血酸的破坏。硫胺素酶也会破坏硫胺素，核黄素水解酶能降解核黄素。多酚氧化酶不仅引起褐变，使食品产生不需宜的颜色和味道，而且还会降低蛋白质中有效的赖氨酸量，造成营养价值损失。

一些水解酶类可将大分子分解为可吸收的小分子，从而提高食品的营养。如植酸酶就可对阻碍矿物质吸收的植酸进行水解，可提高磷等无机盐的利用率。同时由于植酸酶破坏了对矿物质和蛋白质的亲和力，也能提高蛋白质的消化率。

食品原料中的一些内源酶的作用除了影响食品的风味外，同时还影响食品的其他品质，例如脂肪氧合酶的作用就同时影响食品的颜色、风味、质构和营养价值。

第四节　食品加工中常用的酶

透过现象看本质

7-15. 你知道我们常吃的面包里有哪几种酶吗？

7-16. 乳糖不耐症该如何解决？
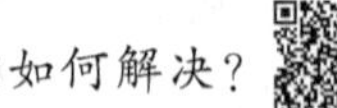

用于食品加工中的酶的总数相对于已发现的酶的种类与数量而言还相当少。用得最多的是水解酶，其中主要是碳水化合物的水解酶；其次是蛋白质和脂肪的水解酶；少量的氧化还原酶类在食品加工中也有应用。目前，已有几十种酶成功地用于食品工业，如淀粉酶（amylase）、转化酶（invertase）、葡聚糖-蔗糖酶、乳糖酶（lactase）、木聚糖酶（xylanase）、纤维素酶（cellulase）、半纤维素酶（hemicellulase）、果胶酶（pectinase）、脂肪酶（lipase）、磷酸酯酶（phosphatase）、核糖核酸酶（ribonuclease）、过氧化物酶（peroxidase）、葡萄糖氧化酶（glucose oxidase）、脂肪氧合酶（lipoxidase）、双乙醛还原酶、过氧化氢酶（catalase）、多酚氧化酶（polyphenol oxidase）等。

在食品加工中加入酶可以：提高和稳定食品品质；增加提取食品成分的速度与产量；改良风味；增加副产品的利用率。如果我们能了解酶在其中的作用而加以控制，就能利用酶改善食品原料的贮藏性能、增进其品质。表7-1显示了目前食品工业中主要应用的酶。

表7-1　食品工业中应用的酶

酶	来　源	主 要 用 途
α-淀粉酶	枯草杆菌、米曲霉、黑曲霉	淀粉液化、生产葡萄糖、醇等
β-淀粉酶	麦芽、巨大芽孢杆菌、多黏芽孢杆菌	麦芽糖生产、啤酒生产、焙烤食品
糖化酶	根霉、黑曲霉、红曲霉、内孢霉	糊精降解为葡萄糖
蛋白酶	胰脏、木瓜、菠萝、无花果、枯草杆菌、霉菌	肉软化、奶酪生产、啤酒去浊、香肠和蛋白胨及鱼胨加工
纤维素酶	木霉、青霉	食品加工、发酵
果胶酶	霉菌	果汁、果酒的澄清
葡萄糖异构酶	放线菌、细菌	高果糖浆生产
葡萄糖氧化酶	黑曲霉、青霉	保持食品的风味和颜色
橘苷酶	黑曲霉	水果加工、去除橘汁苦味
脂肪氧化酶	大豆	焙烤中的漂白剂
橙皮苷酶	黑曲霉	防止柑橘罐头和橘汁浑浊
氨基酰化酶	霉菌、细菌	DL-氨基酸生产L-氨基酸
乳糖酶	真菌、酵母	水解乳清中的乳糖
脂肪酶	真菌、细菌、动物	乳酪后熟、改良牛奶风味、香肠熟化
溶菌酶		食品中的抗菌物质

一、 酶在烤焙食品加工中的应用

Enzyme supplements are used in baking to make consistently high-quality products by enabling better dough handling，providing anti-staling properties，and allowing control over crumb texture and color，taste，moisture，and volume.

焙烤用酶是最大的食品用酶行业，2000～2010年，市场规模增加了2倍，从1.4亿美元增加到4.2亿美元，占食用酶市场的1/3，而且还在持续增长。焙烤中酶的主要作用是增强面团强度、抗老化、改善面包质构、色泽、口感、体积、延长货架期等。

大量研究证实，在发酵过程中淀粉酶可对淀粉分子进行有益修饰，从而改善面团特性，提高发酵性能，增大面包体积，并赋予面包芯良好质地，进而提高面包的风味和色泽，延缓制品老化。木聚糖酶能够分解面粉中的非淀粉多糖，改善面粉的机械流动性以及面包的结构和体积。木聚糖酶和淀粉酶一起使用可以代替面包中的乳化剂。另外，木聚糖酶的使用也可增加面包中膳食纤维的含量而不影响面团的机械流动性。面包制作中也可添加戊聚糖酶，以增加面筋筋力，消除产品中戊聚糖，防止产品干硬，降低纤维素对面包制作的影响。目前国内已有使用木聚糖酶使面包品质改变的实例。

脂肪氧化酶用于白面包制造时起到面粉漂白的作用，也可氧化面粉中不饱和酸生成芳香族羰基化合物而增加面包风味，改善面团结构。通过发酵调控技术生产的华根霉脂肪酶是一种廉价的新型脂肪酶制剂，此脂肪酶能显著增加面包比容、改善面包质构及延缓面包老化，与国外同类产品相比，该酶在改善面包硬度、弹性、胶着性、咀嚼性方面的效果更佳。

有氧存在时，葡萄糖氧化酶能将葡萄糖转化为葡萄糖酸，同时产生过氧化氢。从而将面筋分子中的巯基（—SH）氧化为二硫键（—S—S—），可起到增强面筋强度、提高面团延展性、增大面包体积的作用。同时，葡萄糖氧化酶还能促进面筋蛋白和非面筋蛋白发生物理或化学交联，使面筋蛋白中的赖氨酸含量大幅升高，适量葡萄糖氧化酶可改善面团的显微结构和粉质特性，增大面团抗拉力，具有强化面团的作用。

为满足消费者对面包品质及新鲜度的要求，人们积极探索新的焙烤技术。为此，冷冻和冷藏面团的新技术应运而生。但冷冻面团也存在品质劣化的可能性，需要应用含有谷氨酰胺转氨酶的酶制剂来改善面包品质。酶制剂在冷藏温度下贮存时处于休眠状态，可延缓面团发生变化，从而确保面包品质优良。

二、 酶在乳品工业中的应用

人们在很久以前就利用皱胃酶（凝乳酶）来生产干酪。近年，酶在乳品中的应用已扩展到更广的领域。当前在乳制品生产中最常用、最重要的几种酶为蛋白酶（主要为凝乳酶）、乳糖酶、过氧化物酶和脂肪酶等。

全世界干酪生产所耗牛奶达1亿多吨，占牛奶总产量的1/4。干酪是以奶及奶制品为原料，加入一定量的乳酸菌和凝乳酶，使奶中蛋白质凝固，排除乳清，再经一定时间的成熟而制成的发酵奶制品。在干酪的生产和成熟期间，酶对其组织结构、风味和营养价值的提高均起到非常重要的作用。

牛奶中含4.5%乳糖，有些人饮奶后常发生腹泻、腹痛等症状。乳糖酶可水解乳糖成为半乳糖与葡萄糖，用于乳糖不耐症者。一些浓缩乳制品如甜炼乳，由于乳糖易形成结晶，往往造成产品不合格；若加工时添加25%～30%的乳糖酶水解乳糖，不但可以防止结晶现象，还可以增加产品的甜度，减少蔗糖的用量。用乳糖酶水解乳制造酸乳时，可以缩短乳凝固时间达15%～20%，也可延长酸乳的货架寿命；用于干酪加工时，不仅缩短乳酪的凝固时间，而且乳酪凝固坚实，可减少乳酪澄清时造成的损失。一种利用固定化黑曲霉乳糖酶处理牛奶、生产脱乳糖牛奶的工艺已在西欧投产。

过氧化氢是一种有效的杀菌剂，在缺乏巴氏杀菌设备或冷藏条件时，牛奶可用过氧化氢杀菌，其优点是不会大量损害牛奶中的酶和有益细菌，过剩的过氧化氢还可用来自肝脏或黑曲霉的过氧化氢酶分解。过氧化物酶体系只适用于保存生鲜牛奶，不能用于羊奶保鲜，也不适合羊奶和牛奶的混合奶。采用乳过氧化物酶体系保存鲜奶的方法，是至今除了冷储之外最有效的方法。

人乳与牛乳的区别之一就是溶菌酶的含量不同。因此，溶菌酶可以添加到婴儿奶粉中，促进婴儿肠道双歧杆菌的增殖，增强对感染的抵抗力，同时促进婴儿胃肠道内乳酪蛋白形成细凝乳，有利于婴儿对牛乳的消化吸收；应用蛋白酶对牛乳中蛋白质改性，选择性地水解不易被婴儿消化吸收的α_s-酪蛋白（去除率可达到85%以上），并水解易引起婴儿过敏反应的β-乳球蛋白（水解率95%以上），消除致敏性，使奶粉在蛋白组成、消化吸收、营养价值和免疫保护功能等方面都接近人乳水平。

三、 酶在肉类和鱼类加工中的应用

酶在该方面的主要用途是改善组织、嫩化肉类及转化废弃蛋白质使其作为饲料的蛋白质浓缩物或其他用途。

通常利用木瓜蛋白酶或菠萝蛋白酶配制肉类嫩化剂，分解肌肉结缔组织的胶原蛋白。质地差的肉（老龄的动物肉），因结缔组织的胶原蛋白、弹性蛋白含量高，结构复杂，其交联键多，耐热耐煮，口感老化。采用蛋白酶可水解胶原蛋白而使肉质嫩化。对于幼小动物肉则因组织蛋白交联键少，不耐热，不需要嫩化。最近美国批准使用米曲霉等微生物蛋白酶，并将嫩化肉类品种扩大到家禽与猪肉。

废弃蛋白质如杂鱼、动物血、碎肉等用酶水解，可抽提其中蛋白质作为饲料，是增加人类蛋白质资源的有效措施。用蛋白酶或自溶方法，使其中部分蛋白质溶解，经浓缩干燥制成含氮量高，富含各种水溶性维生素的产品，可作为高质量饲料。

生产食用可溶性鱼蛋白质的关键是产品腥味脱除和苦味的防止。苦味是酶水解蛋白质时产生的苦味肽所引起，当蛋白质水解度较低时，苦味尚难察觉，但随着水解的深入，苦味显著增强，使用羧肽酶或不生成苦味肽的蛋白酶，或用几种蛋白酶共同水解，使苦味肽进一步分解，可去除苦味。利用酸性蛋白酶、三甲基胺氧化酶可使用于鱼制品脱除腥味。

四、 酶在禽蛋制品加工中的应用

Enzymes are often popular in producing egg product and improving their qualities. For example, proteolytic enzymes are used to improve drying properties. The use of phospholipase in mayonnaise processing leads to a significant improvement on viscosity, with a rate of 30%～35%. The wasted salted egg white is potential to be used to produce diverse functional products like amino acids and short peptides.

酶在禽蛋制品生产及提高品质方面应用广泛。例如，用蛋白水解酶来提高蛋清粉的干燥特性。在蛋黄酱加工中，运用磷脂酶可以提高30%～35%的黏度；剩余的咸蛋白可用于生产功能性产品，如氨基酸和短肽等。

用葡萄糖氧化酶去除禽蛋中的微量葡萄糖，是酶在蛋品加工中的一项重要用途。葡萄糖的醛基具有活泼的化学反应性，容易同蛋白质、氨基酸等的氨基发生美拉德反应，使蛋白质在干燥及贮藏过程中发生褐变，损害外观和风味。干蛋白是食品工业常用的发泡剂，当蛋白质发生褐变，溶解度减小，起泡力和泡沫稳定性下降。为了防止这种劣变，必须将葡萄糖除去。用葡萄糖氧化酶处理，除糖效率高，周期短，产品质量好，并有利于改善环境卫生。此外，蛋白质中残留的卵黄或脂肪影响发泡力，可用固定化脂肪酶处理而去除。

五、 酶在水果、 蔬菜加工中的应用

Enzymes increase processing capacity and improve economy in the fruit juice and wine industries. The most commonly used enzymes in these industries are pectinases. Pectinases increase juice yields and accelerate juice clarification. They produce clear and stable single-strength juices, juice concentrations and wines, from not only core-fruits such as apples and pears, but also stone fruits, berries, grapes, citrus-fruits, tropical fruits and vegetables like carrots, beets and green peppers.

酶能增加果汁和葡萄酒行业的加工效率，提高经济效益。这些行业中最常用的酶是果胶酶。果胶酶能提高果汁产率，加速果汁澄清；能制造澄清稳定的单一果汁、浓缩果汁和葡萄酒。这些果蔬不仅包括带核果（如苹果、桃子），还包括坚果、草莓、葡萄、柑橘、热带水果及蔬菜（胡萝卜、甜菜和青椒等）。

果胶酶、纤维素酶、葡萄糖氧化酶等也成为饮料工业的主要用酶。第一个应用在果汁工业中的酶是果胶酶。1930 年美国 Z. J. Kertesz 和德国 A. Mehlitz 同时建立了用果胶酶澄清苹果汁的工艺。从此果汁业发展成为一个具有高技术含量的工业。世界果胶酶市场的销售额达到了酶制剂总销售额的 3%。

葡萄糖氧化酶可除去果汁、饮料、罐头食品和干燥果蔬制品中的氧气，防止产品氧化变质，防止微生物生长，以延长食品保存期。如果食品本身不含葡萄糖则可将葡萄糖和酶一起加入，利用酶的作用使葡萄糖氧化为葡萄糖酸，同时将食品中残存的氧除去。水果冷冻保藏时，由于果实自身的酶作用容易导致发酵变质，也可用葡萄糖氧化酶保鲜。

酶在橘子罐头加工中有着很广泛的用处，黑曲霉所产生的半纤维素酶、果胶酶和纤维素酶的混合物可用于橘瓣去除囊衣，以代替耗水量大且费工时的碱处理。橘子中的柠檬苦素（limonin）是引起橘汁产生苦味的主要原因，利用球形节杆菌（*Arthrobactor globiformis*）固定化细胞的柠碱酶处理可消除苦味。橘子罐头的橘片上常产生白点，这是由橘肉的橙皮苷（橙皮素-7-芸香糖苷）所造成的，生产柚苷酶的黑曲霉也可以在底物诱导下产生橙皮苷酶，这种酶可将橙皮苷分子中的鼠李糖与葡萄糖切下成为水溶性橙皮素，从而消除白点。

另外，桃子含有红色花青色素，罐藏时同金属作用呈紫褐色，以致罐藏桃子仅限于白桃、黄桃等色素少的品种，红桃产量虽多，却不能用于加工。从黑曲霉中提取的花青色素酶，可水解花青色素变为无色物质。用花青色素酶处理桃酱、葡萄汁使之脱色而提高经济价值。但是由于酶不易渗入果肉，使得它的应用广泛性受到一定影响。

六、 酶在油脂加工中的应用

酶应用于食用油脂加工中，能减少对健康不利的化学品的使用，提高产品质量得率，提

高油脂营养价值。

在植物油精炼过程中有“五脱”，其中“脱胶”（除去磷脂类物质）过程，可采用磷脂酶酶法脱胶。该过程可在含水量很低的条件下进行，且化学品的使用量大大降低。使用酶法脱胶无副产品皂脚产生，得率提高1%以上，生产过程中的废水减少了70%～90%。

为了取代氢化植物油在人造奶油和起酥油的应用，有人对酶法酯交换新工艺生产不含反式脂肪酸的人造奶油和起酥油进行了研究，并取得成功。该工艺使用一种固定化的脂肪酶，利用酶技术对其中的脂肪进行改造，使之通过酯交换反应，改变油脂的熔点、起酥性、涂抹性、可塑性等，以适应食品加工的需要。该新工艺在欧美已经得到了广泛的应用。

近年来，水酶法提油是国内外研究的热点。其原理是利用纤维素酶、半纤维素酶、果胶酶、淀粉酶、葡聚糖酶、蛋白酶等处理油料，使细胞壁破坏，并通过对脂多糖、脂蛋白的分解作用，利于油脂释放，从而可提高出油率。水酶法提取植物油在国外多用于可可、玉米胚、菜籽、大豆、米糠、葵花籽等原料中的油脂提取，并取得良好的效果。

含中链脂肪酸的油脂对人类健康很有益，也称为健康油。其生产方法是应用脂肪酶水解食用油，得到富含中链脂肪酸的油脂，该制品能为身体提供脂肪酸相对平衡的油脂。

第五节　酶的延伸阅读——酶的固定化

一般用酶进行食品加工时，酶作用完毕后需加热使之失活以保持食品品质。由于酶的价格昂贵，因此酶的循环利用有重大的价值。固定化酶（固定化微生物细胞或固定化细胞器）是酶应用的最新进展。

所谓固定化酶，是指在一定空间内呈闭锁状态存在的酶，能连续地进行反应，反应后的酶可以回收重复使用。酶的固定化是20世纪50年代开始发展起来的一项新技术，最初是将水溶性酶与不溶性载体结合起来，成为不溶于水的酶的衍生物，所以曾被称为“水不溶酶”（water insoluble enzyme）和“固相酶”（solid phase enzyme）。但后来发现，如果将酶包埋在凝胶内或置于超滤装置中，高分子底物与酶在超滤膜一边，而反应产物可以透过膜逸出，此时，酶本身仍处于溶解状态，但被固定在一个有限的空间内不能自由流动。所以若再使用水不溶酶或固相酶的名称就显得不很恰当。于是在1971年第一届国际酶工程会议上，学者们正式建议采用“固定化酶”（immobilized enzyme）的名称。

酶的固定化方法主要是将酶固定在水不溶性的惰性载体上并保持其活性，如将酶吸附在有机合成物、金属氧化物上，截留在天然或合成的聚合物中，包埋在微胶囊中或包封在聚合物中都是常用的酶固定化方法。此外还有离子交换法、交联法、吸附与交联结合法、共聚作用法、与有机聚合物共价连接法等。

固定化酶可以用于两种基本的反应系统中：第一种是将固定化酶与底物溶液一起置于反应槽中搅拌，当反应结束后将固定化酶与产物分开；第二种是利用柱层析方法，将固定有酶蛋白的惰性载体装在柱中或类似装置中，当底物液流经时，酶即催化底物发生反应。

固定化酶与游离酶相比，具有下列优点：①极易将固定化酶与底物、产物分开。②可以在较长时间内进行反复分批反应和装柱连续反应。③在大多数情况下，能够提高酶的稳定性。④酶反应过程能够加以严格控制。⑤产物溶液中没有酶的残留，简化了提纯工艺。⑥较游离酶更适合于多酶反应。⑦可以增加产物的回收率，提高产物的质量。⑧酶的使用效率提高，成本降低。与此同时，固定化酶也存在化学试剂残留、活力损失、只能用于可溶性底物等缺点。

思考题

1. 简要说明影响酶促反应的因素。
2. 请说明 pH 对酶促反应速度的影响及其应用。
3. 酶促褐变的机理是什么？控制措施有哪些？
4. 在面包的生产中会应用到哪些酶类？说明它们的作用。
5. 举例说明酶在食品加工中的应用。

第八章 »

食品色素

本章提要

1. 熟悉食品色素的概念、分类以及常见的食品色素。
2. 掌握常见天然食品色素的化学结构及基本理化性质。
3. 掌握食品色素在食品贮藏加工中发生的重要变化及控制措施。

第一节　概　　述

透过现象看本质

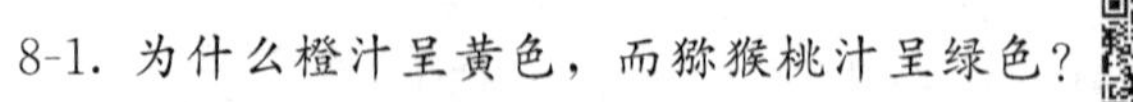

8-1. 为什么橙汁呈黄色，而猕猴桃汁呈绿色？

8-2. 为什么苹果切开后会变褐？

8-3. 为什么鸡胸肉不像鸡腿肉一样呈鲜红色？

8-4. 在食品生产中，如何确定食品的色调？

一、 食品色素的定义及作用

Foods have color because of their ability to reflect or emit different quantities of energy at wavelengths able to stimulate the retina in the eye. The energy range to which the eye is sensitive is referred to as visible light. Pigments are natural substances in cells and tissues of plants and animals that impart color.

物质之所以呈现出五彩缤纷的色彩，是因为它们能选择性地吸收和反射不同波长的可见光（visible light），而被人们所感知。色素是指动植物组织和器官中天然存在的能赋予其颜色的物质。

The consumer also relates specific colors of foods to quality. Specific colors of fruits are often associated with maturity—while redness of raw meat is associated with freshness, a green apple may be judged immature(although some are green when ripe), and brownish-red meat as not fresh.

食品的颜色是食品质量的重要属性，是购买食品时的首要指标。即使一个食品能为消费者提供丰富的营养，具有很高的安全性，同时还非常经济，但如果它看起来并不诱人，那消费者也不会去购买它。同时消费者还会将食品的颜色与食品的质量相联系。水果特定的颜色与其成熟度相关；肉的红色与新鲜度相关；绿色的苹果可能被人们视为不成熟（尽管有些成熟的苹果本身就是绿色的）；棕色的肉也往往被认为是不新鲜的。

Color also influences flavor perception. The consumer expects red drinks to be strawberry, raspberry, or cherry flavored, yellow to be lemon, and green to be lime flavored. The impact of color on sweetness perception has also been demonstrated.

食品的颜色往往也会影响人们对风味的感知，消费者希望草莓、木莓、樱桃口味的饮料是红色的，柠檬味的饮料是黄色的，而青柠味的饮料是绿色的。另外，研究还证明颜色还影响人们对甜味的感知。

食品的贮藏加工过程会对食品的颜色产生影响，如烤好的蛋糕具有金黄色的色泽，苹果切开后切面变成褐色。食品色泽的变化大多数是由于食品中的色素发生化学变化所致，因此，认识不同的食品色素对于食品颜色的控制具有重要的意义。在食品加工中，通常采用护色（color preservation）和染色（dye）两种方法控制食品色泽。

二、 食品色素的分类

食品色素种类繁多，包括食品原料中固有的天然色素、食品加工中由原料成分转化产生的有色物质以及外加的食品着色剂（food colorant）。

食品原料中固有的天然色素按化学结构不同可分为：四吡咯衍生物，如叶绿素和血红素；异戊二烯衍生物，如类胡萝卜素；多酚类衍生物，如花青素、类黄酮色素；酮类衍生物，如红曲色素、姜黄素；醌类衍生物，如胭脂虫红素。按照来源不同可分为：动物色素，如血红素、虾黄素；植物色素，如叶绿素、花青素；微生物色素，如红曲红色素、灵菌红素。

Natural food pigments can be divided into five groups according to its chemical structure. They are tetrapyrroles derivatives such as chlorophyll and hemes; isoprene derivatives such as carotenoids; polyphenol derivatives such as anthocyanin and flavonoid pigment; ketone derivatives such as curcumin and monascus pigment; quinones derivatives such as carmine pigment.

食品着色剂可分为天然食品着色剂和合成食品着色剂。前者指从天然生物原料中得到的提取物，如辣椒红、沙棘黄等。后者指人工合成的产物，如苋菜红、胭脂红、柠檬黄、日落黄等。我国食用色素使用卫生标准需符合 GB 2760—2014 的规定。

三、 食品色素的呈色机理

食品色素一般为有机化合物（organic compounds），分子结构中往往具有发色团（chromophore）和助色团（auxochrome）结构。发色团也被称为生色团，是指在紫外线或可见光区（200～800nm）具有吸收峰的基团。发色团均具有双键，如—C ═C、—C ═O、—CHO、—COOH、—N ═N—、—N ═O、—C ═S 等。当这些含有发色团的化合物吸收可见光时，该化合物便呈现与被吸收光互补的颜色。助色团是指吸收波段在紫外线区，不可能发色，但当它们与发色团相连时，可使整个分子的吸收波长向长波方向迁移而产生颜色的基团。如—OH、—OR、—NH_2、—NHR、—NR_2、—SR、—Cl、—Br 等。食品之所以会有颜色的差异与其色素所含的发色团和助色团的不同直接相关。例如，花青素在母体结构 2-苯基苯并吡喃阳离子母环上，有多个—OH 和—OCH_3，这些助色团的位置和个数的变化使花青素具有多种颜色。因此，了解色素中的发色团和助色团的结构及性质对一些食品着色剂的开发具有重要的意义。

第二节 叶 绿 素

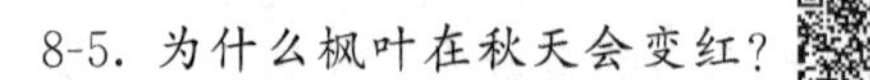

8-5. 为什么枫叶在秋天会变红？

8-6. 果蔬产品真空冷冻干燥能有效保护产品的色泽，其原理是什么？

8-7. 选择蒸煮后的粽子时，应该选择皮是黄色的还是翠绿色的？

一、 叶绿素的结构

Chlorophylls are the major pigments in green plants, algae, and photosynthetic bacteria. They are magnesium complex pyrrole rings linked by single bridging carbons. Substituted porphins are named porphyrins.

叶绿素（chlorophyll）是绿色植物、藻类和光合细菌中的主要色素。叶绿素分子由两部分组成（图 8-1）。核心部分是一个卟啉环（porphyrin ring），卟啉环中心含有一个镁原子；

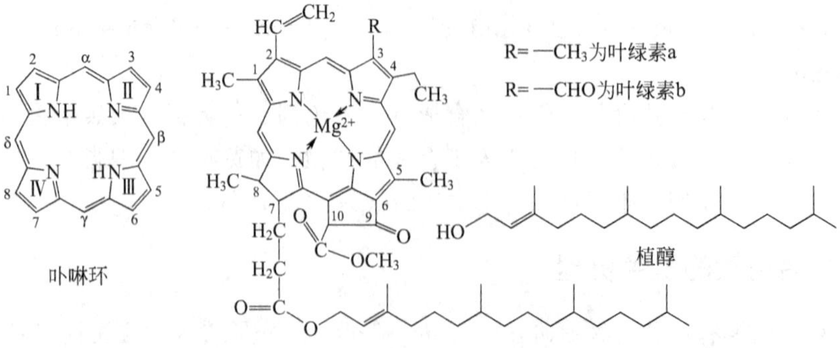

R= —CH_3为叶绿素a

R= —CHO为叶绿素b

卟啉环

植醇

图 8-1 叶绿素的化学结构

另一部分是一个很长的脂肪烃侧链，称为叶绿醇。叶绿素主要有四种：a、b、c、d。高等植物中的叶绿素主要有叶绿素 a 和叶绿素 b 两种，二者的含量比约为 3∶1。叶绿素 c 存在于硅藻、鞭毛藻和褐藻中，叶绿素 d 存在于红藻中。叶绿素 a 和叶绿素 b 在结构上的区别仅在于 3 位碳上的取代基不同，叶绿素 a 含有一个甲基，而叶绿素 b 则含有一个甲醛基。

二、 叶绿素的性质

叶绿素分子含有一个卟啉环的“头部”和一个叶绿醇（phytol）的“尾巴”。镁原子居于卟啉环的中央，偏向于带正电荷，与其相连的氮原子则偏向于带负电荷，因而卟啉环具有极性，是亲水的，可与蛋白质结合。植物中的叶绿素一般存在于植物细胞的叶绿体中，它与类胡萝卜素、类脂物质、蛋白复合在一起。叶绿醇是由四个异戊二烯单位组成的双萜，是一个亲脂的脂肪链，它决定了叶绿素的脂溶性。因此叶绿素不溶于水，而溶于有机溶剂，如乙醇、丙酮、乙醚、氯仿等，因此，一般用丙酮和乙醇等有机溶剂提取叶绿素。叶绿素主要吸收红光及蓝紫光，因而显绿色，由于在结构上的差别，叶绿素 a 呈蓝绿色，b 呈黄绿色。叶绿素 a 和叶绿素 b 在丙酮提取液中，其长波方向的最大吸收峰波长分别位于 663nm 和 645nm，通过此两处测定的吸光度值并结合经验公式就可以计算植物中两者的含量。

从化学性质上说，叶绿素是叶绿酸二醇酯，叶绿酸中的一个羧基被甲醇所酯化，另一个羧基被叶绿醇所酯化，因此叶绿素能发生皂化反应生成绿色较稳定的叶绿酸盐。当铜或锌取代叶绿素中心的镁时，形成绿色更为稳定的铜代叶绿素（copper complexes of chlorophyllides）或锌代叶绿素（zinc complexes of chlorophyllides），浸制植物标本保存时，就是利用叶绿素的这个特性。

三、 叶绿素在加工和贮藏中发生的变化

新鲜植物中，叶绿素在叶绿体中的天然存在形式是叶绿素蛋白质复合体，相对稳定，但细胞死亡后极易分解释放出蛋白质和游离的叶绿素。游离的叶绿素很不稳定，双键对光敏感，在酶、酸、碱和热等条件下，易发生酯键的水解和配位离子取代反应，生成的叶绿素衍生物的溶解性和颜色也发生相应变化。叶绿素及其衍生物在食品贮藏和加工中的变化如图 8-2所示。

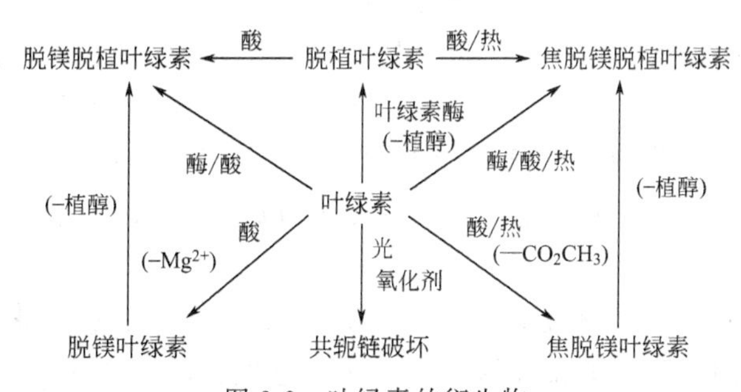

图 8-2　叶绿素的衍生物

1. 酶

Chlorophyllase is the only enzyme known to catalyze the degradation of chlorophyll. Chlorophyllase is an esterase; it catalyzes cleavage of phytol from chlorophylls and its Mg

free derivatives(pheophytins) in vitro, forming chlorophyllides and pheophorbides, respectively.

叶绿素酶是目前发现的唯一能够催化叶绿素降解的酶，可以直接催化叶绿素发生水解。叶绿素酶是一种酯酶，能在体外催化叶绿素及其脱镁衍生物（脱镁叶绿素）脱去植醇，分别形成脱植叶绿素和脱镁脱植叶绿素（图 8-2）。

植物中存在的其他酶可以间接影响叶绿素的稳定性。在植物中，叶绿素与蛋白质、脂类等物质以复合体的形式存在于叶绿体中，脂酶和蛋白酶可以破坏叶绿素-脂蛋白复合体，使叶绿素游离出来，稳定性下降。脂肪氧合酶（lipoxidase）和过氧化物酶（peroxidase）可以催化相应的底物产生具有氧化性的中间产物，这些产物会间接使叶绿素氧化分解。果胶酶（pectase）可以水解果胶产生果胶酸，使叶绿素脱镁。果蔬加工前期，为了防止这些酶对果蔬的不良影响，一般烫漂几分钟，可以钝化叶绿素酶，保持果蔬的品质。

2. 酸

The chlorophyll degradation in heated vegetable tissues is affected by tissue pH. In a basic media(pH 9. 0)chlorophyll is very stable, toward heat, whereas in an acidic media(pH 3. 0)it is unstable.

在酸性条件下，H^+ 会取代叶绿素中心的 Mg^{2+}，生成脱镁叶绿素（pheophytin），仍是脂溶性物质，但颜色变暗，呈现橄榄绿色。蔬菜腌制过程中会产生大量的乳酸，导致叶绿素脱镁，这是腌菜颜色变暗的主要原因。脱镁叶绿素水解脱除植醇后生产脱镁脱植叶绿素，呈现的颜色不变，但为水溶性色素。叶绿素分子中的镁离子也能被 Zn^{2+}、Cu^{2+}、Fe^{2+} 等二价离子取代，生成性质更稳定的叶绿酸盐，呈鲜艳的绿色，是广泛应用的绿色着色剂。

3. 加热

Chlorophyll derivatives formed during heating or thermal processing can be classified into two groups based on the presence or absence of the magnesium atom in the tetrapyrrole center. Mg-containing derivatives are green in color, while Mg-free derivatives are olive-brown in color.

加热是常用的食品加工工艺之一，也是引起叶绿素损失的主要原因。由于植物组织中往往含有有机酸，加热过程中酯键的水解也产生游离的脂肪酸，所以热和酸往往同时作用于叶绿素，生成焦脱镁叶绿素（pyropheophytin），仍是脂溶性，呈现暗绿色。在酶、酸和热的共同作用下，叶绿素最终生成焦脱镁脱植叶绿素（pyropheophorbide），是暗绿色的水溶性色素。如在碱性条件下加热，叶绿素的耐热性好，较稳定。

4. 光和氧化剂

叶绿素在贮藏和加工过程中易发生光解反应。在鲜活的绿色植物中，叶绿素与蛋白质以复合体的形式存在，因此受到了良好的保护，此时它主要以光合作用为主，不发生光分解。但是当植物衰老、死亡或从植物细胞中萃取出来后，植物细胞被破坏，叶绿素游离出来，稳定性很差，遇光会分解。光和氧等作用于叶绿素导致叶绿素发生降解，单线态氧和自由基等活性很高，能与卟啉环的不饱和链发生氧化等反应，造成叶绿素的分解和褪色。因此在贮藏绿色植物性食品时，应避光、除氧，以防止光氧化褪色。

四、护绿技术

1. 碱处理

The addition of alkalizing agents to canned green vegetables can result in improved retention of chlorophylls during processing. Techniques have involved the addition of calcium oxide and sodium dihydrogen phosphate in blanch water to maintain product pH or to raise the pH to 7.0.

叶绿素在偏碱性条件下较稳定。在绿色蔬菜罐头中常加入一些碱化剂来减轻加工过程中叶绿素的破坏。常采用氧化钙、氢氧化镁、碳酸镁等提高pH。

如生产绿色山野菜软罐头时用0.2% Na_2CO_3溶液调节pH值，于90～95℃漂烫2～3min，有效地保持了山野菜的绿色。但食品不宜长期处于碱性条件下，如碱性条件下，能促进蔬菜组织软化并产生碱味，加速食品中维生素C、不饱和脂肪酸和多酚类物质等的氧化降解，促进褐变反应等，因而采用该方法护绿时应根据具体情况谨慎使用。

2. 钝化酶

叶绿素酶的最适温度在60～80℃，80℃以上其活性开始下降，达到100℃时，叶绿素酶活性完全丧失。加工中可以采用热烫的方式，钝化食品中的酶，防止酶促反应导致叶绿素的破坏。热烫时要注意热对叶绿素的破坏作用，合理控制热烫的时间。对果蔬杀菌时，采用高温瞬时杀菌可降低普通杀菌对叶绿素造成的破坏。如贡菜加工过程中，要想得到具有理想颜色和口感的制品，控制pH并与高温瞬时杀菌方法相结合是首要条件。

3. 绿色再生

食品加工过程中，应用Zn^{2+}、Cu^{2+}、Fe^{2+}等二价离子取代叶绿素衍生物分子中的质子，生成鲜绿色、性质稳定的叶绿素盐，这种方法称为绿色再生。实际生产中Zn^{2+}用得较多，控制Zn^{2+}浓度为万分之几，pH值约6.0，略高于60℃以上的温度下对蔬菜进行热处理，可获得较好的护色效果。如青椒软罐头生产中，用500mg/kg的Zn^{2+}、低于3min烫漂青椒，再经罐装杀菌或干燥后，可长期保持其原有的绿色。

4. 其他方法

(1) 干燥脱水　将绿色蔬菜干燥也是较有效的一种护绿方法，在低水分活度下，H^+难以接触叶绿素而不能置换其结构中的Mg^{2+}；因而蔬菜可以长时间保持绿色而不变色。真空干燥或真空冷冻干燥方式对绿色的保存更为有效。

(2) 避光、隔氧贮藏　在贮藏绿色食品时，避光、除氧可防止叶绿素的光氧化褪色。如采用气调保藏、不透光材料包装、真空包装都可以有效保持植物常绿。

(3) 低温冷冻　可以延缓叶绿素的变化，但该法仅适用于丧失生命的果蔬原料。

第三节　血　红　素

透过现象看本质

8-8. 世界卫生组织下属国际癌症研究机构（IARC）于2015年10月26日发布报告，将火腿、香肠、肉干等加工肉制品列为1级致癌物质（对人类有确认的致癌性），

并将牛肉、羊肉、猪肉等红肉列为 2A 级致癌物质（对人类很可能有致癌性）。结合本节知识，谈一谈你对此事的看法。

8-9. 通常我们所说的“红肉”和“白肉”分别主要包括哪些肉品，其分类的依据是什么？

8-10. 肉制品中的亚硝酸盐是否“有百害而无一利”？

8-11. 肉在室温下长期放置，为什么表面颜色会发生从紫红—鲜红—褐色的变化？

一、 血红素的结构

血红素（hemes）是高等动物血液和肌肉中的红色色素。血红素在肌肉中主要以肌红蛋白（myoglobin）的形式存在，在血液里主要以血红蛋白（hemoglobin）的形式存在。

Heme pigments are responsible for the color of meat. Myoglobin is the primary pigment and hemoglobin, the pigment of blood, is of secondary importance.

与血红素结合的蛋白质是由 153 个氨基酸残基组成的球蛋白，其分子质量为 16. 8kDa。血红素是一种卟啉类化合物，卟啉环中心为亚铁原子。中心的 Fe^{2+} 有 6 个配位部分，其中四个分别与 4 个吡咯环上的氮原子配位结合，一个与球蛋白的第 93 位上的组氨酸残基上的咪唑基氮原子配位结合，第 6 个配位部分可与 O_2、CO 等小分子配位结合（图 8-3）。

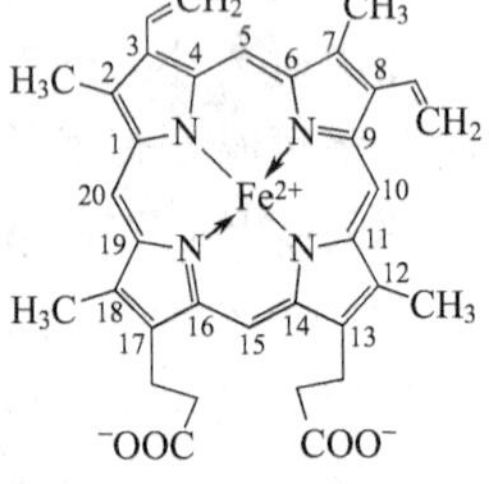

图 8-3 血红素的结构

Myoglobin is a globular protein consisting of a single polypeptide chain. Its molecular mass is 16. 8 kD and it is comprised of 153 amino acids. This protein portion of the molecule is known as globin. The chromophore component responsible for light absorption and color is a porphyrin known as heme. The porphyrin ring is formed by four pyrrole rings joined together and linked to a central iron atom. The centrally located iron atom shown possesses six coordination sites, four of which are occupied by the nitrogen atoms within the tetrapyrrole ring. The fifth coordination site is bound by the histidine residue of globin, leaving the sixth site available to complex with electronegative atoms donated by various ligands.

血红蛋白是由 4 分子亚铁血红素和 4 多肽链结合而成，而肌红蛋白由 1 分子亚铁血红素和 1 分子肽链组成的球蛋白所组成。

二、 血红素在加工和贮藏中发生的变化

Most of the hemoglobin is removed when animals are slaughtered and bled. Thus, in properly bled muscle tissue, myoglobin is responsible for 90% or more of the pigmentation.

血红蛋白与肌红蛋白是动物肌肉中的主要红色色素，动物被屠宰放血，血红蛋白排放干净后，胴体肌肉中 90%以上是肌红蛋白，所以新鲜肌肉的颜色主要由肌红蛋白决定。

虾、蟹及昆虫体内的血红素是含铜的血蓝蛋白，因此肌肉呈蓝色。在肉品加工和贮藏

中，肌红蛋白可转化为多种衍生物，使肉制品呈现出不同的颜色。肌红蛋白的主要衍生物见表 8-1。

表 8-1 存在于鲜肉、腌肉和熟肉中的主要色素

色素名称	铁的价态	血红素环状态	球蛋白状态	颜色	生成方式
肌红蛋白	Fe^{2+}	完整	天然	紫红色	高铁肌红蛋白还原或氧合肌红蛋白脱氧
氧合肌红蛋白	Fe^{2+}	完整	天然	鲜红色	肌红蛋白与氧相互作用
高铁肌红蛋白	Fe^{3+}	完整	天然	棕色	
肌红蛋白血色原	Fe^{2+}	完整	变性	暗红色	肌红蛋白、氧合肌红蛋白、高铁肌红蛋白加热或变性剂作用
高铁肌球蛋白血色原	Fe^{3+}	完整	天然	棕色（灰色）	
氧化氮肌红蛋白	Fe^{2+}	完整	天然	亮红（粉红色）	肌红蛋白、高铁肌红蛋白分别与NO相互作用
氧化氮高铁肌红蛋白	Fe^{3+}	完整	天然	红棕色	
硝化氯化血红素	Fe^{3+}	完整	不存在	绿色	亚硝基高铁肌红蛋白与过量亚硝酸盐共热
氧化氮肌色原	Fe^{2+}	完整	变性	亮红（粉红）	亚硝基肌红蛋白加热或变性剂作用
硫代肌绿蛋白	Fe^{3+}	完整	天然	绿色	肌红蛋白与 H_2S 和 O_2 作用
高硫代肌红蛋白	Fe^{3+}	完整	天然	红色	硫代肌绿蛋白的氧化
胆绿蛋白	Fe^{2+}、Fe^{3+}	完整	天然	绿色	肌红蛋白、氧合肌红蛋白与 H_2O_2 相互作用，氧合肌红蛋白受抗氧化剂或其他还原剂的作用
氯铁胆绿素	Fe^{3+}	卟啉环被破坏	不存在	绿色	过量变性剂作用
胆色素	无铁存在	卟啉环被破坏	不存在	黄色或无色	大剂量变性剂作用

1. 氧引起的变化

Meat tissue that contains primarily myoglobin is purplish-red in color. Binding of molecular oxygen at the sixth ligand yields oxymyoglobin and the color of the tissue changes to the customary bright-red. Both the purple myoglobin and the red oxymyoglobin can oxidize, changing the state of the iron from ferrous to ferric. If this change in state occurs through autoxidation, these pigments acquire the undesirable brownish-red color of metmyoglobin. Color reactions in fresh meat are dynamic and determined by conditions in the muscle and the resulting ratios of myoglobin, metmyoglobin, and oxymyoglobin. While interconversion among myoglobin and oxymyoglobin can occur readily(and spontaneously)depending on oxygen tension, the conversion of metmyoglobin to the other forms would require enzymatic or nonenzymatic reduction of the ferric to the ferrous state.

动物被屠宰放血后，由于血红蛋白对肌肉组织的供氧停止，肉中肌红蛋白处于还原态，呈紫红色。随着与氧气接触时间的延长，肌肉中还原态的肌红蛋白与氧气发生两种作用：氧合作用和氧化作用。当肌红蛋白与氧气发生氧合作用后，生成鲜红色的氧合肌红蛋白（oxymyoglobin），使肉呈现鲜红色。当肌红蛋白与氧气发生氧化作用后，生成棕褐色的高铁肌红蛋白（metmyoglobin）。随着放置时间的延长，生成的高铁肌红蛋白逐渐增多，肉的颜色由鲜红色逐渐变为红褐色。上述两种反应均为可逆反应，哪种反应主导肉的颜色取决于肌肉周围的氧气的分压，以及肌肉中的还原物质的状况。当氧的分压高，肌红蛋白的氧合作用占主导，主要生成氧合肌红蛋白而使肌肉呈鲜红色。当氧气的分压低于空气中的氧分压时，肌红蛋白的氧化作用占主导，主要生成高铁肌红蛋白而使肌肉呈褐色。

肌肉中的一些还原性物质，如谷胱甘肽、含巯基的氨基酸等，能将高铁肌红蛋白还原为肌红蛋白，所以有时我们发现虽然肉表面为褐色，而内部却仍为鲜红色或紫色；但是当肉本身的还原性物质被完全耗尽后，高铁肌红蛋白的生成将是不可逆的，肉的内部和外部都会呈现褐色。

2. 热加工引起的变化

During cooking, the color of meat at the beginning phase changed to kermesinus from purplish-red or bright red, and then changed to brown with the cooking continued. On the one hand, the myohemoglobin was denatured at high temperature to myohemochromogen which present kermesinus. Under the joint effect of heat and oxygen, myohemoglobin was oxidized to myohemichromogen which present brown.

肉在煮制过程中，刚开始加热肉由紫红或鲜红色变为暗红色，随着加热时间的延长，肉逐渐变为褐色。加热作用一方面使肌红蛋白的球蛋白变性，产生暗红色的肌色原（myohemochromogen）；另一方面，由于热力驱氧，在热和低氧的共同作用下，生成大量的褐色的高铁肌色原（myohemichromogen），故熟肉的色泽一般呈褐色。

3. 腌制引起的变化

In the manufacture of most cured meats, nitrates or nitrites are added to improve color and flavor and also to inhibit *Clostridium botulinum*. The first reaction occurs between nitric oxide(NO)and Mb to produce nitric oxide myoglobin(MbNO), also known as nitrosylmyoglobin. MbNO is bright red and unstable. Upon heating, the more stable nitric oxide myohemochromogen(nitrosylhemochrome)forms. This product yields the desirable pink color of cured meats(Fig. 8-4). In the presence of excess nitrous acid, nitrimyoglobin(NMb) will form. Upon heating in a reducing environment, NMb is converted to nitrihemin, a green pigment. This series of reactions causes a defect known as "nitrite burn".

火腿、香肠等肉类腌制品的加工中经常使用硝酸盐或亚硝酸盐作为发色剂，同时还能抑制肉毒梭菌的生长。肌红蛋白和高铁肌红蛋白的中心铁离子分别可与氧化氮以配价键结合而转变为亮红的氧化氮肌红蛋白（亚硝基肌红蛋白，nitrosylmyoglobin）和棕红的氧化氮高铁肌红蛋白（nitrosylmetmyoglobin），氧化氮肌红蛋白加热则生成鲜红的氧化氮肌色原（nitrosylhemochrome），这三种物质被称为腌肉色素（图 8-4）。因此，腌肉色素使腌肉制品的颜色更加诱人，并对加热和氧化表现出更大的稳定性。但可见光可促使氧化氮肌红蛋白和氧化氮肌色原重新分解为肌红蛋白和肌色原，并被继续氧化为高铁肌红蛋白和高铁肌色原，这就是腌肉制品见光褐变的原因。在加工腌肉制品时，硝酸盐或亚硝酸盐过量使用，不但产生

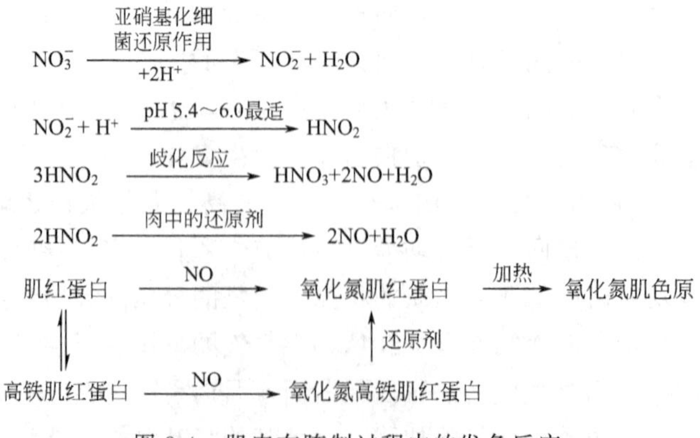

图 8-4 肌肉在腌制过程中的发色反应

绿色物质，还会产生致癌物。因此色泽鲜艳或微带绿色的腌肉制品是对人体有害的。

4. 微生物污染引起的变化

Hydrogen peroxide can react with either the ferrous or ferric site of heme, resulting in choleglobin, a green-colored pigment. Also, in the presence of hydrogen sulfide and oxygen, green sulfomyoglobin can form. It is thought that hydrogen peroxide and/or hydrogen sulfide arise from bacterial growth.

鲜肉不合理存放会导致微生物大量繁殖，产生过氧化氢、硫化氢等化合物。过氧化氢可强烈氧化血红素卟啉环的 α-亚甲基而生成绿色的胆绿蛋白（choleglobin）。在氧气存在下，硫化氢可将硫直接加在卟啉环的 α-亚甲基上而生成绿色的硫肌红蛋白（sulfmyoglobin）。另外，腌肉制品过量使用发色剂时，卟啉环的 α-亚甲基被硝基化，生成绿色的亚硝基高铁血红素（nitroso hemin）。这些都是肉及肉制品偶尔发生变绿现象的原因。

鲜肉和肉加工品中的血红素的变化见图 8-5。

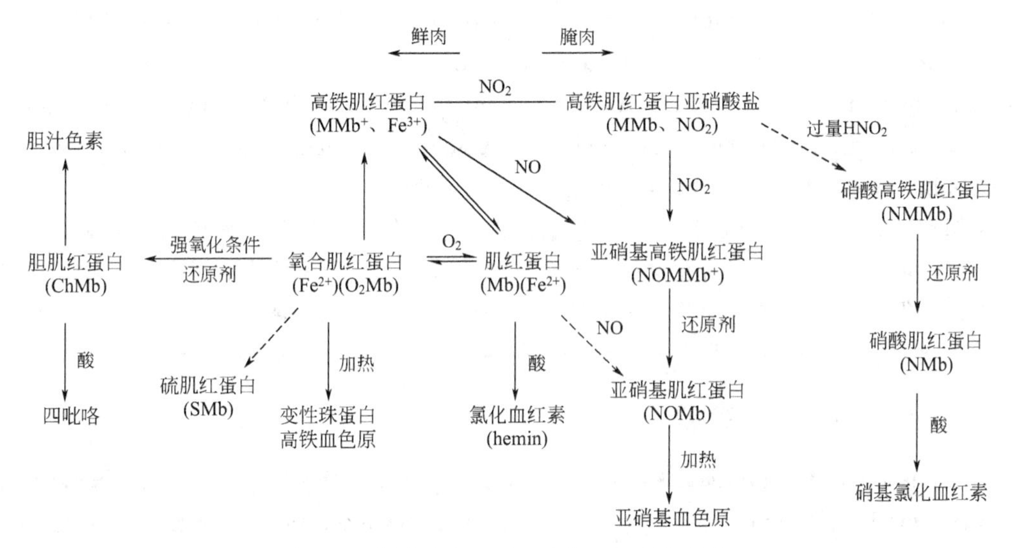

图 8-5 鲜肉和肉加工品中的血红素的变化

三、护色技术

1. 隔氧、避光贮藏

采用真空包装或包装内放置除氧剂除去包装中的氧气，保持肌红蛋白的还原状态，可在较长的时间内保持肉的紫红色。如超市售卖的小包装的鲜肉制品。

对于腌肉制品贮藏中也要隔氧、避光。

2. 气调贮藏

一是采用 CO_2 或 N_2 等填充包装，使肉处于无氧状态，其效果与隔氧操作相同。二是采用高氧气调，氧气的比例占 60%以上，使生成的氧合肌红蛋白居于主导地位，但由于氧的存在，该方法有一定的局限性。

3. 加入抗氧化剂

鲜肉的氧化反应是导致肉变色的主要原因，因而加入抗氧化剂也可以有效防止肉的氧化变色。肉品中常用的抗氧化剂主要有维生素 C、烟酰胺、维生素 E、TBHQ 等。

第四节　类胡萝卜素色素

透过现象看本质

8-12. 类胡萝卜素为脂溶性色素，在不改变其天然结构的前提下，如何能使其很好地溶于水相中以应用于食品加工？

8-13. 维生素 A 是人体必不可少的一种营养物质，类胡萝卜素的一个重要功能是为人体提供维生素 A 原，那为什么我们不直接摄入大量的维生素 A 以满足人体的需求？

Carotenoids are one kind of the most widespread pigments in nature. Edible plant tissues contain a wide variety of carotenoids. Red, yellow, and orange fruits, root crops and vegetables are rich in carotenoids. Prominent examples include tomatoes, carrots, red peppers, pumpkins, squashes, corn and sweet potatoes. All green leafy vegetables contain carotenoids but their color is masked by the green chlorophylls.

类胡萝卜素（carotenoids）广泛分布于生物界中，红色、黄色、橙色的水果和蔬菜及根茎类作物，卵黄、虾壳等动物性材料中均富含类胡萝卜素。所有绿色植物的叶子中均含有类胡萝卜素，但其颜色被绿色的叶绿素所掩盖。类胡萝卜素可以游离态溶于细胞的脂质中，也能与碳水化合物、蛋白质或脂类形成结合态存在，或与脂肪酸形成酯。

一、 类胡萝卜素的结构

Carotenoids are comprised of two structural groups: the hydrocarbon carotenes and the oxygenated xanthophylls. Oxygenated carotenoids (xanthophylls) consist of a variety of derivatives frequently containing hydroxyl, epoxy, aldehyde, and keto groups. The basic carotenoid structural backbone consists of isoprene units linked covalently either in a head-to-tail or a tail-to-tail mode to create a symmetrical molecule.

类胡萝卜素按结构可归为两大类：一类是纯碳氢化合物，称为胡萝卜素（carotenes）；另一类是结构中含有羟基、环氧基、醛基、酮基等含氧基团的化合物，称为叶黄素类（xanthophylls）。类胡萝卜素的基本结构是由 8 个异戊二烯结构首尾相连形成的四萜结构，其颜色与共轭双键的数量及取代基有关。

胡萝卜素包括四种化合物，分别是 α-、β-、γ-胡萝卜素及番茄红素（lycopene），见图 8-6。α-、β-、γ-胡萝卜素是维生素 A 原，但番茄红素不是。天然胡萝卜素的共轭双键多为全反式构型，在食品贮藏加工中，烯键中一个或几个发生异构化，可形成顺式产物。叶黄素是胡萝卜素类的加氧衍生物，其分子中含有羟基、甲氧基、羧基、酮基或环氧基。只有部分叶黄素类化合物能转变成维生素 A。

二、 类胡萝卜素的性质

类胡萝卜素是脂溶性色素，胡萝卜素类微溶于甲醇和乙醇，易溶于石油醚，难溶于水；

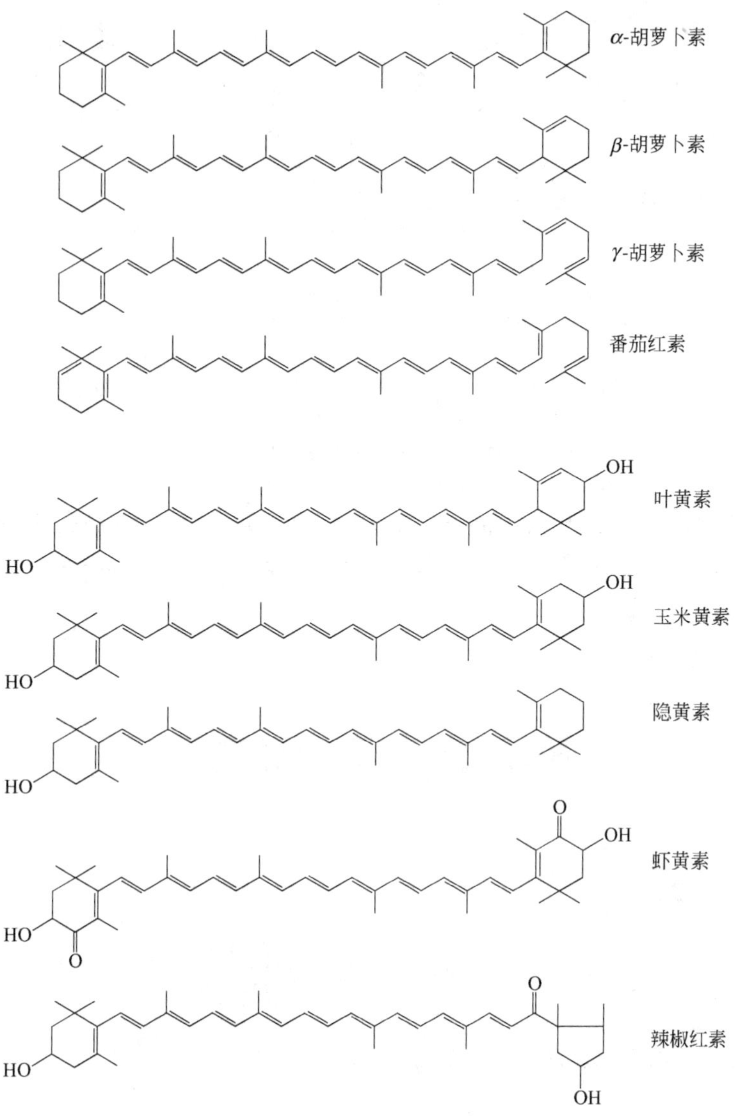

α-胡萝卜素

β-胡萝卜素

γ-胡萝卜素

番茄红素

叶黄素

玉米黄素

隐黄素

虾黄素

辣椒红素

图 8-6　常见的类胡萝卜素类化合物的结构式

叶黄素类随着含氧基团的增加，它的脂溶性逐渐下降，因此叶黄素类易溶于甲醇或乙醇，个别溶于水，难溶于乙醚和石油醚。从植物中提取总类胡萝卜素时应选用复合的、能兼顾溶解胡萝卜素类和叶黄素类的溶剂。例如可以选择适当比例的石油醚和丙酮混合液来提取植物中的总类胡萝卜素。

三、 类胡萝卜素在加工和贮藏中的变化

一般说来，食品加工过程对类胡萝卜素的影响很小。如遇无氧条件，在酸、光、热作用下，类胡萝卜素除可能发生几何异构化外，颜色变化不大。如遇氧化条件，易氧化形成加氧产物或进一步分解为更小的分子。在受强热时可分解为多挥发性小分子化合物，从而改变其颜色和风味。图 8-7 总结了类胡萝卜素在加工和贮藏过程中可能发生的反应。

叶黄素类的色素常为黄色和橙黄色，也有少数为红色（如辣椒红色）。若以脂肪酸酯的

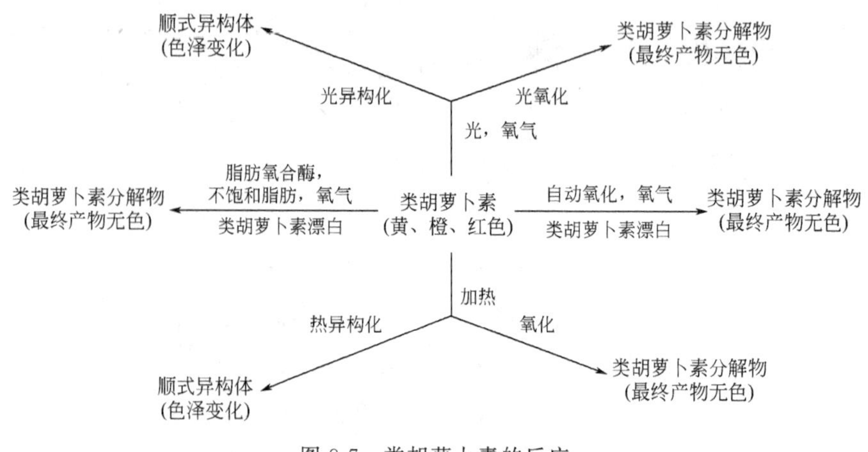

图 8-7 类胡萝卜素的反应

形式存在，则依然保持本来颜色；若与蛋白质相结合，其颜色却可能发生改变，如虾黄素在虾壳中与蛋白质配合就形成了蓝青色，当虾煮熟后，蛋白质与虾黄素的结合被破坏，虾黄素被氧化为砖红色的虾红素。

第五节 多酚类色素

透过现象看本质

8-14.“吃葡萄不吐葡萄皮”蕴含哪些科学道理？ 

8-15. 根据食品化学的原理，如何快速鉴别葡萄酒的真假？ 

Polyphenols are widespread pigments in nature. The basic structure of polyphenols is 2-phenylbenzopyrylium, the phenyl group is connected with 2 or more than 2 hydroxyl groups. Polyphenol pigment is the main water soluble pigment in plants. It mainly contain anthocyanidin, flavonoids, catechin, proantho cyanidins.

多酚类色素（polyphenols）是自然界中存在非常广泛的一类化合物，这类色素分子结构特点是含有 2-苯基苯并吡喃。由于苯环上连有 2 个或 2 个以上的羟基，所以统称为多酚类色素。多酚类色素是植物中存在的主要水溶性色素，包括花青素（anthocyanidin）、类黄酮色素（flavonoids）、儿茶素（catechin）和原花青素（procyanidine）等。

一、花青素

花青素（anthocyanidin）又称花色素，是一类广泛存在于植物中的水溶性色素。在不同的 pH 下，使植物的花瓣呈现五彩缤纷的颜色。自然界中花青素有 20 多种，食物中重要的有6种，即天竺葵色素、矢车菊色素、飞燕草色素、芍药色素、牵牛花色素和锦葵色素（图8-8）。

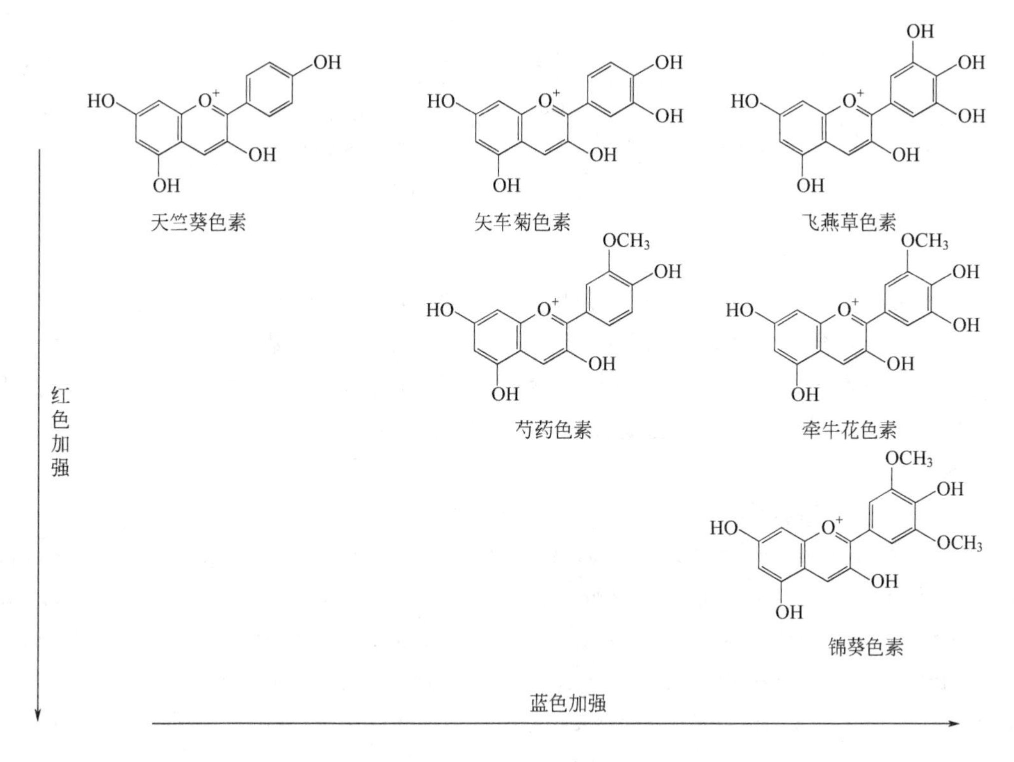

图8-8 食品中常见花青素及取代基对其颜色的影响

1. 花青素的结构

The basic structure of anthocyanins is 2-phenylbenzopyrylium of flavylium salt. Anthocyanins exist as glycosides of polyhydroxy and/or polymethoxy derivatives of the salt. Anthocyanins differ in the number of hydroxyl and/or methoxy groups present, the types, numbers, sites of attachment of sugars to the molecule, and the types and numbers of aliphatic or aromatic acids that are attached to the sugars in the molecule. The most common sugars are glucose, rhamnose, galactose, arabinose, xylose, and homogenous or heterogeneous di- and tri-saccharides formed as glycosides of these sugars. Acids most commonly involved in acylation of sugars are aromatic acids including p-coumaric, caffeic, ferulic, sinapic, gallic, or p-hydroxybenzoic acids, and/or aliphatic acids such as malonic, acetic, malic, succinic, or oxalic acids.

自然状态的花青素都以糖苷形式存在，称花色苷（anthocyanin）。花色苷的基本结构是带有羟基或甲氧基的2-苯基苯并吡喃环，称为花色基原（图8-9）。不同类型花青素的羟基和/或甲氧基不同，连接的糖分子的类型、数量、位置不同，糖分子上连接的脂肪酸或芳香酸的种类和数量也不同。与花青素结合的糖主要有葡萄糖、鼠李糖、半乳糖、木糖和阿拉伯糖，以及同构或异构的二糖糖苷、三糖糖苷。有机酸主要包括对香豆酸、咖啡酸、阿魏酸、芥子酸、没食子酸、对羟基苯甲酸和（或）丙二酸、苹果酸、琥珀酸这类脂肪酸等。花色苷比花青素的稳定性高，且花色基原中甲氧基多的稳定性比羟基多的稳定性高。

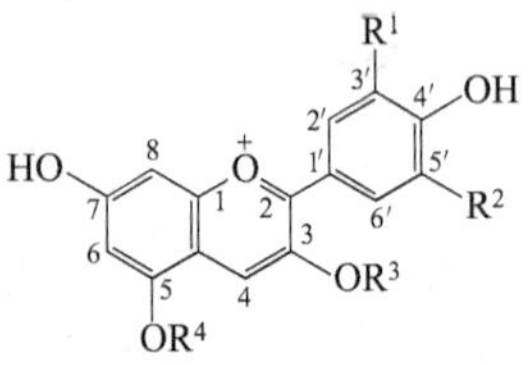

R^1和R^2=—H、—OH、—OCH_3；R^3=—糖基或—H；R^4=—H或—糖基

图 8-9　花青素的结构

2. 花青素的性质

花青素可呈蓝、紫、红、橙等不同的色泽，主要与结构中的羟基和甲氧基的取代位置和数量有关。随羟基数目的增加，颜色向蓝色方向增强；随着甲氧基数目的增加，颜色向红色方向变动。花青素和花色苷都是水溶性色素，但由于花色苷含有亲水性糖基，其水溶性更大。在食品加工过程中，花青素稳定性不高导致颜色变化非常大，是植物性食品产生色变的重要原因。

3. 不同条件对花色苷稳定性的影响

Anthocyanin pigments are relatively unstable, with greatest stability occurring under acidic conditions. Knowledge of the chemistry of anthocyanins can be used to minimize degradation by proper selection of processes and by selection of anthocyanin pigments that are most suitable for the intended application. Major factors governing degradation of anthocyanins are pH, temperature, and oxygen concentration. Factors that are usually of less importance are the presence of degradative enzymes, ascorbic acid, sulfur dioxide, metal ions, and sugars. In addition, copigmentation may affect or appear to affect the degradation rate.

花青素和花青苷的化学稳定性不高，但在酸性条件下较稳定。在食品加工和贮藏中常因化学作用而变色。影响变色反应的因素包括 pH、温度、光照、氧、氧化剂、金属离子、酶等。苯并吡喃环结构遇氧和氧化剂发生氧化作用，使色素分解和褪色，因而使用时应尽量避免与氧和氧化剂接触。另外，花青素类色素能和一些食品添加剂（如亚硫酸盐、抗坏血酸等）发生加成或缩合反应，生成另一种无色的化合物，使色素褪色，所以应尽量避免与这些物质共同使用。

花青素和花色苷的结构与其稳定性之间的关系有一定规律性。花青素结构中羟基越多稳定性越差，而甲氧基越多稳定性越好。花色苷结构中，糖基越多，稳定性越好；糖基不同，稳定性也不同。如蔓越橘中含半乳糖基的花色苷比含阿拉伯糖基的花色苷要稳定。

（1）pH 的影响　在花色苷分子中，其吡喃环上的氧原子带有正电荷，具有碱的性质，而其酚羟基则具有酸的性质。因而花色苷易受 pH 影响（图 8-10），在较低 pH 时，花色苷主要以花佯盐的形式存在，呈现红色；中性 pH 时，则以无色的拟碱结构存在，或者以淡紫红色的脱水碱存在；在碱性 pH，可与碱作用形成蓝色的酚盐。通常这些变化均是可逆的，但处理时间较长，拟碱结构开环生成浅色的查尔酮（chalcone），花色苷的色泽变化将是不可逆的。

利用花色苷在不同 pH 条件下的呈色原理，可用来鉴别真假葡萄酒，纯发酵的葡萄酒由于含有葡萄汁而富含花色苷，加入小苏打后会变为蓝色。而由人工合成色素勾兑的假葡萄酒中不含有花色苷，加入小苏打后仍然呈紫色。

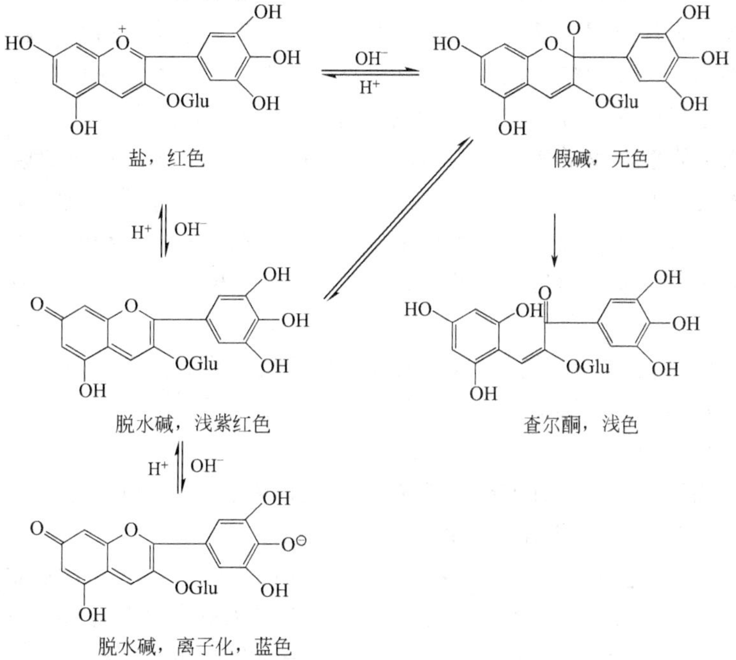

图 8-10　花青苷的结构、色泽随 pH 变化的情况

(2) 温度和光照的影响　高温和光照会影响花色苷的稳定性，加速花色苷的降解变色。一般来说，含羟基多的花青苷热稳定性不如含甲氧基或含糖苷基多的花青苷。光照下，酰化和甲基化的二糖苷比非酰化的二糖苷稳定，二糖苷又比单糖苷稳定，而花色苷较游离态的花青素稳定。

(3) 二氧化硫的影响　水果在加工中常添加少量亚硫酸盐或二氧化硫，使其中的花色苷褪色成微黄色或无色。其原因是亚硫酸盐能使花青素的 2,4-碳位上发生加成反应，破坏了花青素的共轭体系，生成无色的化合物。

(4) 金属离子的影响　花青素中含有酚羟基，具有酚类化合物的性质，可与 Cu^{2+}、Fe^{3+}、Sn^{2+} 等作用形成络合物（图 8-11），使之呈现为暗灰色、紫色、蓝色等深色，使食品失去吸引力。因此，含花色苷的果蔬加工时一般不用铁罐、锡罐等盛装，最好用涂料罐或玻璃罐包装。

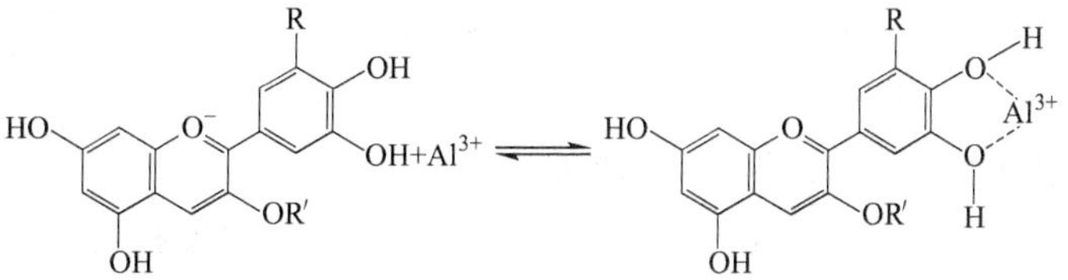

图 8-11　花色苷与铝离子形成络合物

(5) 氧气与氧化剂的影响　花色苷高度不饱和的结构使它对氧气和氧化剂颇为敏感，容易被氧化变色。如葡萄汁趁热灌装并且装得满一些，将使瓶装葡萄汁由紫色向褐色的转变延缓；若改用充氮灌装或减压灌装，变色速度将更慢。

(6) 抗坏血酸的影响　对果汁中的花色苷研究表明，所存在的花色苷和抗坏血酸同时消失，意味着在两者之间存在相互作用。一般认为，抗坏血酸氧化生成过氧化氢，对花色苷 2-碳位的亲核进攻导致其裂解，最终形成降解产物或多聚物，色泽也由紫红色或红色转变为棕色。因此，凡不利于抗坏血酸氧化生成过氧化氢的条件，却有利于花色苷的稳定。如类黄酮化合物有利于花色苷的稳定性，而 Cu^{2+} 不利于花色苷的稳定。

（7）糖及糖的降解产物的影响　高浓度糖存在时，花青苷水解反应的速度减慢，故高糖食品的颜色较稳定。在果汁等食品中，糖的浓度较低，花青苷的降解加速，生成褐色物质。果糖、阿拉伯糖、乳糖和山梨糖的这种作用比葡萄糖、蔗糖和麦芽糖的更强。这些糖自身先转变成糠醛或羟甲基糠醛，然后再与花色苷缩合生成褐色物质。升高温度和有氧气存在将使反应速度加快。

（8）辅色素的影响　有些物质与花色苷缩合生成络合物后，可增强花色苷的颜色，被称为辅色素。辅色素多数是黄酮类、氨基酸和核苷酸、蛋白质、多糖类物质。花色苷的自身缩合反应也有利于色泽的稳定。

（9）小分子物质的影响　甘氨酸、邻苯三酚、儿茶酚、抗坏血酸等小分子物质与花色苷在 4-碳位发生取代后，会生成无色物质。

（10）酶的影响　花色苷降解与酶有关。糖苷酶可水解花色苷形成稳定性差的花青素，加速花色苷的水解，形成无色的物质。多酚氧化酶可以催化小分子酚类氧化产生醌类物质，进而与花色苷作用，生成氧化花色苷和降解产物，导致颜色变化。因此，一些水果的适当热烫漂处理，会钝化这些酶类，有利于产品色泽保持。

二、 黄酮类色素

Although most yellow colors in food are attributable to the presence of carotenoids, some are attributable to the presence of nonanthocyanin-type flavonoids. In addition, flavonoids also account for some of the whiteness of plant materials, and the oxidation products of those containing phenolic groups contribute to the browns and blacks found in nature.

黄酮类色素（flavonoids）常为浅黄或无色，偶为橙黄色；氧化之后，也会导致颜色变棕和黑色。

黄酮类色素的结构如图 8-12 所示，类黄酮色素的母核结构是 2-苯基苯并吡喃酮。此母核结构在不同碳位上发生羟基或甲氧基取代，即构成不同种类的黄酮类色素。黄酮类色素多以糖苷的形式存在，成苷位置一般在母核的 3-、5-、7-及 3′-碳位上，以 7-碳位最常见。成苷的糖基包括葡萄糖、鼠李糖、半乳糖、阿拉伯糖、木糖、芸香糖、新橙皮糖和葡萄糖酸。

图 8-12　类黄酮色素母核的结构

大多数黄酮类化合物具有显著的生理、药理活性。此外，黄酮类化合物也是重要的功能食品添加剂、天然抗氧化剂等。

自然界中被鉴别出的类黄酮化合物已经有近千种。有一些存在于食品中，如茶叶、葡萄、葡萄酒、苹果、柑橘等。槲皮素（quercetin）广泛存在于苹果、梨、柑橘、洋葱、茶叶、啤酒花、玉米、芦笋等植物中；圣草素（eriodictyol）在柑橘类果实中含量最多；橙皮素（hesperetin）大量存在于柑橘皮中，C-7 位与芸香糖结合后称之为橙皮苷；柚皮素与新橙皮糖在 C-7 位处形成的糖苷称为柚皮苷（naringin），存在于柚子、柠檬、柑橘等中；异黄酮（isoflavone）主要存在于大豆中，被证明是对人体健康有益的植物化学成分。红花素（carthamidin）是一种查耳酮类色素，存在于菊科植物红花中，自然状态下与葡萄糖形成红色的红花酮苷，当用稀酸处理时转化为黄色的异构体异红花苷。

第六节　食品色素的延伸阅读

一、食品加工过程的护色技术

引起食品颜色改变往往包括物理、化学、微生物等多种因素，因此单一的护色工艺往往不能达到很好的护色效果，往往会选择多种工艺集成处理。例如在肉制品护色技术上，选择适当的包装方式和抗氧化剂联合处理效果较好；鲜切果蔬的护色通常也会综合化学护色剂、涂膜、包装等方法。

在护色技术的选择上，还需与其他加工工艺相结合，方能达到较好的效果。例如，辐照常用于肉品的杀菌上，但辐照产生的自由基可与肌红蛋白发生反应，使肉品色泽变暗，但适当添加抗氧化剂，可提高肉品颜色的稳定性。另外，护色技术的选择，还需考虑其对食品的性质、成分、安全性的影响。

二、多酚类色素的提取及功能研究

多酚类色素的种类繁多，除前文介绍的花青素和类黄酮素外，常见的还包括原花青素、儿茶素等。这类色素除了赋予食品丰富诱人的颜色外，其独特的功能性质也受到研究者的关注。例如它们具有增强机体抵抗力、防衰老、预防和治疗心血管疾病、抗癌抗肿瘤、调节机体免疫等多种生物活性，已广泛应用于食品、日化、医药等领域。

多酚类色素对理化因素较敏感，提取、浓缩的过程容易使其结构遭到不同程度的破坏，进而其生物活性受到一定的影响，因此对提取技术的把握尤其重要。目前应用于多酚类色素的提取方法主要有有机溶剂浸提、超临界流体萃取、超声波辅助提取、微波辅助提取等。但是由于不同的提取方法所适用的条件范围不同，而且每种方法都还存有弊端和局限性。对于不同种类食品中多酚类物质的提取方法应有不同的选择，甚至可用多种方法的结合。另外，经过提取的多酚类色素一般为多种单体的混合物，对这些单体组分进行分离、纯化、及结构鉴定也是时下食品科学领域的研究热点及难点。

三、食品色素的安全性

与合成色素相比，天然色素具有安全性高，色泽自然等优点。由于天然色素来源是天然的，其安全性普遍被人们信赖，但安全性高并不等于无毒副作用，一些天然色素也存在不安全因素，需要进行安全评价及控制。例如：动植物体生长环境污染，被喷洒农药或摄入了有害物质；动植物体作为色素原料时因其本身腐败、变质产生了有害的毒素；在生产微生物色素时，由于培养、处理不当而污染其他微生物，从而产生毒素；在色素的提取加工中混入了有毒的物质如重金属、有机溶剂等；在纯化精制过程中，某些成分的结构会发生改变，或混入杂质被污染，造成安全风险。另外天然色素如果使用不当，会与食品其他成分发生一些不良反应，也会对人体的安全产生危害。为了保证长期使用天然色素对人体不产生任何瞬时或累积的健康危害，必须对这些食品色素的安全隐患进行充分了解，以便进行合理的预防及控制。

思考题

1. 什么是食品色素？食品色素怎样进行分类的？
2. 食品的发色机理是什么？
3. 叶绿素在加工中会形成哪些衍生物？
4. 叶绿素护绿有哪些措施？
5. 氧气对肌红蛋白有哪些作用？
6. 肉在加工和贮藏过程中为什么会变绿？
7. 类胡萝卜素在加工和贮藏过程中会发生哪些变化？
8. 影响花色苷稳定性的因素有哪些？

第九章 »

食品风味

本章提要

1. 了解食品中呈味物质的相互作用。
2. 了解影响食品风味的各种因素。
3. 熟悉食品呈味物质的呈味机理和食品中香气形成的途径。

第一节 概　　述

透过现象看本质

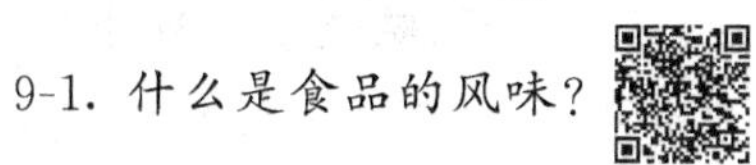

9-1. 什么是食品的风味?

9-2. 在进行食品风味评价时,是否可以采用感官评价法?

一、 食品风味的概念与分类

Generally, the term “flavor” has evolved to a usage that implies an overall integrated perception of all of the contributing senses(smell, taste, sight, feeling, and sound)at the time of food consumptions. The ability of specialized cells of the olfactory epithelium of the nasal cavity is to detect trace amounts of volatile odorants accounts for the nearly unlimited variations in intensity and quality of odors and flavors. Taste buds located on the tongue and back of the oral cavity enable humans to sense sweetness, sourness, saltiness, and bitterness, and these sensations contribute to the taste component of flavor. Nonspecific or trigeminal neural responses also provide important contributions to flavor perception through the detection of pungency, cooling, umami, or delicious attributes, as well as other chemically induced sensations.

风味是食品品质的重要指标之一，直接影响人类对食品的摄入及其营养成分的消化和吸收。所谓风味就是指食物摄入口中后所产生的一种感觉，这种感觉是由口腔中的味感、嗅感、触感及温感所产生（表 9-1）。由此可知，风味包括三个要素：第一是味道，即食物在人的口腔内对味觉器官产生的刺激作用，包括甜、咸、酸、苦四种基本味；第二是嗅觉，食物中的各种挥发性成分对鼻腔神经细胞产生的刺激作用，有香、腥、臭之分，如令人感到高兴和快乐的气味称之为芳香；第三是涩、辛辣、热和清凉等感觉。风味与食物的特征、性质等客观因素有关，也与消费者个人的生理、心理、嗜好等主观因素有关。

表 9-1　食品的感官反应分类

感官反应	分　类
味觉(甜、苦、酸、咸、辣、鲜、涩) 嗅觉(香、臭)	化学感觉
触觉(硬、黏、热、凉) 运动感觉(滑、干)	物理感觉
视觉(色、形状) 听觉(声音)	心理感觉

二、 风味物质的特点

食品的风味物质种类较多，但通常只有几种风味物质起主导作用，其他的起辅助作用。如果以食品中的一个或几个化合物来代表其特定的食品风味，那么这几个化合物称为食品的特征效应化合物。如香蕉香甜味的特征效应化合物为乙酸异戊酯；黄瓜的特征效应化合物为2,6-壬二烯醛等。食品的特征效应化合物的数目有限，浓度极低且不稳定，但它们的存在为研究食品风味化学基础提供了重要依据。

食品的风味物质一般具有下列特点：①种类繁多，成分相当复杂。如茶叶中已发现的香气成分高达 500 多种；咖啡中的风味物质则有 600 多种；白酒中的风味物质也有 300 多种；草莓的香气成分达 150 种。②含量甚微，效果显著。天然食品风味物质的质量分数一般在 10^{-6}、10^{-9}、10^{-12}数量级，但对人的食欲产生极大作用。③呈味性能与其分子结构有高度特异性。④稳定性较差，易挥发、易氧化、对热不稳定，易受到酶作用而分解。如风味较浓的茶叶，会因其风味物质的自动氧化而变劣。⑤风味物质之间存在相互拮抗或协同作用，使得单体成分很难简单重组形成其原有的风味。⑥风味物质还受到其浓度、介质等外界条件的影响。

三、 食品风味的研究

食品风味的研究起源于 19 世纪。Vogel（1818 年）和 Martres（1819 年）先后从苦杏仁中提取苯甲醛，由此开始了风味化学的研究。香兰素即香草醛，是 1858 年从香荚兰中提取并得以鉴定的重要风味物质，其人工合成标志着风味工业的起步。对食物中各种挥发性成分的鉴定则开始于 20 世纪。

食品中风味成分的研究基础是风味成分的分离、分析技术和评价方法。一般步骤如下。

① 尽量完全地从食品中抽提出风味组分。风味物质提取的方法主要包括顶空分析法、固相萃取法、蒸馏法、溶剂辅助风味蒸发等。

② 借助现代仪器进行定性、定量的分析。常用的分析方法有：气相色谱法、气相色谱-

质谱联用、气相色谱-嗅闻技术、高效液相色谱、液相色谱-质谱联用和电子鼻技术等。

③ 重要的特殊挥发性组分对风味贡献的评价。评价风味的方法有感官评定分析和色谱分析 2 种方法。由于人的嗅觉器官非常灵敏，对某些风味的感受灵敏度可超过仪器分析，因而在评价食品风味时，运用感官评定分析和色谱分析方法时要注意互相补充，相辅相成。

第二节　食品的味觉效应

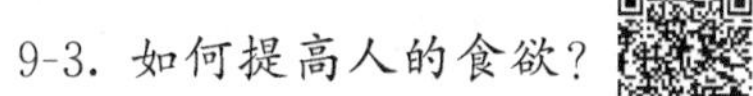

9-3. 如何提高人的食欲？

9-4. 为什么人们总是先感觉到甜味，最后才是苦味？

9-5. 安排宴席时，为什么通常先上淡味菜再上浓味菜，甜食放在最后？

9-6. "小鸡炖蘑菇"是一道传统的菜肴，试从食品的味觉效应分析这道菜肴所产生的味觉特色。

9-7. 为什么喝过中药后，喝白开水也会觉得有些甜？

Frequently, substances responsible for these components of flavor perception are water soluble and relatively nonvolatile. As a general rule, they are also present at higher concentrations in foods than those responsible for aromas, and have been often treated lightly incoverages of flavors. Because of their extremely influential role in the acceptance of food flavors, it is appropriate to examine the chemistry of substances responsible for taste sensations.

滋味是食品最重要的感官属性之一。食品的滋味虽然多种多样，但都是食品中的可溶性呈味物质溶于唾液或食品的溶液刺激口腔内的味觉感受器，再通过一个收集和传递信息的味神经感觉系统传导到大脑的味觉中枢，最后通过大脑的综合神经中枢系统的分析，从而产生相应的味感或味觉。

一、味感的生理

口腔中的味觉感受器主要是味蕾，分布于舌表面的味乳头中，一小部分分布于软腭、咽喉与咽部，使人能够察觉到甜、酸、咸和苦味。三叉神经系统不但能感觉辣、冷、美味等属性，而且也能感觉由化学物质引起的风味。

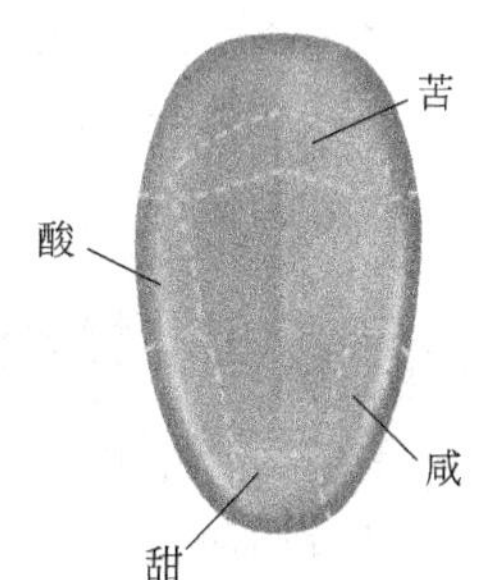

图 9-1　舌的不同部位对味觉敏感性

目前世界各国对味感的分类很不一致，但从生理学的角度看，只有酸、甜、苦、咸四种是基本味感。舌头的不同部位对味觉有不同敏感性，如舌面对甜味敏感，舌尖和边缘对咸味敏感，靠腮的两边对酸味敏感，而舌根则对苦味最敏感（图 9-1）。

对食品中呈味物质评价和描述时，味觉敏感性是主要的，如苦味往往比其他味感更易察觉到。一般采用阈值来评价或是衡量味的敏感性，它是指人能感受到的某种物质的最低浓度。不同的物质阈值不一样（表 9-2）。物质的阈值越小，表示其敏感性越强。

表 9-2 几种呈味物质的阈值

呈味物质	味感	阈值/%	
		25℃	0℃
蔗糖	甜	0.1	0.4
食盐	咸	0.05	0.25
柠檬酸	酸	2.5×10^{-3}	3.0×10^{-3}
核酸奎宁	苦	1.0×10^{-4}	3.0×10^{-4}

二、 影响味感的主要因素

（1）呈味物质的结构　呈味物质的结构是影响味感的内因。一般来说，糖类如葡萄糖、蔗糖等多呈甜味；羧酸如醋酸、柠檬酸等多呈酸味；盐类多呈咸味；生物碱、重金属盐则多呈苦味。但也有例外，如糖精、乙酸铅等非糖有机盐也有甜味，草酸无酸味而有涩味，碘化钾呈苦味而无咸味等。

（2）温度　相同数量的同一种物质，温度不同其阈值也存在差别。最能刺激味觉的温度在 10～40℃，其中以 30℃时最为敏锐，低于 10℃或高于 50℃时，各种味觉大多变得迟钝。温度对不同的味感影响不同，其中对咸味的影响最大，对柠檬酸的酸味影响最小（表 9-2）。

（3）浓度和溶解度　味感物质在适宜的浓度时通常会使人有愉快感，而不适宜的浓度则会使人产生不愉快的感觉。一般说来，甜味在任何被感觉到的浓度下都会给人带来愉快的感受；单纯的苦味差不多总是令人不快的；而酸味、咸味在低浓度时使人有愉快感，高浓度时使人感到不愉快。

味的强度、持续时间与呈味物质的水溶性有关。完全不溶于水的物质是无味的；易溶于水的物质呈味快、消失亦快，如蔗糖；难溶的物质在口腔中味觉产生较慢，但味觉维持的时间较长，如糖精。

（4）年龄、性别、生理状态　一般人的味蕾数在 45 岁时达到峰值，从 50 岁左右开始对味的敏感性明显下降，其中酸味的感受性下降不太明显，甜味下降 1/2，苦味下降约为 1/3，咸味下降约 1/4。性别也有一定影响，女性比男性对甜味敏感，对酸味则是男性比女性敏感。各种病变与身体不适均可使味觉减退或味觉失调。

此外，人在饥饿时，味感敏感性显著提高。当情绪欠佳时，总感到没有味道，这是心理因素在起作用。

三、 呈味物质的相互作用

由于各种呈味物质之间的相互作用和各种味觉之间的相互联系，会产生味觉的对比、变调、拮抗和相乘现象。

（1）味的对比现象　是指以适当的浓度调和两种或两种以上的呈味物质时，其中一种味感更突出，而另一种则被掩蔽或不被感知。如在 10%的蔗糖水溶液中添加 0.15%的食盐，食盐的咸味不显现，其甜味比单纯的10%的蔗糖水溶液更为甜爽。而加入一定的食盐也会增强味精的鲜味。在烹调菜肴或制作食品时，应根据味的对比规律，先确定主味，再选择合适的辅助材料，以协调主味。

（2）味的变调现象　是指两种味感相互影响会使味感发生改变，特别是先感受的味对后感受的味会产生质的影响，也称为味的阻碍作用。如尝过食盐或奎宁后，再饮用无味的水，会感到甜味。因此在安排宴席时，应先上淡味菜，再上浓味菜，甜食放在最后。

（3）味的拮抗现象　是指一种味感的存在会引起另一种味感减弱的现象，也称为味的消杀作用或味的抑制作用。苦味溶液中加入咸味物质则苦味减弱，如在0.05%的咖啡因溶液（相当于泡茶的苦味）中，随着食盐的加入，苦味减弱。在葡萄酒或饮料中，糖的甜味会掩盖部分酸味，而酸味也会掩盖部分甜味。一般说来，糖酸比较大时，酸能缓和甜味，而糖酸比值较小时，甜味能缓和酸味的作用，而糖/酸为29～40时，糖和酸相互间影响不大，因此调配不同软饮料时，糖酸比是一个非常重要的指标。

（4）味的相乘现象　是指两种同味物质共存时，可使味感显著增强。谷氨酸钠和5′-肌苷酸共存时鲜味会有显著的增强；甜味剂甘草铵本身的甜度为蔗糖的50倍，与蔗糖共同使用时其甜度是蔗糖的100倍。

“土豆炖牛肉”、“小鸡炖蘑菇”、“番茄炒蛋”是几道传统的佳肴，深受广大消费者喜爱，这里除了饮食习惯以外，也有口味上的协同效应。马铃薯中含有比较多的谷氨酸盐，而牛肉中不仅含有谷氨酸盐，还含有很多IMP和GMP。把二者一起煮，就会“协同”出更强烈的鲜味。而如果把萝卜与牛肉一起煮，产生鲜味就只能依靠牛肉了。同样的道理，蘑菇（尤其是香菇）含有丰富的GMP，鸡肉含有丰富IMP，在煮的过程中它们都会释放出游离的谷氨酸钠，三者协同作用，就产生了浓得化不开的鲜味。

（5）味的适应现象　是指一种味感在持续刺激下会变得迟钝的现象，不同味感适应的时间不同，酸味需1.5～3min，甜味1～5min，苦味1.5～2.5min，咸味0.3～2min。

食品呈味物质之间或呈味物质与味感之间的相互作用以及它们所引起的心理作用都是非常微妙的，机理也十分复杂，许多至今尚不清楚，还需深入研究。

第三节　食品的嗅觉效应

透过现象看本质

9-8. 古语“如入芝兰之室，久而不闻其味；如鲍鱼之肆，久而不闻其臭”指的是一种什么现象？

9-9. 在烹调鱼或肉时，常加入葱、姜等调料，试从食品的嗅觉效应分析这一现象。

嗅觉主要是指食品中的挥发性物质刺激鼻腔内的嗅觉神经细胞而在中枢神经中引起的一种感觉。其中，将令人愉快的嗅觉称为香味，令人厌恶的嗅觉称为臭味。嗅觉是一种比味觉更复杂、更敏感的感觉现象。

一、 概述

嗅觉产生的理论很多，目前比较认可的主要有立体结构学说、膜刺激理论、振动理论等。

人能感受到的各种气味，都是挥发性物质的分子在空气中扩散进入鼻腔，刺激鼻黏膜，再传到大脑的中枢神经而产生的综合感觉。它直接依赖于人们鼻腔里的嗅觉器官，重要的嗅觉器官是嗅觉小胞中的嗅细胞，一般按极性沿一定方向排列，表面带负电荷。当香气成分吸附在嗅细胞表面时，将使嗅细胞的表面电荷发生改变，产生微小的电流，从而刺激神经末梢呈兴奋状态，并最终传递到大脑的嗅觉区域，产生判断结论。

人们从嗅到气味到产生感觉时间很短，仅需0.2～0.3s。人们接受嗅觉物质特性的差异很大，并随人的身体状况变化。如臭豆腐所散发的气味，有人认为很香，但也有人认为很臭。

二、 嗅觉特征

嗅觉疲劳是嗅觉的重要特征之一，是嗅觉长期作用于同一气味刺激而产生的适应现象。嗅觉疲劳比其他感觉的疲劳都要突出。嗅觉疲劳存在于嗅觉器官末端，感受中心神经和大脑中枢上。它具有以下三个特点。

① 从施加刺激到嗅觉疲劳时，嗅感消失有一定的时间间隔（疲劳时间）。

② 在产生嗅觉疲劳的过程中，嗅味阈逐渐增加。

③ 嗅觉对一种刺激疲劳后，嗅感灵敏度再恢复需要一定的时间。

由于气味种类繁多，性质各异，而嗅觉过程又受多种因素的影响，因此，嗅觉的疲劳时间和疲劳过程中阈值的增加值绝大多数都是通过实测而获得。

关于嗅觉疲劳产生的原因，许多研究者从不同的角度对此进行了阐述。有人认为气味浓度达到一定程度后，大量的气味分子刺激嗅感区，导致嗅觉疲劳，疲劳速度随刺激强度的增加而提高。也有研究者认为在强刺激作用下，在嗅感区某些部位的持续去电荷干扰了嗅感信号的传输而导致嗅觉疲劳。

在嗅觉疲劳期间，有时所感受的气味本质也会发生变化。例如，在嗅闻硝基苯时，气味会从苦杏仁味变到沥青味。在闻三甲胺时，开始像鱼味，但过一会又会像氨味。这种现象是由于不同的气味组分在嗅感黏膜上适应速度不同而造成的。除此之外，还存在一种称之为交叉疲劳现象，即对某一气味物质的疲劳会影响到嗅觉对其他气味刺激的敏感性。例如，对松香和蜂蜡气味的局部疲劳会导致对橡皮气味阈值升高。对碘气味产生嗅觉疲劳的人，对酒精和芫荽油气味的感觉也会降低。

三、 嗅味的相互影响

气味和色彩、味道不同，混合后会产生多重结果。当两种或两种以上的气味混合到一起，可能产生下列结果之一。

① 气味混合后，某些主要气味特征受到压制或消失，这样无法辨认混合前的气味。

② 混合后气味特征变为不可辨认，即混合后无味，又称中和作用。

③ 混合中某种气味被压制，而其他的气味特征保持不变，即失掉了某种气味。

④ 混合后原来的气味特征彻底改变，形成一种新的气味。

⑤ 混合后保留部分原来的气味特征，同时又产生一种新的气味。

气味混合中比较引人注意的是用一种气味去改变或遮盖另一种不愉快的气味，即“掩盖”。在日常生活中，气味掩盖应用广泛。香水、除臭剂就是一种掩盖剂，香水能赋予其他物质新的气味或改变物质原有的气味，除臭剂是一种通过掩盖臭味、或与臭味物质反应来抵消或消除臭味的物质。气味掩盖在食品上也经常应用。例如，在鱼或肉的烹调过程中加入葱、姜等调料可以掩盖鱼、肉腥味，添加肌苷二钠盐能减弱或消除食品中的硫味。

第四节　食品风味的形成途径和风味控制

透过现象看本质

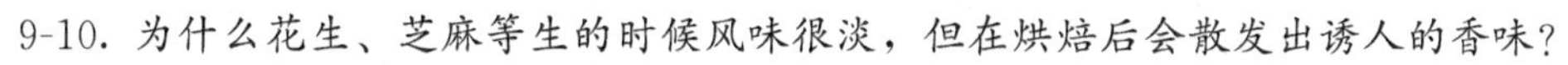

9-10. 为什么花生、芝麻等生的时候风味很淡，但在烘焙后会散发出诱人的香味？

9-11. 为什么生大豆在磨碎后具有“豆腥味”？

9-12. 为什么葱、蒜等食物在加工过程中易释放出催泪的风味物？

一、 食品风味的形成途径

风味化合物千差万别，它们的生成途径主要有生物合成和热化学反应两类。

（一）生物合成

生物合成的途径主要是在酶的直接作用或间接催化下进行的，如香蕉、苹果和梨香气的形成属于典型的生物合成过程。在水果未成熟时先形成较多的脂肪酸，并与醇反应生成酯，使酸度下降，甜味和香气增加。按催化酶的不同，反应途径有以下几类。

1. 脂肪氧合酶途径

在植物组织中存在脂肪氧合酶，可以催化多不饱和脂肪酸氧化。生成的过氧化物经裂解酶作用后，生成醛、酮、醇等化合物。己醛是苹果、菠萝、香蕉等多种水果的风味物质，它是以亚油酸为前体合成的（图 9-2）。大豆是一种重要的油料作物，加工中由于脂肪氧合酶的作用，亚油酸被氧化并分解产生醛、酮、醇等被认为是具有异味的风味化合物，其中己醛是“豆腥味”产生的主要原因。番茄、黄瓜中的特征效应化合物，2-反-乙烯醛和 2-反-6-顺壬二烯醛分别是以亚麻酸为底物氧化分解而形成的（图 9-3）。

脂肪氧合酶途径生成的风味化合物中，C_6 化合物气味一般类似新割青草的气味，C_9 化合物气味类似黄瓜或西瓜香味，C_8 化合物气味类似蘑菇气味。C_6 和 C_9 化合物一般为醛、伯醇，而 C_8 化合物一般为酮、仲醇。

2. 莽草酸合成途径

莽草酸合成途径中，能产生与莽草酸有关的一些芳香族化合物，这个途径对苯丙氨酸和其他芳香氨基酸的合成具有重要作用。生物体内的酪氨酸、苯丙氨酸等是香味物质的重要前体，在酶的作用下，莽草酸途径还可产生其他挥发性化合物，如香草醛（图 9-4）。

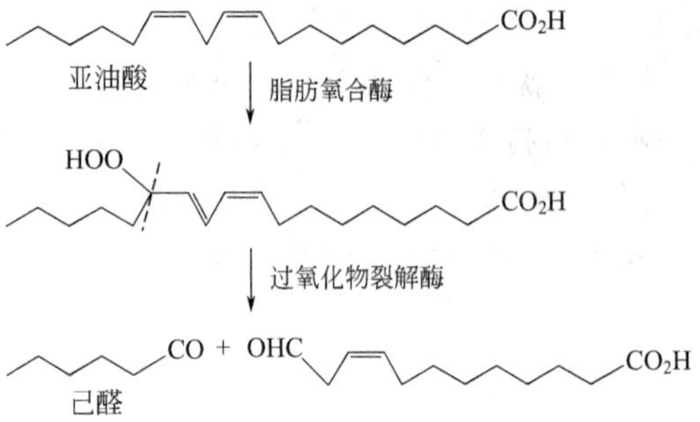

图 9-2 亚油酸氧化生成己醛

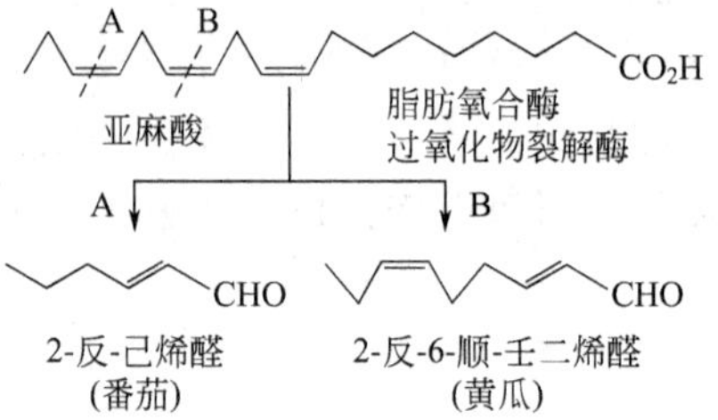

图 9-3 番茄和黄瓜中特征风味化合物形成

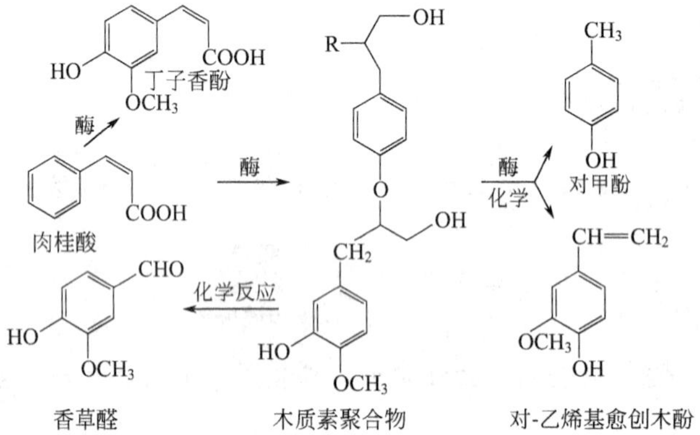

图 9-4 莽草酸合成途径形成的风味化合物

3. 萜类化合物的合成途径

在柑橘类水果中，萜类化合物是重要的芳香物质。萜类在植物中由异戊二烯生物途径合成（图 9-5）。萜类化合物至少含有两个异戊二烯单位，倍半萜类化合物中含有 15 个碳原子，二萜类化合物由于分子量大，挥发性低、而对风味的直接影响很小。对于萜类化合物，化学结构的不同导致其风味不同。在倍半萜中 β-甜橙醛、努卡酮是橙类、葡萄柚等的特征效应化合物。单萜中的柠檬醛和苧烯分别具有柠檬和酸橙特有的香味。D-香芹酮具有黄蒿的特征气味，而 L-香芹酮具有强烈的留兰香味。

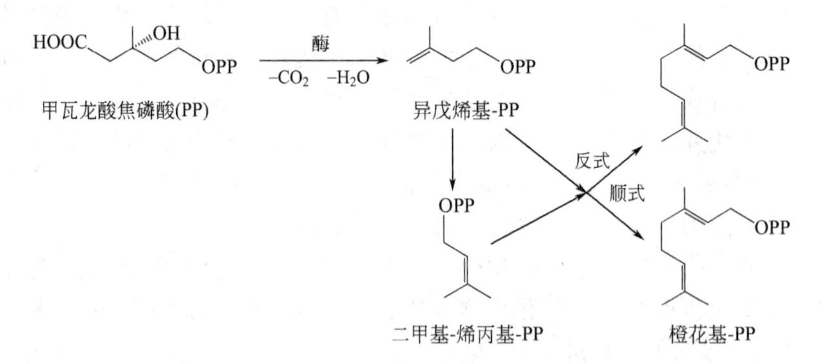

图 9-5 萜类的生物合成途径

（二）热化学反应

加热是食品加工中最普通、最重要的步骤，也是形成食品风味的主要途径。如花生、芝麻、肉等在生的时候香气很淡，但加热后就会香气四溢。食品中最基本的热解反应有三种：

美拉德（Maillard）反应（特别是Strecker降解反应）、碳水化合物和蛋白质的降解反应、维生素的降解反应。

1. 美拉德反应

美拉德反应的产物非常复杂，一般来说，当受热时间较短、温度较低时，反应主产物除了Strecker降解反应的醛外，还产生具有香气特征的内酯类、吡喃类和呋喃类化合物；当受热时间较长、温度较高时，还会生成有焙烤香气的吡嗪类、吡咯类、吡啶类化合物。

吡嗪化合物是所有焙烤食品（如烤面包）或类似的加热食品中重要的风味化合物，一般认为吡嗪化合物的产生与美拉德反应相关，是反应的中间产物α-二羰基化合物与氨基酸通过Strecker降解反应而生成（见本书第三章）；反应同时生成的小分子硫化物对加工食品也起作用，如甲二磺醛是煮土豆风味的重要特征化合物。

2. 热降解反应

单糖和双糖的热分解生成以呋喃类化合物为主的风味物质，并有少量的内酯类、环二酮类等物质。反应途径与美拉德反应生成糠醛的途径相似，继续加热会形成丙酮醛、甘油醛、乙二醛等低分子挥发性化合物。淀粉、纤维素等多糖在高温下直接热分解，400℃以下生成呋喃类、糠醛类化合物，以及麦芽酚、环甘素、有机酸等低分子挥发性化合物。

通常，氨基酸在较高温度下受热时，会发生脱羧反应或脱氨、脱羰反应，但此时生成的胺类产物往往具有不愉快的气味。若在热的继续作用下，其生成的产物可进一步相互作用，生成具有良好风味的香气化合物。

在热处理过程中，对食品香气影响较大的氨基酸主要是含硫氨基酸和杂环氨基酸。单独存在时，含硫氨基酸的热分解产物，除硫化氢、氨、乙醛外，还会产生噻唑类、噻吩类、含硫化合物等，这些化合物大多是挥发性极强的物质，很多是熟肉香气的重要组分。杂环氨基酸，脯氨酸和羟脯氨酸在受热时，会与丙酮醛作用，形成具有面包、饼干、烘玉米和谷物似的香气成分——吡咯和吡啶类化合物。此外，苏氨酸、丝氨酸的热分解产物是以吡嗪类化合物为主，有烘烤香气；赖氨酸的热分解产物则主要是吡啶类、吡咯类和内酰胺类化合物，也有烘烤和熟肉香气。

3. 维生素降解

纯的硫胺素无香气，热解后，能形成呋喃类、嘧啶类、噻吩类和含硫化合物等香气成分，一些生成物被证实具有肉香味。

维生素C很不稳定，在有氧条件下热降解，生成糠醛、乙二醛、甘油醛等低分子醛类。反应产生的糠醛类化合物是烘烤后的茶叶、花生香气及熟牛肉香气的重要成分之一。生成的小分子醛类本身既是香气成分，也易与其他化合物反应生成新的香气成分。

（三）直接酶作用

1. 酶促反应

发酵类食品或调味品，如黄酒、酱油、面酱、发酵类面点等，是通过微生物分泌的酶作用于糖、蛋白质、脂类其他物质而产生的，其主要成分有醇、醛、酮、酸等。

葱、蒜及卷心菜等很多蔬菜香气的形成则是香气物质在生长过程中，在自身风味酶作用下生成的。如葱头中，*S*-(1-丙烯基)-L-半胱氨酸亚砜是其风味化合物的前体，在蒜氨酸酶的作用下，可迅速水解，产生一种次磺酸中间体、氨和丙酮酸盐，次磺酸再重排即生成催泪物硫代丙醛-*S*-氧化物，呈现出洋葱风味；丙酮酸则形成葱头加工产品的风味。

2. 氧化作用

植物性食品中的易氧化物质在酶的作用下生成氧化物，使香气前体物质发生氧化而产生香气。红茶中浓郁的香气形成就是氧化作用的典型实例。

有些食物可通过加热或粉碎，使原来以结合态存在的香气物质分解而产生香气。加热过程中各种途径形成的香气成分综合在一起，可形成数百种不同感官特性的风味物质。如面包加热时的香气就主要来自于两个方面，一是面团发酵时产生的醇、酯类化合物，二是烘烤时氨基酸与碳水化合物反应的产物（据报道有70多种）。花生加热产生的香气，除羰氨反应产生的香气成分外，还有5种吡嗪化合物和N-甲基吡咯，是主体香味是必不可少的成分。

二、 食品加工过程中的风味控制

食品加工中发生着极其复杂的物理化学变化，并伴有食物形态、结构、质地、营养和风味的变化。以加工过程中食物的香气变化为例，如花生的炒制、面包的焙烤、牛肉的烹调、油炸食品的生产等，可极大地提高食品的香气；果汁巴氏杀菌产生的蒸煮味、常温贮藏绿茶的香气劣变、蒸煮牛肉的过熟味、脱水制品的焦煳味等却使食品香气丢失或不良气味出现。食品加工过程总是伴有香气生成与损失，因此，在食品加工中如何控制食品香气的生成及减少香气损失，是非常重要的。

1. 原料选择

不同种类、产地、成熟度、贮藏条件的原料有截然不同的香气，甚至同一原料的不同品种其香气差异都可能很大。如在呼吸高峰期采收的水果，其香气比呼吸高峰前采收的要好很多。所以，选择合适的原料是确保食品具备良好香气的一个途径。

2. 加工工艺

食品加工工艺对食品香气形成的影响也很显著。同样的原料经不同工艺加工可以得到香气截然不同的产品，尤其是加热工艺。如对比超高温瞬时杀菌、巴氏杀菌和冻藏的苹果汁的香气，发现冻藏果汁香气保持最好，其次是超高温瞬时灭菌，而巴氏杀菌的果汁有明显的异味出现。在绿茶炒青中，有揉捻工艺的茶常呈清香型，无揉捻工艺的茶常呈花香型。揉捻茶中多数的香气成分低于未揉捻茶。杀青和干燥是炒青绿茶香气形成的关键工序，适度摊放能增加茶叶中主要呈香物质游离态的含量，干燥方式明显影响茶叶的香气。

3. 贮藏条件

茶叶在贮存过程中会发生氧化而导致品质劣变，如陈味。气调贮藏苹果的香气比冷藏的苹果要差，而气调贮藏后再将苹果冷藏约半个月，其香气与一直冷藏的苹果无明显差异。

包装方式会选择性的影响食品的香气。如不同类型套袋的苹果中醛、酮、醇类香气物质没有明显差异，而双层套袋的苹果中酯类的含量偏低；脱氧、真空及充氮包装都能有效地减缓包装茶品质劣变。对油脂含量较高的食品，密闭、真空、充氮包装对其香气劣变有明显的抑制作用。

4. 食品添加物

有些食品成分或添加物能与香气成分发生一定的相互作用，如蛋白质与香气物质之间有较强的结合作用。所以，新鲜的牛奶要避免与异味物质接触，否则这些异味物质会被吸附到牛奶中而产生不愉快的气味。β-环糊精具有特殊的分子结构和稳定的化学性质，不易受酶、酸、碱、光和热的作用而分解，可包埋香气物质，减少其挥发损失，香气能够持久。

三、 食品香气的增强

1. 香气回收与再添加

香气回收技术是指先将香气物质在低温下萃取出来，再把回收的香气重新添加至产品，使其保持原来的香气。香气回收的方法主要有：水蒸气汽提、超临界CO_2萃取、分馏等。

2. 添加香精

添加香精是增加食品香气常用的方法，又称为调香。从天然植物、微生物或动物中获得的香精，具有香气自然，安全性高等特点，越来越受到人们的欢迎。值得注意的是，由于同一个呈香物质在不同浓度时其香味差异非常大，所以，要注意香精的添加量。

3. 香味增强剂

香味增强剂是一类本身没有香气或很少有香气，但能显著提高或改善原有食品香气的物质。其增香机理不是增加香气物质的含量，而是通过对嗅觉感受器的作用，提高感受器对香气物质的敏感性，即降低了香气物质的感受阈值。目前，应用较多的主要有L-谷氨酸钠、5′-肌苷酸、5′-鸟苷酸、麦芽酚、乙基麦芽酚，其中麦芽酚和乙基麦芽酚使用最多。

4. 添加香气物质前体

鲜茶叶杀青后，向萎凋叶中加入胡萝卜素、抗坏血酸等，能增强红茶的香气。添加香气物质前体最大的优点是，香气物质前体形成的香气更为自然与和谐。

5. 酶技术

风味酶是指那些可以添加到食品中能显著增强食品风味的酶类物质。食品中的结合态香气物质主要以糖苷的形式存在，如葡萄、苹果、茶叶、菠萝等很多水果和蔬菜中，都存在一定数量的结合态香气物质。在成品葡萄酒中添加一定量的糖苷酶能显著提高葡萄酒的香气；而在干卷心菜中添加一定量的芥子苷酶能使产品的香气更加浓郁。

此外，食品中的一些结合态香气物质也可能是被包埋、吸附或包裹在一些大分子物质中，对于这类结合态香气物质的释放，一般是采用对应的高分子物质水解酶水解的方式来释放，如在绿茶饮品加工中添加果胶酶，可释放大量的芳樟醇和香叶醇。

对食品中香气物质前体进行催化转化的酶很多，主要集中于多酚氧化酶和过氧化物酶。有研究表明多酚氧化酶和过氧化物酶可用于红茶的香气改良，效果十分明显。而过氧化氢酶和葡萄糖氧化酶可用于茶饮料中的萜烯类香气物质的形成，因而对茶饮料有定香作用。

6. 香气的稳定作用

（1）形成包含物　即在食品微粒表面形成一种水分子能通过而香气成分不能通过的半渗透性薄膜。这种包含物一般是在食品干燥过程中形成的，当加入水后又易将香气成分释放出来。组成薄膜的物质有纤维素、淀粉、糊精、羧甲基纤维素等。

（2）物理吸附作用　对那些不能形成包含物的香气成分，可以通过物理吸附作用（如溶解或吸收）与食物成分结合。例如，可用糖来吸附醇类、醛类、酮类化合物，用蛋白质来吸附醇类化合物。但若用糖或蛋白质来吸附酸类、酯类化合物，则效果要差很多。

第五节　食品风味的延伸阅读

1. 顶空分析

顶空分析是密闭容器中的样品在一定温度下，挥发性成分从食品基质中释放到顶空，平衡后，再将一定量的顶空气体进行色谱分析。顶空分析可专一性的收集样品中易挥发的成分，避免了烦琐的样品前处理过程及溶剂对分析过程带来的干扰，因此在气味分析方面有独特的意义和价值。顶空分析法分两类：静态顶空采样和动态顶空技术。

2. 固相萃取

固相萃取法适用于液体样品，优点是有机溶剂用量少；固相萃取装置的吸附剂效能高、选择范围广，因而应用极为方便。但固相萃取法有时会发生不可逆的吸附，导致样品组分丢失；有时会发生表面降解反应、吸附剂孔道易堵塞等问题。目前固相萃取法已广泛用于农药残留、水质监测、酒类和奶粉等的香味物质的检测。

3. 气相色谱-吸闻技术

气相色谱-吸闻技术属于一种感官检测技术，即气味检测法，是在气相色谱柱末端安装分流口，将经毛细管柱分离后得到的流出组分，分流到化学检测器，如氢火焰离子检测器或质谱和鼻子。它将气相色谱的分离能力和人类鼻子敏感的嗅觉联系起来，实现从某一食品基质的所有挥发性化合物中区分出关键风味物质。不足之处在于，检测人员的专业水平和自身对香味的敏感度不同、浓度稀释程度与香味阈值的关系等，都会影响测试结果。

4. 食品风味控释技术

食品风味的控制释放能提高食品风味成分的稳定性，使风味柔和，减少风味料的用量。

(1) 糖玻璃化香精　目前国外约有 100 种风味剂是通过这种方法包埋的，产品稳定性好，风味滞留期可达 2～3 年。糖玻璃化香精正在越来越广泛地应用于各种食品生产中，特别是在袋泡茶、保健食（药）品、口香糖、固体饮料中，香气可以在产品中保存数年也不会淡化与散失。

(2) 斥水微胶囊香精　是新一代微胶囊香精产品，与传统的微胶囊产品相比，最大的区别是采用配方壁材将香精香料微胶囊化后，微胶囊壁变成水不溶性。斥水微胶囊香精的特性主要表现为：耐受水分、抗机械剪切作用、高温爆破释放，因此特别适用于饼干、面包等焙烤食品、油炸食品、膨化食品等高温加工食品。

▶▶ 思考题

1. 食品风味物质有哪些特点？
2. 食品味觉是如何产生的？
3. 简述食品呈香机理及食品香气的形成途径。
4. 食品风味的提取分离技术有哪些？

参 考 文 献

[1] 迟玉杰，赵国华，王喜波，安辛欣．食品化学．北京：化学工业出版社，2012.

[2] 冯凤琴，叶立扬．食品化学．北京：化学工业出版社，2005.

[3] 冯凤琴．Food Chemistry. 杭州：浙江大学出版社，2013.

[4] 韩雅珊．食品化学．北京：中国农业大学出版社，1992.

[5] 江波，杨瑞金，卢蓉蓉．食品化学．北京：化学工业出版社，2004.

[6] 阚建全．食品化学．北京：中国农业大学出版社，2008.

[7] 刘邻渭．食品化学．郑州：郑州大学出版社，2011.

[8] 孙庆杰，李琳．食品化学．武汉：华中科技大学出版社，2013.

[9] 谢笔钧．食品化学．第 2 版．北京：科学出版社，2004.

[10] 谢明勇．食品化学．北京：化学工业出版社，2011.

[11] 汪东风．食品化学．北京：化学工业出版社，2013.

[12] 汪东风．高级食品化学．北京：化学工艺出版社，2009.

[13] 汪小兰．有机化学．第 4 版．北京：高等教育出版社，2010.

[14] 王璋，许时婴，汤坚．食品化学．北京：中国轻工业出版社，1999.

[15] 赵国华．食品化学．北京：科学出版社，2014.

[16] 赵新淮．食品化学．北京：化学工业出版社，2006.

[17] Belitz H D，Gorsch W. Food Chemistry. 2rd. Springer-Verlag Heidelberg，Berlin，Germany，1999.

[18] Dennis R Heldman 著，夏文水等译．食品加工原理．北京：中国轻工业出版社，2001.

[19] Norman N. Potter 等著，王璋等译．食品科学．北京：中国轻工业出版社，2001.

[20] Srinivasan Damodaran，Kirk L. Parkin，Owen R. Fennema. Food Chemistry（4th Edition）. New York，Boca Raton，London：CRC Press.

[21] Claude Remacle，Brigitte Reusens. Functional Foods. Ageing and Degenerative Disease. Woodhead Publishing Ltd.，2004.

[22] David H Watson. Performance Functional Foods. Woodhead Publishing Ltd.，2003.

[23] Mary K Schmidl，Theodore P Labuza eds. Essentials of Functional Food. Aspen Publishers，Inc.，Gaithersburg，Maryland，2000.

[24] Ronald R. Watson. Functional Foods and Nutraceuticals in Cancer Prevention. Iowa State University Press，2003.

[25] 张志军．水分析化学．北京：中国石化出版社，2009.

[26] Aberoumand A. The effect of water activity on preservation quality of fish，a review article. World Journal of Fish and Marine Sciences，2010，2（3）：221-225.

[27] Gondek E，Marzec A. Influence of water activity on sensory assessment of texture and general quality of crackers. Agricultural Engineering，2006，7（82）：181-187.

[28] Hills B，Gravelle A，Wright K，et al. Developing NMR probes of the microscopic water distribution in food. 13th World Congress of Food Science & Technology，2006.

[29] Matsukawa S. Dynamic behavior of water molecules in food gels observed by wide line NMR. Journal of Japanese Society for Food Science and Technology，2011，58（10）：511-516.

[30] 胡国华．功能性食品胶．北京：化学工业出版社，2014.

[31] 屠康．食品物性学．南京：东南大学出版社，2006.

[32] 谢新华，李晓方，肖昕，李元瑞．稻米淀粉黏滞性和质构性研究．中国粮油学报，2007，22（3）：9-11，20.

[33] 赵凯．淀粉非化学改性技术．北京：化学工业出版社，2009.

[34] James N Bemille，Roy L Whilstler 著．岳国君，郝小明等译．淀粉化学与技术．北京：化学工业出版社，2013.

[35] 张力田．碳水化合物化学．北京：中国轻工业出版社，1988.

[36] 张燕萍．变性淀粉制造与应用．北京：化学工业出版社，2001.

[37] 郑建仙．功能性低聚糖．北京：化学工业出版社，2004.

[38] Sikorki Z E. Chemical and Functional Properties of Food Components. CRC Press，Boca Raton，Florida，US，2002.

[39] Ian Johnson，Gary Williamson. Phytochemical Functional Foods. CRC Press Inc.，2003.

[40] Richard F Tester, John K, et al. Starch-composition, fine structure and architecture. Journal of Cereal Science, 2004, 39 (2): 151-165.

[41] Zobel H F. Molecules to Granules: A Comprehensive Starch Review. Starch, 1988, 40 (2): 44-50.

[42] Masakuni T, Yukihiro T, Takeshi T, et al. The Principles of Starch Gelatinization and Retrogradation. Food and Nutrition Sciences, 2014, 5: 280-291.

[43] Szczesniak A. Rheology of Industrial Polysaccharides: Theory and Applications. Food Technology, 1997, 51 (3): 108-112.

[44] Singh J, Kaur L, McCarthy O J. Factors influencing the physicochemical, morphological, thermal and rheological properties of some chemically modified starches for food applications-A review. Food Hydrocolloids, 2007, 21: 1-22.

[45] 毕艳兰．油脂化学．北京：化学工业出版社，2005.

[46] 陈洁．油脂化学．北京：化学工业出版社，2004.

[47] Hui Y H 主编．徐生庚，裘爱泳主译．贝雷：油脂化学与工艺学．第 5 版．北京：中国轻工业出版社，2001.

[48] 靳红果，彭增起．肉中添加多聚磷酸盐的研究进展．肉类工业，2009，1：74-77.

[49] 李学鹏，励建荣，于平等．蛋白组学及其在食品科学研究中的应用．中国粮油学报，2010，25 (2)：141-149.

[50] 马宁．小麦组织化蛋白品质改良及应用研究．江南大学学位论文，2013.

[51] 马宁，朱科学，郭晓娜等．挤压组织化对小麦面筋蛋白结构影响的研究．中国粮油学报，2013，28 (1)：26-27.

[52] 王层飞，李忠海，龚吉军等．生物活性肽的保健功能及其在食品工业中的应用研究．食品与机械，2008，24 (3)，128-131.

[53] 颜真，张英起等．蛋白质研究技术．北京：第四军医大学出版社，2007.

[54] 于国萍，吴非．谷物化学．北京：科学出版社，2010.

[55] 张开平等．生物活性肽功能及制备方法的研究进展．农产品加工，2015，12：61-64.

[56] 张少兰．高静压技术的研究进展及其在食品加工中的应用．现代商贸工业，2004，6：44-47.

[57] 赵新淮，徐红华，姜毓君编著．食品蛋白质-结构、性质与功能．北京：科学出版社，2009.

[58] Fischer T. Effect of extrusion cooking on protein modification in wheat flour. European Food Research and Technology, 2004, 218 (2): 128-132.

[59] Li T, Rui X, Li W, et al. Water Distribution in Tofu and Application of T2 Relaxation Measurements in Determination of Tofu' s Water-Holding Capacity. Journal Agricultureand Food Chemistry, 2014, 62, 8594-8601.

[60] 蒲鑫．纤维素酶在食品中的应用研究．生物技术世界，2014，(04)：50-52.

[61] 陈晓宁，周玉娇，晏宇翔，李雪晨，邓昌俊．酶制剂在食品贮藏保鲜中的应用及发展．北京农业，2014，213.

[62] 段钢，姚丹丹．酶制剂在食品和饲料行业的应用．生物产业技术，2013，(03)：66-73.

[63] 冯建岭，韩晴，代增英，董璐，李迎秋．果胶酶在食品中的应用研究．江苏调味副食品，2014 (2)，9-11.

[64] 郭玲玲，张巍，史铁嘉．酶制剂在面包品质改良方面的研究进展．农业科技与设备，2010 (7)，37-39.

[65] 郭勇．酶的生产与应用．北京：化学工业出版社，2003.

[66] 江正强，李里特．酶制剂在面条加工中的应用．粮食与饲料工业，2003，(08)：1-2.

[67] 孙小红，郭兴凤．酶制剂在面条加工中的应用．粮食加工，2014，(06)：40-44.

[68] 徐皎云，郭桦，周雪松．不同酶制剂对面包品质的影响．粮食与油脂，2012 (9)：45-48.

[69] 张呈峰，潘世玲，要萍等．酶在乳品加工中的应用．中国食品工业，2001，(07)：33-34.

[70] Tucker G A，Woods L F J 著．李雁群，肖功年等译．酶在食品加工中的应用．北京：中国轻工业出版社，2002.

[71] 曹雁平，刘玉德．食品调色技术．北京：化学工业出版社，2002.

[72] 郝利平，夏延武，陈永泉，廖小军．食品添加剂．北京：中国农业大学出版社，2002.

[73] 李全顺．β-胡萝卜素的研究和应用．辽宁大学学报，2002，29 (3)：203-207.

[74] 李志钊，叶春华．血红素的应用和生产技术研究进展．食品研发与开发，2000，21 (5)：12-14.

[75] 李春英，赵春建．植物色素概论．哈尔滨：黑龙江科学技术出版社，2012.

[76] 卢钰，董现义，杜景平等．花色苷的研究进展．山东农业大学学报，2004，35 (2)：315-320.

[77] Benlloch-Tinoco M, Kaulmann A, Corte-Real J, et al. Chlorophylls and carotenoids of kiwifruit puree are affected similarly or less by microwave than by conventional heat processing and storage. Food Chemistry, 2015, 187:

254-262.

[78] Jacob R H，D'Antuonob M F，Gilmour A R，et al. Phenotypic characterisation of colour stability of lamb meat. Meat science，2014，96 (2)：1040-1048.

[79] Jovanovic B. Critical review of public health regulations of titanium dioxide，a human food additive. Integrated Environmental Assessment and Management，2015，11 (1)：10-20.

[80] Kusano R，Matsuo Y，Saito Y，et al. Oxidation mechanism of black tea pigment theaflavin by peroxidase. Tetrahedron Letters，2015，56 (36)：5099-5102.

[81] Olennikov D N，Tankhaeva L M. Physicochemical characteristics and antioxidant activity of melanoidin pigment from the fermented leaves of Orthosiphon stamineus. Revista Brasileira De Farmacognosia-Brazilian Journal of Pharmacognosy，2012，22 (2)：284-290.

[82] Reszczynska E，Welc R，Grudzinski W，et al. Carotenoid binding to proteins：Modeling pigment transport to lipid membranes. Archives of Biochemistry and Biophysics，2015，584：125-133.

[83] Suzuki K，Kamimura A，Hooker S B. Rapid and highly sensitive analysis of chlorophylls and carotenoids from marine phytoplankton using ultra-high performance liquid chromatography (UHPLC) with the first derivative spectrum chromatogram (FDSC) technique. Marine Chemistry，2015，176：96-109.

[84] Trouillas P，Di Meo F，Gierschner J，et al. Optical properties of wine pigments：theoretical guidelines with new methodological perspectives. Tetrahedron，2015，71 (20)：3079-3088.

[85] 丁耐克．食品风味化学．北京：中国轻工业出版社，2001.

[86] 宋焕禄．食品风味化学．北京：化学工业出版社，2008.

[87] 李洁，朱国斌．肉制品与水产品的风味．北京：中国轻工业出版社，2001.

[88] 方忠祥．食品感官评定．北京：中国农业出版社，2009.

[89] 吴谋成主编．食品分析与感官评定．北京：中国农业出版社，2002.